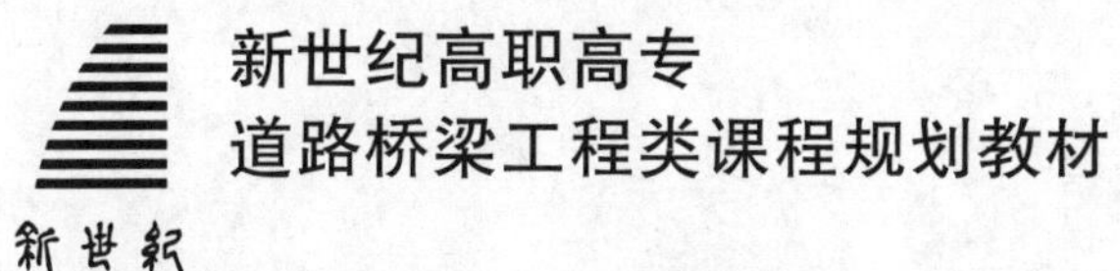

土力学与地基基础

新世纪高职高专教材编审委员会 组编
主　编 邢焕兰
副主编 钮　宏 付迎春 钱银华
主　审 罗　筠

第二版

大连理工大学出版社

图书在版编目(CIP)数据

土力学与地基基础 / 邢焕兰主编. -- 2 版. -- 大连：大连理工大学出版社，2021.1(2024.2 重印)
新世纪高职高专道路桥梁工程类课程规划教材
ISBN 978-7-5685-2763-7

Ⅰ. ①土… Ⅱ. ①邢… Ⅲ. ①土力学－高等职业教育－教材②地基－基础(工程)－高等职业教育－教材 Ⅳ. ①TU4

中国版本图书馆 CIP 数据核字(2020)第 231989 号

大连理工大学出版社出版

地址:大连市软件园路 80 号　邮政编码:116023
发行:0411-84708842　邮购:0411-84708943　传真:0411-84701466
E-mail:dutp@dutp.cn　URL:https://www.dutp.cn

大连永盛印业有限公司印刷　　大连理工大学出版社发行

幅面尺寸:185mm×260mm　印张:14.75　字数:356 千字
2012 年 7 月第 1 版　2021 年 1 月第 2 版
2024 年 2 月第 4 次印刷

责任编辑:康云霞　责任校对:吴媛媛
封面设计:张　莹

ISBN 978-7-5685-2763-7　定　价:40.80 元

前言

《土力学与地基基础》(第二版)是新世纪高职高专教材编审委员会组编的道路桥梁工程类课程规划教材之一。

本教材是根据交通运输部颁布的道路桥梁工程技术专业"土力学与地基基础"课程教学计划和大纲编写的,主要介绍有关公路路基和桥涵基础建筑施工所必需的土力学与地基基础的基本知识,并根据大纲的要求,安排了测定土的物理力学性质指标的试验内容。

本教材突出职业教育教学在实际工程中的实用性,根据最新的设计规范、施工规范及公路土工试验规程进行编写,紧跟道路工程设计、施工的新技术和新工艺,缩短了学校与单位的距离。同时还加强了基本技能方面的训练,实用性强。

本教材内容分为两部分,第一章至第六章为土力学部分,主要讲述了土的物理性质、力学性质,土中应力、地基承载力及土压力等。第七章至第十章为地基基础部分,系统介绍了桥涵基础的类型、设计、施工及人工地基等。为了便于理解和掌握教学内容,根据需要本书编写了部分算例,并且在每章后附有复习题。教材最后附有试验指导。

本教材可作为高职高专道路桥梁工程、铁路工程、隧道、工业与民用建筑等专业的教学用书,也可供土建工程技术人员参考。

本教材由石家庄铁路职业技术学院邢焕兰任主编,浙江交通职业技术学院钮宏、石家庄铁路职业技术学院付迎春、浙江交通职业技术学院钱银华任副主编,中铁十二局集团有限公司张新生也参加了编写。具体编写分工如下:第一章第一至四节、第五章、第六章、第九章由邢焕兰编写;第一章第五节、第二章、第三章、第四章由钮宏编写;第七章由付迎春编写;第八章、第十章由钱银华编写;试验指导由张新生编写。全书由邢焕兰统稿。贵州交通职业技术学院罗

筠审阅了全书并提出了许多宝贵的意见和建议，在此表示衷心感谢！

在编写本教材的过程中，我们参考、引用和改编了国内外出版物中的相关资料以及网络资源，在此对这些资料的作者表示深深的谢意。请相关著作权人看到本教材后与出版社联系，出版社将按照相关法律的规定支付稿酬。

尽管我们在探索《土力学与地基基础》教材特色的建设方面做出了许多努力，但由于编者的水平有限，教材中仍可能存在一些疏漏和不足之处，恳请读者批评指正，并将意见和建议及时反馈给我们，以便修订时改进。

编　者

2020年11月

所有意见和建议请发往：dutpgz@163.com

欢迎访问职教数字化服务平台：https://www.dutp.cn/sve/

联系电话：0411-84707424　84708979

目录

第一章 土的物理性质与工程分类

第一节 土的物理性质

一、土的成因与组成

(一)土的成因

土是岩石风化后的产物,即覆盖在地表上松散的、没有胶结或胶结很弱的颗粒堆积物。

地壳表层的岩石暴露在大气中,受到温度和湿度变化的影响,体积经常发生膨胀和收缩,不均匀的膨胀和收缩使岩石产生裂缝,岩石还长期经受风、霜、雨、雪的侵蚀和动植物活动的破坏,逐渐由大块崩解为形状和大小不同的碎块,这个产生裂缝和逐渐崩解的过程,称为物理风化。物理风化只改变颗粒的大小和形状,不改变颗粒的成分。物理风化后所形成的碎块与水、氧气、二氧化碳和某些由生物分泌出的有机酸溶液等接触,发生化学变化,产生更细的并与原来的岩石成分不同的颗粒,这个过程称为化学风化。经过这些风化作用所形成的矿物颗粒(有时还有有机物质)堆积在一起,中间贯穿着孔隙,孔隙中还有水和空气,这种松散的固体颗粒、水和气体的集合体就称为土。

物理风化不改变土的矿物成分,产生了像碎石和砂等颗粒较粗的土,这类土的颗粒之间没有黏结作用,呈松散状态,称为无黏性土。化学风化产生颗粒很细的土,这类土的颗粒之间因为有黏结力而相互黏结,干时结成硬块,湿时有黏性,称为黏性土。这两类土由于成因不同,因而物理性质和工程特性也不一样。风化作用生成的土,经过剥蚀、搬运、沉积等作用形成不同沉积类型的土,见表 1-1。

表 1-1　第四纪沉积土主要成因、类型及堆积物特征

成因类型	堆积方式及条件	堆积物特征
残积	岩石经风化作用而残留在原地的碎屑堆积物	碎屑物自表部向深处由细变粗,其成分与母岩有关,一般不具层理,碎块多呈棱角状,土质不均,具有较大孔隙,厚度在山丘顶部较薄,低洼处较厚,厚度变化较大
坡积或崩积	风化碎屑物由雨水或融雪水沿斜坡搬运,或由本身的重力作用堆积在斜坡上或坡脚处而成	碎屑岩性成分复杂,与高处的岩性组成有直接关系,从坡上往下逐渐变细,分选性差,层理不明显,厚度变化较大,厚度在斜坡陡处较薄,坡脚地段较厚

（续表）

成因类型	堆积方式及条件	堆积物特征
洪积	由暂时性洪流将山区或高地的大量风化碎屑物携带至沟口或平缓地带堆积而成	颗粒具有一定的分选性，但往往大小混杂，碎屑多呈亚棱角状，洪积扇顶部颗粒较粗，层理紊乱呈交错，透镜体及夹层较多，边缘处颗粒细，层理清楚，其厚度一般高山区或高地处较大，远处较小
冲积	由长期的地表水流搬运，在河流阶地、冲积平原和三角洲地带堆积而成	颗粒在河流上游较粗，分选性及磨圆度均好，层理清楚，除牛轭湖及某些河床相沉积外，厚度较稳定
冰积	由冰川融化携带的碎屑物堆积或沉积而成	粒度相差较大，无分选性，一般不具层理，因冰川形态和规模的差异，厚度变化大
淤积	在静水或缓慢的流水环境中沉积，并伴有生物、化学作用而成	颗粒以粉粒、黏粒为主，且含有一定数量的有机质或盐类，一般土质松软，有时为淤泥质黏性土、粉土与粉砂互层，具有清晰的薄层理
风积	在干旱气候条件下，碎屑物被风吹，降落堆积而成	颗粒主要由粉粒或砂粒组成，土质均匀，质纯，孔隙大，结构松散

实践经验表明，土的工程特性一方面取决于其原始堆积条件，使其组成土的结构构造、矿物成分、粒度成分、孔隙中水溶液的性质不同，另一方面也取决于堆积以后的经历。在沉积过程中，由于颗粒大小、沉积环境和沉积后所受的力等不同，所形成土的类型和性质就不同。一般地说，在大致相同的地质年代及相似的沉积条件下形成的土，其成分和性质是相近的。沉积年代愈长，上覆土层重量愈大，土压得愈密实，由孔隙水中析出的化学胶结物也愈多。

《公路桥涵地基与基础设计规范》(JTG 3363—2019)将土分为岩石、碎石土、砂土、粉土和黏性土。此外，还有软土、膨胀土、红黏土、盐渍土和黄土等特殊土。

(二)土的组成

土是由固体、液体和气体组成的三相体系。土的固体部分一般由矿物质组成，有时含有有机质(半腐烂和全腐烂的植物质和动物残骸等)，这一部分固体颗粒构成土的骨架，称为土骨架。土骨架间布满相互贯通的孔隙。当这些孔隙完全被水充满时，土处于饱和状态，称为饱和土；当孔隙中一部分被水占据，另一部分被气体占据时，称为非饱和土；当孔隙完全被气体充满时，称为干土。水和溶解于水的物质构成土的液体部分。空气及其他一些气体构成土的气体部分。这三部分本身的性质以及它们之间的比例关系和相互作用决定土的物理力学性质。因此，研究土的性质，首先必须研究土的三相组成。

1.土中的固体颗粒

固体颗粒构成土骨架，它对土的物理力学性质起决定性的作用。研究固体颗粒就要分析粒径的大小及其在土中所占的百分数，即土的粒径级配。另外，还要研究固体颗粒的矿物成分以及颗粒的形状。这三者之间是密切相关的。

(1)颗粒的矿物成分和颗粒分组

土的颗粒一般由各种矿物组成，也含有少量有机质。颗粒的矿物成分可分为以下两类：

①原生矿物，即物理风化所产生的粗颗粒的矿物，它们就是原来岩石的矿物成分，常见的有长石、石英、角闪石和云母等。

②次生矿物，即化学风化后产生的矿物，如颗粒极细的黏土矿物。常见的有高岭土、伊利土和蒙脱土等，矿物成分对黏性土性质的影响很大。例如，黏性土中含有大量蒙脱土时，

这种土就具有强烈的膨胀性，它的收缩性和压缩性也比较大。

颗粒的粗细对土的性质影响也很大。颗粒愈细，单位体积内颗粒的表面积就愈大，与水接触的面积就愈多，颗粒相互作用的能力就愈强。

颗粒具有不同的形状，如块状、片状等，这和其矿物成分有关，也和颗粒所经历的风化搬运过程有关。

颗粒粒径的大小称为粒度，把粒度相近的颗粒合为一组，称为粒组。粒组的划分应能反映粒径大小变化引起土的物理性质变化这一客观规律。一般地说，同一粒组的土，其物理性质大致相同；不同粒组的土，其物理性质则有较大差别。《公路桥涵地基与基础设计规范》(JTG 3363－2019)对粒组的划分见表1-2。

表1-2　土的颗粒分组

<table>
<tr><th colspan="3">粒组名称</th><th>粒径/mm</th><th>一般特性</th></tr>
<tr><td rowspan="2">巨粒组</td><td colspan="2">漂石、块石</td><td>大于200</td><td rowspan="2">无黏性、孔隙比大、透水性大、毛细水上升高度极微，不能保持水分，能承受很大静压，压缩性小</td></tr>
<tr><td colspan="2">卵石、小块石</td><td>60～200</td></tr>
<tr><td rowspan="6">粗粒组</td><td rowspan="3">砾、角砾</td><td>粗</td><td>20～60</td><td rowspan="6">无黏性、易透水、毛细水上升高度不大，遇水不膨胀，干燥时不收缩且松散，不呈现可塑性，能保持水分，能承受较大静水压力，压缩性较小</td></tr>
<tr><td>中</td><td>5～20</td></tr>
<tr><td>细</td><td>2～5</td></tr>
<tr><td rowspan="3">砂</td><td>粗</td><td>0.5～2</td></tr>
<tr><td>中</td><td>0.25～0.5</td></tr>
<tr><td>细</td><td>0.075～0.25</td></tr>
<tr><td rowspan="2">细粒组</td><td colspan="2">粉粒</td><td>0.002～0.075</td><td>湿润时出现轻微黏性，透水性小，遇水膨胀或干缩都不显著，毛细水上升较快，上升高度较大</td></tr>
<tr><td colspan="2">黏粒</td><td>小于0.002</td><td>黏性大，几乎不透水，湿润时呈现可塑性，遇水膨胀或干缩都较显著，压缩性大</td></tr>
</table>

(2)用筛析法作土的颗粒大小分析

天然土是粒径大小不同的颗粒的混合体，它包含着若干粒组的颗粒。各粒组的质量占干土土样总质量的百分数叫做颗粒级配。颗粒大小分析的目的就是确定土的颗粒级配，也就是确定土中各粒组颗粒的相对含量。颗粒级配是影响土(特别是无黏性土)的工程性质的主要因素，因此常被用来作为土的分类和定名的标准。根据交通部《公路土工试验规程》(JTG 3430－2020)的规定，颗粒大小分析可采用筛析法、密度计法和移液管法。筛析法适用于分析粒径大于0.075 mm的土颗粒组成的土样，但对粒径大于60 mm的土样，筛析法不适用。密度计法和移液管法适用于粒径小于0.075 mm的土。考虑到学习本课程的主要要求，是将学到的知识用于解决桥涵和路基施工与设计中较简单的实际问题，本书只介绍筛析法。

用筛析法作土的颗粒大小分析，其主要设备是一套标准筛。这套标准筛中的各筛按筛孔孔径大小的不同由上至下排列(最上层筛子的筛孔最大，往下的筛子其筛孔依次减小)，上加顶盖，下加底盘，叠在一起。标准筛有粗筛和细筛两种。粗筛的孔径(圆孔)为60 mm、40 mm、20 mm、10 mm、5 mm、2 mm，细筛的孔径为2 mm、1 mm、0.5 mm、0.25 mm和0.075 mm。

根据土样最大颗粒粒径的大小确定试样的用量，见表 1-3。

表 1-3　土的颗粒分析试样用量表

最大颗粒粒径/mm	试样用量/g
<2	100～300
<10	300～1 000
<20	1 000～2 000
<40	2 000～4 000
>40	>4 000

试验时，对于无黏聚性的土，将烘干或风干的土样放入筛孔孔径为 2 mm 的筛进行筛析，分别称出筛上和筛下土的质量。取筛上的土样倒入依次叠好的粗筛最上层筛中进行筛析，又将筛下粒径小于 2 mm 的土样倒入依次叠好的细筛最上层筛中进行筛析(细筛可放在筛析机上摇筛，摇筛时间一般为 10～15 min)，使细土分别通过各级筛孔漏下。称出存留在每层筛子和底盘内的土粒质量，就可以计算出粒径小于(或大于)某一数值的土粒质量占土样总质量的百分数，表 1-4 就是某土样颗粒大小分析试验的筛析成果记录。

表 1-4　颗粒大小分析试验记录(筛析法)

工程名称＿＿＿＿＿＿＿＿＿＿　　试验者＿＿＿＿＿＿＿＿

土样编号＿＿＿＿＿＿＿＿＿＿　　计算者＿＿＿＿＿＿＿＿

土样说明＿＿＿＿＿＿　试验日期＿＿＿＿＿＿　校核者＿＿＿＿＿＿＿＿

筛前总土质量＝3 000 g

小于 2 mm 土质量＝810 g　　小于 2 mm 土占总土质量＝27%

粗筛分析				细筛分析				
孔径/mm	累积留筛土质量/g	小于该孔径土质量/g	小于该孔径土质量百分数/%	孔径/mm	累积留筛土质量/g	小于该孔径土质量/g	小于该孔径土质量百分数/%	占总土质量百分数/%
60	0	3 000	100	2	2 190	810	100	27.0
40	0	3 000	100	1	2 410	590	72.8	19.7
20	350	2 650	88.3	0.5	2 740	260	32.1	8.7
10	920	2 080	69.3	0.25	2 920	80	9.9	2.7
5	1 600	1 400	46.7	0.075	2 980	20	2.5	0.7
2	2 190	810	27.0					

对于具体的含黏土粒的砂土的筛析方法，《公路土工试验规程》(JTG 3430—2020)中另有规定，本书从略。

对土的颗粒大小分析试验成果，可用下列两种方式表达：

①表格法

列表说明土样中各粒组的土质量占土样总质量的百分数。表 1-5 就是根据表 1-4 列出的该土样的颗粒级配表。

表 1-5　　　　　　　　　　　　　　　　　　　颗粒级配

粒径/mm	>20	10～20	5～10	2～5	1～2	0.5～1	0.25～0.5	0.25～0.075	<0.075
百分数	11.7%	19.0%	22.6%	19.7%	7.3%	11.0%	6.0%	2%	0.7%

②颗粒级配曲线法

在半对数坐标系上，纵坐标用普通比例尺表示小于某粒径的土质量百分数，横坐标用对数比例尺表示粒径，绘制颗粒级配曲线。若颗粒级配曲线平缓，表示土中各种粒径的颗粒都有，颗粒不均匀，级配良好；若曲线陡峻，则表示颗粒较均匀，级配不好。在颗粒级配曲线上，可以找到对应于颗粒含量小于 10%、30%和 60%的粒径 d_{10}、d_{30} 和 d_{60}，这三个粒径组成级配指标：

不均匀系数

$$C_u=\frac{d_{60}}{d_{10}} \tag{1-1}$$

曲率系数

$$C_c=\frac{d_{30}}{d_{10}d_{60}} \tag{1-2}$$

式中　d_{10}——有效粒径，表示土中小于该粒径的颗粒质量为 10%的粒径，mm；

d_{30}——中间粒径，表示土中小于该粒径的颗粒质量为 30%的粒径，mm；

d_{60}——限制粒径，表示土中小于该粒径的颗粒质量为 60%的粒径，mm。

不均匀系数 C_u 愈大，表示级配曲线愈平缓，级配良好。曲率系数 C_c 用以描述颗粒大小分布的范围。《公路路基填土压实技术规则》规定，当 $C_u \geqslant 5$ 且 $C_c=1\sim3$，可认为土的级配良好；当 $C_u<5$ 或 $C_c\neq1\sim3$，则认为土的级配不良。

前已介绍，筛析法适用于粒径大于 0.075 mm 的土。对于粒径小于 0.075 mm 的土，应采用密度计法或移液管法进行测定。根据密度计法或移液管法的试验结果，同样可绘制颗粒级配曲线。若某土样中粒径大于 0.075 mm 的土虽较多，但粒径小于 0.075 mm 的土仍超过土样总质量的 10%，应采用筛析法和密度计法（或筛析法和移液管法）联合试验。图 1-1 中的曲线 1 是根据筛析法试验结果绘制的，图 1-1 中曲线 2、3 是根据筛析法和密度计法联合试验的结果绘制的。

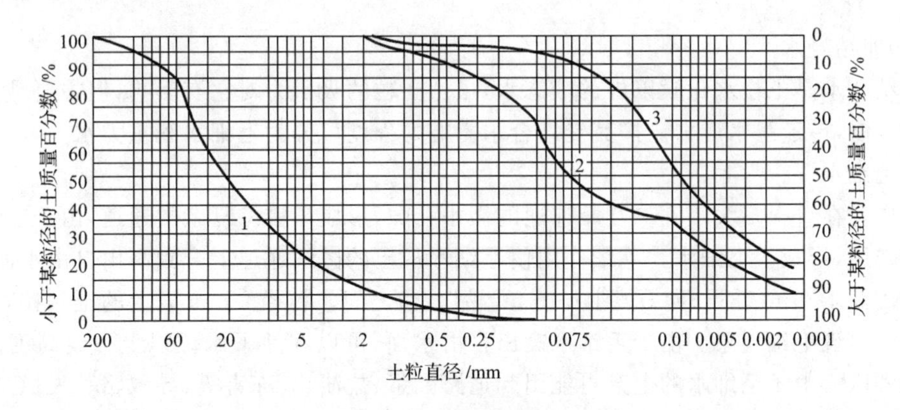

图 1-1　颗粒级配曲线

2. 土中的水

在天然土的孔隙中通常含有一定量的水，随温度不同处于不同的状态。土中的细颗粒越多，分散度越大，水对土的性质影响越大。例如，含水量大的黏性土比较干的黏性土软得

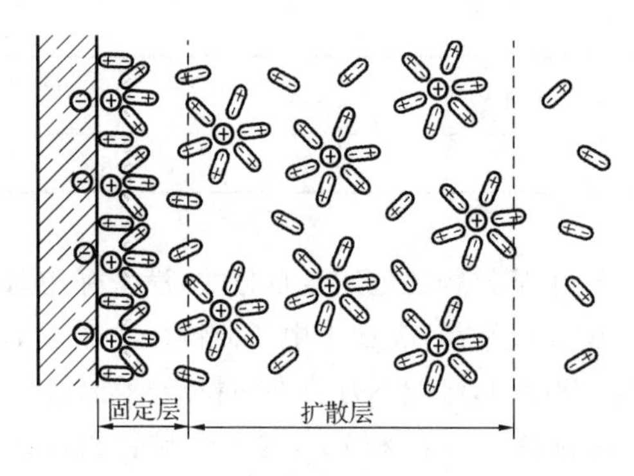

图 1-2　土中固体颗粒与水的相互作用

多，就是土中的固体颗粒与水接触相互起作用的结果。实验证明，土颗粒的表面带有负电荷。水分子（H_2O）是极性分子，由带正电荷的 H^+ 和带负电荷的 OH^- 组成。这样水分子中的 H^+ 会被颗粒表面的负电荷吸引而定向地排列在颗粒的四周，离颗粒表面愈近，吸引力愈大，如图 1-2 所示。土中的水按其所受土粒的吸引力大小可分为下列几种形态。

（1）结合水

这部分水是靠土粒的电分子引力吸引在土粒表面的，对土的工程性质影响极大。它又可分为：

①吸着水（强结合水）

吸着水是被颗粒表面负电荷紧紧吸附在土粒周围很薄的一层水。这种水的性质接近于固体，不冻结；不因重力影响而转移，不传递静水压力，不导电，具有极大的黏滞性、弹性和抗剪强度，其剪切弹性模量达 20 MPa，只有在 105 ℃以上的温度烘烤时才能全部蒸发。这种水对土的性质影响较小。土粒可以从潮湿空气中吸附这种水。仅含吸着水的黏性土呈干硬状态或半干硬状态，碾碎则成粉末。砂土也可能有极少量吸着水，仅含吸着水的砂土呈散粒状。

②薄膜水（弱结合水）

在吸着水外面一定范围内的水分子，仍会受到颗粒表面负电荷的吸引力作用而吸附在颗粒的四周，这种水称为薄膜水。显然，离颗粒表面愈远，分子所受的电分子力就愈小，因而薄膜水的性质随着离开颗粒表面距离的变化而变化，从接近于吸着水至变为自由水。薄膜水从整体来说呈黏滞状态，但其黏滞性是从内向外逐渐降低的。它仍不能传递静水压力，但较厚的薄膜水能向邻近较薄的水膜缓慢转移。砂土可认为不含薄膜水，黏性土的薄膜水较厚，且薄膜水的含量随黏粒增多而增大。薄膜水的多少对黏性土的性质影响很大，黏性土的一系列特性（黏性、塑性——土可以捏成各种形状而不破裂也不流动的特性、压实性等）都和薄膜水有关。

（2）非结合水

非结合水是土粒水化膜以外的液态水，虽然土粒的吸引力对它有影响，但主要是受重力作用的控制，传递静水压力。按其受结合水影响的程度可分为毛细水和重力水。

①毛细水

土中存在着很多大小不一互相连通的微小孔隙，形成了错综复杂的通道，由于毛细表面张力的作用，形成了毛细水。毛细作用使毛细水从土的微细通道上升到高出自由水面以上。上升高度介于 0 m（砾石、卵石）到 5～6 m（黏性土）之间。粒径 2 mm 以上的土颗粒间，一般认为不会出现毛细现象。由于毛细水高出自由水面，可以在地下水位以上一定高度内形成毛细饱和区。由于毛细水的上升可能引起道路翻浆、盐渍化、冻害等，导致路基失稳。因此，了解和认识土的毛细性，对土木工程的勘测、设计有重要意义。

②重力水

在自由水位以下，土粒吸附力范围以外的水，它在本身重力作用下，可在土中自由移动，故称重力水。重力水在土中能产生和传递静水压力，对土产生浮力。在开挖基坑和修筑地下结构物时,由于重力水的存在,应采取排水、防水措施,土中应力的大小与重力水也有关系。

3. 土中的气体

土中未被水占据的孔隙,都充满气体。土中气体分为两类:与大气相连通的自由气体和与大气隔绝的封闭气体(气泡)。自由气体一般不影响土的性质,封闭气体的存在会增加土体的弹性,减小土的透水性。目前还未发现土中气体对土的性质有值得重视的影响。因此,在工程上一般都不予考虑。

二、土的结构与构造

(一)土的结构

很多试验资料表明,同一种土,原状土样和重塑土样(将原状土样破碎,在试验室内重新制备的土样)的力学性质有很大差别。甚至用不同方法制备的重塑土样,尽管组成一样,密度控制也相同,性质仍有所差别。也就是说,土的组成和物理状态尚不是决定土的性质的全部因素。另一种对土的性质有很大影响的因素就是土的结构。土粒或土粒集合体的大小、形状,相互排列与连接等综合特征,称为土的结构。土的天然结构是在其沉积和存在的整个历史过程中形成的。土因其组成、沉积环境和沉积年代不同形成各种很复杂的结构。通常土的结构可分为三种基本类型:单粒结构、蜂窝结构和絮状结构。

1. 单粒结构

这种结构由较大土粒在自重作用下,于水或空气中下落堆积而成。碎石土和砂土就是单粒结构的土。因土粒较大,土粒之间的分子引力远小于土粒自重,土粒之间几乎没有相互连接作用,是典型的散粒状物体。这种结构的土,其强度主要来源于土粒之间的内摩擦力。

由于生成条件的不同,单粒结构可能是密实的,也可能是松散的。在松散的砂土中,砂粒处于较不稳定状态,并可能具有超过土粒尺寸的较大孔隙,在静力荷载作用下,压缩不大,但在动力荷载或其他振动荷载作用下土粒易于变位压密,孔隙度降低,地基突然沉陷,导致建筑物破坏,如图 1-3(a)所示。密实砂土则相反,从工程地质观点来看,密实结构是最理想的结构。具有密实结构的土层,在建筑物的静力荷载下不会压缩沉陷,在动力荷载或振动的情况下,孔隙度的变化也很小,不致造成破坏,如图 1-3(b)所示。密实结构的砂土只有在侧向松动,如开挖基坑后,才会变成流砂状态。

2. 蜂窝结构

较细的土粒在自重作用下于水中下沉时,由于其颗粒细、重量轻,碰到已沉稳的土粒,如两土粒间接触点处的分子引力大于下沉土粒的重量,土粒便被吸引而不再下沉。如此继续,逐渐形成链环状单元。很多这样的链环连接起来,就形成疏松的蜂窝结构,如图 1-3(c)所示。

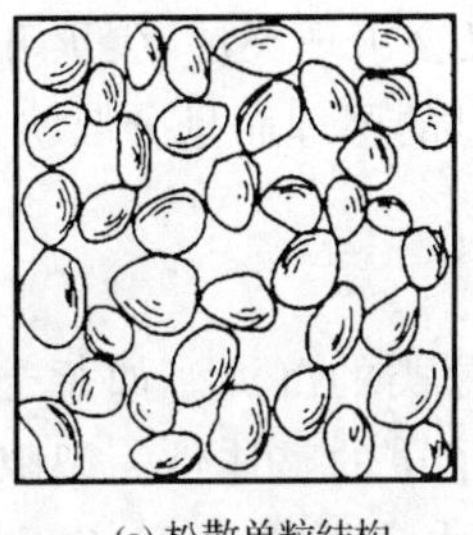
(a) 松散单粒结构

(b) 密实单粒结构

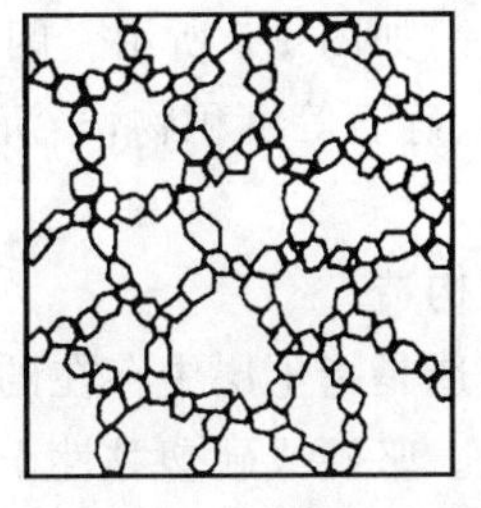
(c) 蜂窝结构

图 1-3　土的结构类型

蜂窝结构的土中单个孔隙体积一般远大于土粒本身的尺寸，孔隙体积也较大。如沉积后没有受过比较大的上覆压力，则在建筑物上覆荷载作用下，可能产生较大沉降。这种结构常见于黏性土中。

3. 絮状结构

絮状结构是颗粒最细小的黏性土特有的结构形式。最细小的黏粒大都呈针状或片状，它在水中呈现胶体特性。这主要是由于电分子力的作用，使土粒表面附有一层极薄的水膜。这种带有水膜的土粒在水中运动时，与其他土粒碰撞而凝聚成小链环状的土粒集合，然后沉积成大的链环，形成不稳定的复杂的絮状结构。这种结构在海相沉积黏性土中常见，如图1-4所示。图1-4(a)为盐液中形成的絮状结构；图1-4(b)为非盐液中形成的絮状结构；图1-4(c)为分散型的絮状结构。

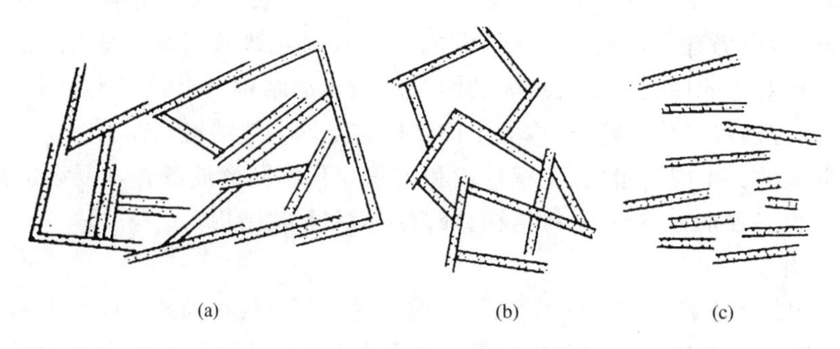

图1-4　常见的絮状结构

在以上土的三种结构中，密实单粒结构强度大，压缩性小，工程性质最好，蜂窝结构次之，絮状结构最差。尤其是絮状结构在其天然结构遭到破坏时，强度极低，压缩性极大，不能作为天然地基。

还应说明，土的结构受扰动后，其原有的物理力学性质会变化。因此，在取土样做试验时，应尽量减少扰动，避免破坏土的原状结构。

(二)土的构造

土的构造是指同一土层中物质成分和颗粒大小等相近的各部分之间的相互位置与充填空间的特征，其主要构造类型为层理构造。另外，还有分散构造、裂隙构造和结核构造等几种常见的构造类型。

1. 层理构造

土粒在沉积过程中，由于不同的地质作用和沉积环境条件，大体相同的物质成分和土粒大小在水平方向沉积成一定厚度，呈现出成层特征。第四纪冲积层具有明显的层状构造(又称层理构造)，如图1-5所示。因沉积环境条件的变化，常又会出现夹层、尖灭和透镜体等交错层理。砂、砾石等沉积物，当沉积厚度较大时，往往无明显的层理而呈分散状，又称为分散构造。

2. 裂隙构造

裂隙构造是指土层中存在的各种裂隙，裂隙中往往有盐类的沉淀。如黄土层中常分布的柱状裂隙。坚硬或硬塑黏性土层中有不连续裂隙，破坏了土的整体性。裂隙面是土中的软弱结构面，沿裂隙面的抗剪强度很低而渗透性却很高，浸水后裂隙张开，工程性质更差。

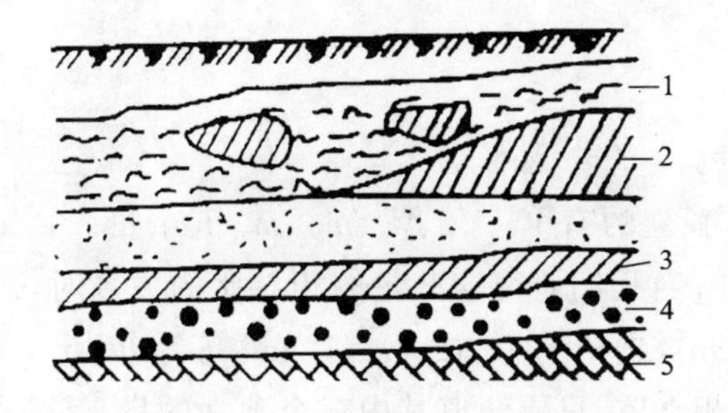

图 1-5 土的层理构造

1—淤泥夹黏性土透镜体；2—黏性土尖灭层；3—砂土夹黏性土层；4—砾石层；5—基岩

3.结核构造

在细粒土中明显掺有大颗粒或聚集的铁质、钙质等结合体或贝壳等杂物称为结核构造。如含结核黄土中的结合体、含砾石的冰积黏性土等均属此类。由于大颗粒或结核往往分散，故此类土的性质取决于细颗粒部分。

当把土层作为地基时，应认真研究土层的构造情况，特别是尖灭层和透镜体的存在会影响土层的受力和压缩的不均匀性，常会引起地基的不均匀变形。

第二节 土的物理性质指标与物理状态指标

一、土的物理性质指标

土的三相组成的性质，特别是固体颗粒的性质，直接影响到土的工程特性。但是同样一种土，密实时强度高，松散时强度低。对于细粒土，含水量少时则硬，含水量多时则软。这说明土的性质不仅决定于三相组成的性质，而且三相之间的比例关系也是一个很重要的影响因素。

因为土是三相体系，不能用一个单一的指标来说明三相间量的比例。对于一般连续性材料，例如钢或混凝土等，只要知道密度 ρ 就能直接说明这种材料的密实程度，即单位体积内固体的质量。对于三相体的土，同样一个密度 ρ，单位体积内可以是固体颗粒的质量多一些，水的质量少一些，也可以是固体颗粒的质量少一些而水的质量多一些，因为气体的体积可以不相同。因此要全面说明土的三相在量上的比例关系，就需要有若干个指标。

(一)土的三相草图

为了使这个问题形象化，以获得清楚的概念，在土力学中，通常用三相草图表示土的三相组成，如图 1-6 所示。三相草图的右侧表示三相组成的体积；三相草图的左侧则表示三相组成的质量。

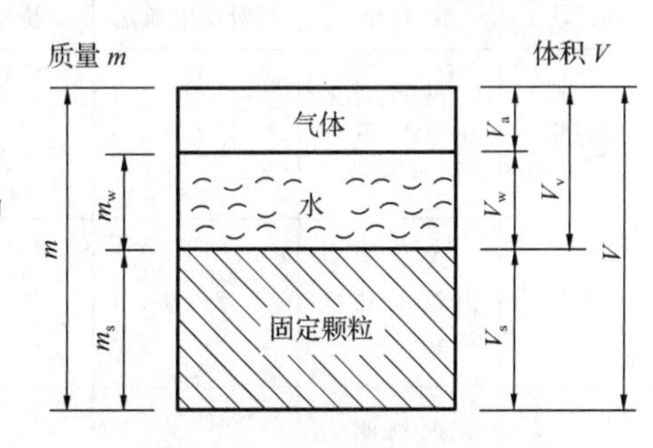

图 1-6 土的三相草图

图 1-6 中符号含义如下：

V——土的总体积；

V_v——土的孔隙部分体积；

V_s——土的固体颗粒实体的体积；

V_w——水的体积；

V_a——气体体积；

m——土的总质量；

m_w——水的质量；

m_s——固体颗粒质量。

在上述的这些量中，独立的有 V_s、V_w、V_a、m_w、m_s 五个量。1 cm^3 水的质量等于 1 g，故在数值上 $V_w=m_w$。此外，当我们研究这些量的相对比例关系时，总是取某一定数量的土体来分析。例如，取 $V=1\ cm^3$，或 $m=1$ g，或 $V_s=1\ cm^3$，等等，因此又可以消去一个未知量。这样，对于这一定数量的三相土体，只要知道其中三个独立的量，其他各量就可以从图中直接算出。所以，三相草图是土力学中用以计算三相量比例关系的一种简单而又很有用的工具。

(二)确定三相比例关系的基本试验指标

为了确定三相草图各量中的三个指标：密度、相对密度和含水量，就必须通过试验室的试验测定。通常做三个基本物理性质试验：土的密度试验、土粒相对密度试验和土的含水量试验。

1. 土的密度(ρ)

土的密度定义为在天然状态下单位体积土的质量，其单位为 g/cm^3，用下式表示

$$\rho=\frac{m}{V}=\frac{m_s+m_w}{V_s+V_v} \tag{1-3}$$

在天然状态下，单位体积土所受重力称为土的天然重度，简称重度，其单位为 kN/m^3，用下式表示

$$\gamma=\frac{mg}{V}=\frac{(m_s+m_w)g}{V}=\rho g \tag{1-4}$$

式中，$g=9.81\ m/s^2$，为重力加速度，工程上有时为了计算方便，取 $g=10\ m/s^2$。

应该明确，重度并不是实测指标。通常是实测土的密度 ρ，再算出重度 γ。

土的重度与土的含水量和密实程度有关，一般土的重度为 16～22 kN/m^3，测定方法见表 1-6。

表 1-6　土的密度、土粒相对密度、含水量的测定方法

土的密度		土粒相对密度		土的含水量	
测定方法	适用条件	测定方法	适用条件	测定方法	适用条件
环刀法	细粒土	相对密度瓶法	粒径小于 5 mm 的土	相对密度法	砂土
蜡封法	易破裂土和形状不规则的坚硬土	浮力法	粒径大于或等于 5 mm 的土，且粒径大于或等于 20 mm 的土质量应小于总土质量的 10%	酒精燃烧法	快速简易测定细粒土(有机质除外)
灌水法	现场测定粗粒土和巨粒土	浮称法	粒径大于或等于 5 mm 的土，且粒径大于或等于 20 mm 的土质量应小于总土质量的 10%	烘干法	黏性土、粉土、砂土、有机质土、冻土
灌砂法	现场测定细粒土、砂土和砾土	虹吸筒法	粒径大于或等于 5 mm 的土，且粒径大于或等于 20 mm 的土质量应大于或等于总土质量的 10%	—	—

2. 土粒相对密度(G_s)

土粒相对密度定义为土颗粒的质量与同体积 4 ℃蒸馏水的质量之比，即

$$G_s=\frac{m_s}{V_s\rho_w}=\frac{\rho_s}{\rho_w} \tag{1-5}$$

式中　ρ_s——土粒的密度，即单位体积土粒的质量，g/cm^3；

ρ_w——4 ℃时蒸馏水的密度，g/cm^3。

因为 $\rho_w=1\ g/cm^3$，故实际上土粒相对密度在数值上即等于土粒的密度，即 $G_s=\rho_s$，是无量纲数。

天然土颗粒是由不同的矿物所组成的，且这些矿物的相对密度各不相同。试验测定的是土粒的平均相对密度。土粒的相对密度变化范围不大，细粒土（黏性土）一般为 2.70～2.75；砂土的相对密度为 2.65 左右。土中有机质含量增加时，土的相对密度减小。

单位体积土粒的重量称为土粒重度。土粒重度不是实测指标，通常是通过实测土粒相对密度 G_s 求出土粒重度 γ_s（单位为 kN/m^3），由土粒重度的定义，可得出 G_s 与 γ_s 的关系式

$$\gamma_s=\frac{W_s}{V_s}=\frac{m_s g}{V_s}=G_s g \tag{1-6}$$

式中　W_s——土样内土粒重力。

土粒重度的常用单位为 kN/m^3，土粒相对密度测定方法见表 1-6。

3. 土的含水量 w

土的含水量定义为土中水的质量与土粒质量之比，以百分数表示。

$$w=\frac{m_w}{m_s}\times100\%=\frac{m-m_s}{m_s}\times100\%=(\frac{m}{m_s}-1)\times100\% \tag{1-7}$$

式中　w——土的含水量。

土的天然含水量变化很大。干的砂土含水量为 0%～3%，饱和软黏土的含水量可达 70%～80%。一般情况下，对同一类土，当含水量增大时，其强度就降低。

土的含水量的测定方法见表 1-6。

（三）确定三相量比例关系的其他常用指标

测出土的密度 ρ、土粒相对密度 G_s 和土的含水量 w 后，就可以根据图 1-6 所示的三相草图，计算出三相组成各自在体积和质量上的数值。工程上为了便于表示三相含量的某些特征，定义如下几种指标。下面几个指标是根据其定义和三个实测指标换算得出，故称为导出指标。

1. 表示土中孔隙含量的指标

工程上常用孔隙比 e 或孔隙度 n 表示土中孔隙的含量。其定义为：

孔隙比 e——孔隙体积与固体颗粒实体体积之比，表示为

$$e=\frac{V_v}{V_s} \tag{1-8}$$

孔隙比用小数表示。对同一类土，孔隙比越小，土越密实；孔隙比越大，土越松散。它是表示土的密实程度的重要物理性质指标。

孔隙比为土体中部分与部分的比值，所以孔隙比可能大于 1。

孔隙度 n——孔隙体积与土体总体积之比，用百分数表示，即

$$n=\frac{V_v}{V}\times100\% \tag{1-9}$$

由定义知，孔隙度为土体中部分与整体的比值，所以孔隙度恒小于 1。

下面根据孔隙比的定义和三个实测指标来推导孔隙比的换算关系式。

从三个实测指标的定义及其表达式可知，物理性质指标的计算结果与所取土样的体积(或质量)大小无关。因此，可假设土样的土粒体积 $V_s=1$ 个单位体积，土样其余部分的体积和质量可用其他物理性质指标来表示，如图 1-7 所示。现对图 1-7 各部分的体积和质量的关系说明如下：假设 $V_s=1$，根据式(1-5)可得土粒质量 $m_s=G_s\rho_w$，再根据式(1-7)，可得水的质量 $m_w=m-m_s=wm_s=wG_s\rho_w$，故土的总质量 $m=m_s+m_w=G_s(1+w)\rho_w$。根据式(1-3)，得土的总体积 $V=\frac{m}{\rho}=\frac{G_s\rho_w}{\rho}(1+w)$；而孔隙体积 $V_v=V-V_s=\frac{G_s\rho_w}{\rho}(1+w)-1$；水的体积可根据水的密度为 1 导出，即 $V_w=\frac{m_w}{1}=m_w=wG_s\rho_w$。另根据孔隙比的定义，还可得出 $V_v=e, V=1+e, m=\rho V=\rho(1+e)$。

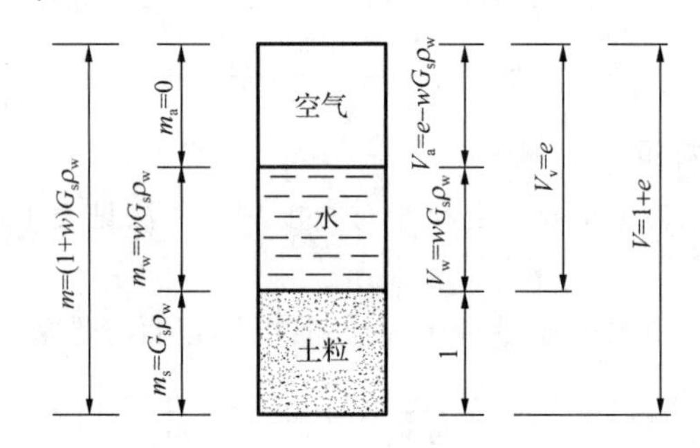

图 1-7　土的三相换算图

在作以上说明以后，即可据图 1-7 推导孔隙比和三个实测指标的换算关系式

$$m=m_s+m_w=G_s\rho_w(1+w)=\rho(1+e)$$

由　$G_s\rho_w(1+w)=\rho(1+e)$ 可得

$$e=\frac{G_s\rho_w}{\rho}(1+w)-1=\frac{\gamma_s}{\gamma}(1+w)-1 \tag{1-10}$$

需要说明的是，推导式(1-10)时以土粒体积 $V_s=1$ 作为计算的出发点。但是，由于各物理性质指标都是三相间量的比例关系，而不是量的绝对值。因此，取其他量为 1(如设土的体积 $V=1$)作为计算的出发点，也可以得出相同的换算关系式。假设 $V=1$ 个单位体积，则有

$$\rho=\frac{m}{V}=\frac{m_s+m_w}{V}=(1-n)G_s\rho_w+(1-n)G_s\rho_w w=(1-n)G_s\rho_w(1+w)$$

所以有

$$n=1-\frac{\rho}{G_s\rho_w(1+w)}=1-\frac{\gamma}{\gamma_s(1+w)} \tag{1-11}$$

在土力学和地基的计算中，孔隙比 e 的应用较为广泛。因此，如采用三相换算图计算土的物理性质指标，常采用图 1-7(即假定 $V_s=1$)。

孔隙比和孔隙度都是用以表示孔隙体积含量的概念。两者之间可以用下式互换

$$n=\frac{e}{1+e}\times 100\% \tag{1-12}$$

或

$$e=\frac{n}{1-n} \tag{1-13}$$

土的孔隙比或孔隙度都可用来表示同一种土的松密程度。它随土形成过程中所受的压

力、粒径级配和颗粒排列的状况而变化。一般来说，粗粒土的孔隙度小，细粒土的孔隙度大。例如砂土的孔隙度一般是28%～35%；黏性土的孔隙度有时可高达60%～70%。这种情况下，单位体积内孔隙的体积比土粒的体积大很多。

2.表示土中含水程度的指标

含水量 w 是表示土中含水程度的一个重要指标。此外，工程上往往需要知道孔隙中充满水的程度，这就是土的饱和度 S_r，即

$$S_r=\frac{V_w}{V_v}\times 100\% \tag{1-14}$$

饱和度的换算关系式可根据定义和图1-7求得

$$S_r=\frac{V_w}{V_v}=\frac{wG_s}{e} \tag{1-15}$$

根据孔隙比与孔隙度的关系得

$$S_r=\frac{V_w}{V_v}=\frac{(1-n)G_w w}{n} \tag{1-16}$$

显然，干土的饱和度 $S_r=0$，而一般认为饱和度大于80%就是饱和的。

3.表示土的密度和重度的几种指标

土的密度除了用 ρ 表示以外，工程计算上，还常用以下三种密度，即饱和密度、干密度和浮密度。它们的定义及相应重度介绍如下。

(1)饱和密度 ρ_{sat} 和饱和重度 γ_{sat}

饱和密度即孔隙完全被水充满时土的密度，表示为

$$\rho_{sat}=\frac{m_s+V_v\rho_w}{V} \tag{1-17}$$

上式中的 ρ_w 为水的密度，即4 ℃时单位体积水的质量，$\rho_w=1\ g/cm^3$。孔隙中完全充满水时土的重度称为饱和重度，用下式表示

$$\gamma_{sat}=\frac{m_s g+V_v\gamma_w}{V}=\frac{m_s g+V_v\rho_w g}{V}$$

饱和重度的换算关系式可据饱和重度的定义和图1-7得出，即

$$\gamma_{sat}=\frac{m_s g+V_v\gamma_w}{V}=\frac{\gamma_s+e\gamma_w}{1+e} \tag{1-18}$$

或

$$\gamma_{sat}=\frac{m_s g+V_v\gamma_w}{V}=(1-n)\gamma_s+n\gamma_w \tag{1-19}$$

(2)干密度 ρ_d 与干重度 γ_d

单位体积土体中的土粒质量称为土的干密度，用下式表示

$$\rho_d=\frac{m_s}{V}=\frac{m-m_w}{V}=\rho-\frac{wm_s}{V}=\rho-\rho_d w$$

$$\rho_d=\frac{\rho}{1+w} \tag{1-20}$$

单位体积土体中的土粒重力称为土的干重度，用下式表示

$$\gamma_d=\frac{m_s g}{V}=\rho_d g \tag{1-21}$$

干重度的换算关系式可据干重度的定义和图1-7得出，即

$$\gamma_d=\frac{m_s g}{V}=\frac{G_s g}{1+e}=\frac{\gamma_s}{1+e}=(1-n)\gamma_d \tag{1-22}$$

由式(1-20)和式(1-21)得

$$\gamma_d=\frac{\gamma}{1+w} \tag{1-23}$$

另外，根据干密度定义得

$$\rho_d=\frac{m_s}{V}=\frac{\rho_s}{1+e} \tag{1-24}$$

$$\gamma_d=\frac{m_s g}{V}=\frac{\gamma_s}{1+e} \tag{1-25}$$

干重度愈大，表示土愈密实。在路基工程中，常以干重度作为土的密实程度的指标。

(3)土的浮重度 γ'

在水下的土体，要受到水的浮力作用，其重力会减轻。浮力的大小等于土粒排开水的重力。因此，土的浮重度等于单位体积土体中的土粒重力减去与土粒体积相同的水的重力，即

$$\gamma'=\frac{m_s g-V_s\rho_w g}{V}=\frac{m_s g-V_s\gamma_w}{V}$$

$$=\frac{m_s g+V_v\gamma_w-V\gamma_w}{V}=\gamma_{sat}-\gamma_w \tag{1-26}$$

浮重度的换算关系式可根据浮重度的定义和图 1-7 得出，即

$$\gamma'=\frac{m_s g-V_s\gamma_w}{V}=\frac{\gamma_s-\gamma_w}{1+e} \tag{1-27}$$

或

$$\gamma'=\frac{m_s g-V_s\gamma_w}{V}=(1-n)\gamma_s-(1-n)\gamma_w=(1-n)(\gamma_s-\gamma_w) \tag{1-28}$$

为了便于应用，将上述土的物理性质指标的类别、名称、符号、定义表达式、常用换算关系式和单位列于表 1-7 中。

表 1-7　　土的物理性质指标及换算关系

类 别	名 称	符 号	定义表达式	常用换算关系	单 位
实测指标	密度	ρ	$\rho=\frac{m}{V}$	$\rho=\frac{G_s+S_r e}{1+e}$	g/cm³
	重度	γ	$\gamma=\frac{mg}{V}$	$\gamma=\frac{\gamma_s+S_r e\gamma_w}{1+e}$	kN/m³
	含水量	w	$w=\frac{m_w}{m_s}\times 100\%$	$w=\frac{\gamma}{\gamma_d}-1$ $w=\frac{S_r e}{G_s}$	—
	土粒相对密度	G_s	$G_s=\frac{m_s}{V_s\rho_w}$	$G_s=\frac{S_r e}{w}$	—
	土粒重度	γ_s	$\gamma_s=\frac{m_s g}{V_s}=G_s g$	$\gamma_s=\frac{S_r e\gamma_w}{w}$	

（续表）

类别		名称	符号	定义表达式	常用换算关系	单位
导出指标	反映土体中孔隙相对大小	孔隙比	e	$e=\frac{V_v}{V_s}$	$e=\frac{G_s\rho_w}{\rho}(1+w)-1$ $e=\frac{\gamma_s}{\gamma}(1+w)-1$ $e=\frac{n}{1-n}$ $e=\frac{\gamma_s}{\gamma_d}-1$	—
		孔隙度	n	$n=\frac{V_v}{V}\times 100\%$	$n=1-\frac{\rho}{G_s(1+w)}$ $n=\frac{e}{1+e}$ $n=1-\frac{\gamma_d}{\gamma_s}$	—
	反映土体中的湿度	饱和度	S_r	$S_r=\frac{V_w}{V_v}\times 100\%$	$S_r=\frac{wG_s}{e}$ $S_r=\frac{(1-n)G_s w}{n}$ $S_r=\frac{w\gamma_d}{n\gamma_w}$	—
	反映土的单位体积的质量或重量	干密度 干重度	ρ_d γ_d	$\rho_d=\frac{m_s}{V}$ $\gamma_d=\frac{m_s g}{V}$	$\rho_d=\frac{\rho_s}{1+e}=\frac{\rho}{1+w}$ $\gamma_d=\frac{\gamma_s}{1+e}$ $\gamma_d=\frac{\gamma}{1+w}$	g/cm³ kN/m³ kN/m³
		饱和密度 饱和重度	ρ_{sat} γ_{sat}	$\rho_{sat}=\frac{m_s+V_v\rho_w}{V}$ $\gamma_{sat}=\frac{m_s g+V_v\gamma_w}{V}$	$\rho_{sat}=\frac{G_s\rho_w+e\rho_w}{1+e}$ $\gamma_{sat}=\frac{\gamma_s+e\gamma_w}{1+e}$ $\gamma_{sat}=(1-n)\gamma_s+n\gamma_w$	g/cm³ kN/m³ kN/m³
		浮重度	γ'	$\gamma'=\frac{m_s g-V_s\gamma_w}{V}$ $=\gamma_{sat}-\gamma_w$	$\gamma'=\frac{\gamma_s-\gamma_w}{1+e}$ $\gamma'=(1-n)(\gamma_s-\gamma_w)$	kN/m³ kN/m³

【例题 1-1】 土样总质量为 97 g，总体积为 54 cm³，此土样烘干后质量为 78 g，土粒相对密度 $G_s=2.66$。试求此土样的天然重度、天然含水量、孔隙比、饱和度、干重度、饱和重度和浮重度。

解 本题有两种解法，一种是根据三相草图求解，一种是由公式求解。

方法一：利用三相草图求解

(1)求各相的质量与体积

土样中水的质量与体积

$$m_w=m-m_s=97-78=19\ \text{g}$$

$$V_w=\frac{m_w}{\rho_w}=\frac{19}{1}=19\ \text{cm}^3$$

土样中土粒的体积

$$V_s=\frac{m_s}{\rho_s}=\frac{78}{2.66}=29.3\ \text{cm}^3$$

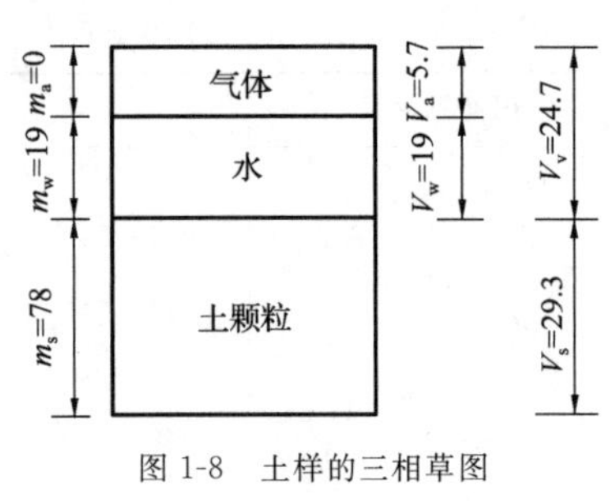

图 1-8　土样的三相草图

土样中气体的体积

$$V_a=V-V_s-V_w=5.7\ \text{cm}^3$$

(2)根据求出的各量画出土样的三相草图

如图 1-8 所示。

(3)根据三相草图求出各指标

土样的天然含水量 $w=\dfrac{m_w}{m_s}\times100\%=\dfrac{19}{78}\times100\%=24.4\%$

土样的天然重度　$\gamma=\dfrac{mg}{V}=\dfrac{97\times10}{54}=18.0\ \text{kN/m}^3$

土样的干重度　$\gamma_d=\dfrac{m_sg}{V}=\dfrac{78\times10}{54}=14.4\ \text{kN/m}^3$

土样的饱和重度　$\gamma_{sat}=\dfrac{m_sg+V_v\gamma_w}{V}=\dfrac{78\times10+24.7\times10}{54}=19.0\ \text{kN/m}^3$

土样的浮重度　$\gamma'=\dfrac{m_sg-V_s\gamma_w}{V}=\dfrac{78\times10-29.3\times10}{54}=9.0\ \text{kN/m}^3$

土样的孔隙比　$e=\dfrac{V_v}{V_s}=\dfrac{24.7}{29.3}=0.84$

土样的饱和度　$S_r=\dfrac{V_w}{V_v}\times100\%=\dfrac{19}{24.7}\times100\%=77\%$

方法二:利用公式求解

$$e=\frac{\gamma_s(1+w)}{\gamma}-1=\frac{26.6\times(1+24.4\%)}{18.0}-1=0.84$$

$$\gamma_d=\frac{\gamma}{1+w}=\frac{18.0}{1+24.4\%}=14.4\ \text{kN/m}^3$$

$$\gamma_{sat}=\frac{\gamma_s+e\gamma_w}{1+e}=\frac{26.6+0.84\times10}{1+0.84}=19.0\ \text{kN/m}^3$$

$$\gamma'=\gamma_{sat}-\gamma_w=19.0-10=9.0\ \text{kN/m}^3$$

$$S_r=\frac{G_sw}{e}\times100\%=\frac{2.66\times24.4\%}{0.84}\times100\%=77\%$$

二、无黏性土的物理状态

无黏性土的密实程度和潮湿程度对其工程性质有重大影响。密实的无黏性土结构稳定,压缩性小,强度较大,可作为良好的天然地基。松散的无黏性土常有超过土粒粒径的较大孔隙,特别是饱和的细砂和粉砂,结构稳定性差,强度较小,压缩性较大,还容易发生流砂等现象,是一种软弱地基。水可降低无黏性土颗粒间的摩擦力,土的强度也会随之降低。因此,密实程度和潮湿程度是无黏性土重要的物理状态指标。

(一)无黏性土的密实程度

土的密实程度通常指单位体积中固体颗粒的含量。固体颗粒含量多,土就密实;固体颗粒含量少,土就疏松。从这一角度分析,在上述三相比例指标中,干重度 γ_d 和孔隙比 e(或孔隙度 n)都是表示土的密实程度的指标。但是这种用固体颗粒含量或孔隙含量表示密实程度的方法有其明显的缺点,主要是这种表示方法没有考虑到粒径级配这一重要因素的影响。为说明这个问题,取两种不同级配的砂土进行分析。假定第一种砂土的颗粒是理想的均匀圆球，不均匀系数 $C_u=1.0$。这种砂土颗粒最密实时的排列如图 1-9(a)所示。可以算出这时的孔隙比 $e=0.35$，如果砂粒的相对密度 $G_s=2.65$，则最密实时的干密度 $\rho_d=1.96\ g/cm^3$。第二种砂土的颗粒同样是理想的圆球，但其级配中除大的圆球外，还有小的圆球可以充填于孔隙中，即不均匀系数 $C_u>1.0$，如图 1-9(b)所示。显然，这种砂土颗粒最密时的孔隙比 $e<0.35$。就是说这两种砂土若都具有同样的孔隙比 $e=0.35$，对于第一种砂土，已处于最密实的状态，而对于第二种砂土则不是最密实。实践中，往往可以碰到不均匀系数很大的砂砾混合料，孔隙比 $e\leqslant0.35$、干密度 $\rho_d\geqslant2.05\ g/cm^3$ 时，仍然只处于中等密实程度，有时还需要采取工程措施再予以加密，而这种密度对于均匀砂土则已经是十分密实了。

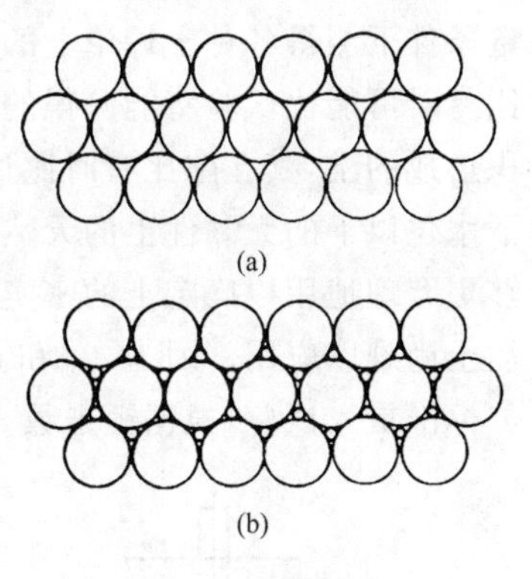

图 1-9　砂土的颗粒排列方式

工程上为了更好地表明无黏性土所处的密实状态。采用将现场土的孔隙比 e 与该种土所能达到最密时的孔隙比 e_{min} 和最松时的孔隙比 e 相对比的办法，来表示孔隙比为 e 时土的密实程度。这种度量密实程度的指标称为相对密实程度 D_r，表示为

$$D_r=\frac{e_{max}-e}{e_{max}-e_{min}} \tag{1-29}$$

式中　e——现场土的天然孔隙比；

e_{max}——土的最大孔隙比，测定的方法是将松散的风干土样通过长颈漏斗轻轻地倒入容器，避免重力冲击，求得土的最小干密度再经换算得到 e_{max}，详见《公路土工试验规程》(JTG 3430—2020)；

e_{min}——土的最小孔隙比，测定的方法是将松散的风干土装在金属容器内，按规定方法振动和锤击，直至密度不再提高，求得最大干重度后经换算得到 e_{min}，详见《公路土工试验规程》(JTG 3430—2020)。

当 $D_r=0$ 时，$e=e_{max}$，表示土处于最松状态。当 $D_r=1$ 时，$e=e_{min}$，表示土处于最密实状态。用相对密实程度 D_r 划分无黏性土的密实程度，见表 1-8。

表 1-8　　无黏性土密实程度划分标准

锤击数 $N_{63.5}$	相对密实程度 D_r	密实程度	锤击数 $N_{63.5}$	相对密实程度 D_r	密实程度
$N\leqslant10$	$D_r\leqslant0.2$	松散	$15<N\leqslant30$	$0.33<D_r\leqslant0.67$	中密
$10<N\leqslant15$	$0.2<D_r\leqslant0.33$	稍密	$N>30$	$0.67<D_r\leqslant1$	密实

将孔隙比与干重度的关系式 $e=\frac{\gamma_s}{\gamma_d}-1$ 代入式(1-29)整理后，可以得到用干密度表示的相对密实程度的表达式为

$$D_r=\frac{(\gamma_d-\gamma_{dmin})\gamma_{dmax}}{(\gamma_{dmax}-\gamma_{dmin})\gamma_d}=\frac{(\rho_d-\rho_{dmin})\rho_{dmax}}{(\rho_{dmax}-\rho_{dmin})\rho_d} \tag{1-30}$$

式中　ρ_d——对应于天然孔隙比为 e 时土的干密度；

ρ_{min}——相当于孔隙比为 e_{max} 时土的干密度，即最松干密度；

ρ_{max}——相当于孔隙比为 e_{min} 时土的干密度，即最密干密度。

应当指出，目前虽然已有一套测定最大孔隙比和最小孔隙比的试验方法，但是要在试验

室条件下测得各种土理论上的 e_{max} 和 e_{min} 却十分困难。在静水中很缓慢沉积形成的土，孔隙比有时可能比试验室能测得的 e_{max} 还大。同样，在漫长地质年代中，受各种自然力作用下堆积形成的土，其孔隙比有时比试验室能测得的 e_{min} 还小。此外，埋藏在地下深处，特别是地下水位以下的无黏性土的天然孔隙比很难准确测定。因此，相对于这一指标，理论上虽然能够更合理地用以确定土的密实状态，但由上述原因，通常多用于填方的质量控制中，对于天然土尚难以应用。因为 e_{min} 和 e_{max} 都难以准确测定，天然砂土的密实程度只能在现场进行原位标准贯入试验，根据锤击数 $N_{63.5}$，按表 1-8 的标准间接判定。

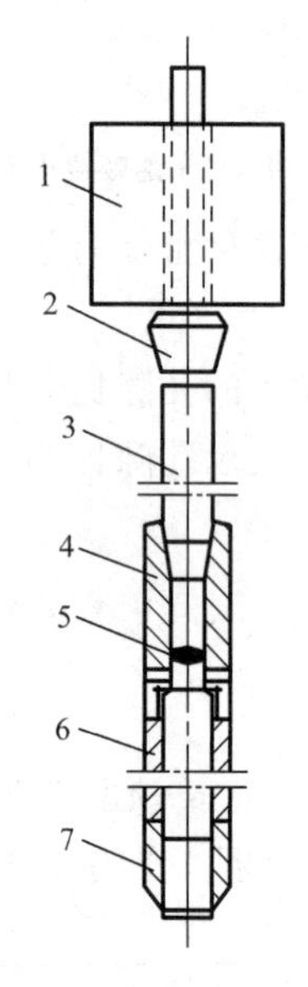

图 1-10　标准贯入试验设备

1—穿心锤；2—锤垫；3—钻杆；4—贯入器头；5—出水孔；6—贯入器身；7—贯入器靴

标准贯入试验主要设备如图 1-10 所示。做标准贯入试验时，先用钻具钻入地基中预定标高，然后将标准贯入器换装到钻杆端部，用质量为 63.5 kg 的穿心锤以 760 mm 的落距把标准贯入器竖直打入土中 150 mm（此时不计锤击数），以后再打入土中 300 mm，并记录贯入此 300 mm 所需的锤击数 $N_{63.5}$，据 $N_{63.5}$ 即可从表 1-8 中查出砂土的密实程度。从表 1-8 中可看出：锤击数 $N_{63.5}$ 较大时土较密实，$N_{63.5}$ 较小时土较松散。

应该说明，标准贯入试验所得的锤击数 $N_{63.5}$ 不仅可用于划分砂土的密实程度，而且在高烈度地震区，还可作为判断砂土是否会振动液化的计算指标。

【例题 1-2】 某砂样的天然重度 $\gamma=18.4\ \text{kN/m}^3$，含水量 $w=19.5\%$，土粒相对密度 $G_s=2.65$，最大干重度 $\gamma_{dmax}=15.8\ \text{kN/m}^3$，最小干重度 $\gamma_{dmin}=14.4\ \text{kN/m}^3$。试求其相对密实程度 D_r，并判定其密实程度。

解　此题可用两个不同公式进行计算。

(1)用干重度计算

计算砂样在天然状态下的干重度

$$\gamma_d=\frac{\gamma}{1+w}=\frac{18.4}{1+19.5\%}=15.4\ \text{kN/m}^3$$

砂土相对密实程度

$$D_r=\frac{(\gamma_d-\gamma_{dmin})\gamma_{dmax}}{(\gamma_{dmax}-\gamma_{dmin})\gamma_d}=\frac{(15.4-14.4)\times15.8}{(15.8-14.4)\times15.4}=0.73$$

(2)用孔隙比计算

砂样的孔隙比

$$e=\frac{\gamma_s(1+w)}{\gamma}-1=\frac{\gamma_s}{\gamma_d}-1=\frac{2.65\times9.81}{15.4}-1=0.688$$

相应于最大干重度的孔隙比是砂样的最小孔隙比 e_{min}，相应于最小干重度的孔隙比是砂样的最大孔隙比 e_{max}，即

$$e_{max}=\frac{\gamma_s}{\gamma_{dmin}}-1=\frac{2.65\times9.81}{14.4}-1=0.805$$

$$e_{min}=\frac{\gamma_s}{\gamma_{dmax}}-1=\frac{2.65\times9.81}{15.8}-1=0.645$$

将孔隙比代入式(1-29)得

$$D_r=\frac{e_{max}-e}{e_{max}-e_{min}}=\frac{0.805-0.688}{0.805-0.645}=0.73$$

据 $D_r=0.73$ 查表 1-8,可判定此砂土处于密实状态。

从理论上说,相对密实程度 D_r 能比较确切地反映砂土的密实程度。但是,在一些地点既做标准贯入试验又钻探取样,并测定土的 e、e_{max} 和 e_{min},取得实测锤击数与相对密实程度 D_r 的对应数据,进而综合考虑确定地基承载力。

碎石土的密实程度划分还没有一个较科学的标准,因为对这类土很难做标准贯入试验和孔隙比试验。目前仅凭经验在野外鉴别,即根据土骨架的紧密情况、孔隙中充填物的充实程度、边坡稳定情况和钻进的难易程度来判断。《公路桥涵地基与基础设计规范》(JTG 3363—2019)规定的碎石土密实程度划分标准见表 1-9。

表 1-9　　碎石土密实程度野外鉴别

密实程度	骨架颗粒含量和排列	可挖性	可钻性
松散	骨架颗粒质量小于总质量的 60%,排列混乱,大部分不接触	锹可以挖掘,井壁易坍塌,从井壁取出大颗粒后,立即坍塌	钻进较易,钻杆稍有跳动,孔壁易坍塌
中密	骨架颗粒质量为总质量的 60%～70%,呈交错排列,大部分接触	锹镐可挖掘,井壁有掉块现象,从井壁取出大颗粒后,能保持凹面形状	钻进较困难,钻杆、吊锤跳动不剧烈,孔壁有坍塌现象
密实	骨架颗粒质量大于或等于总质量的 70%,呈交错排列,连续接触	锹镐挖掘困难,用手撬棍方能松动,井壁较稳定性	钻进困难,钻杆、吊锤跳动剧烈,孔壁较稳定

(二)无黏性土的潮湿程度

除密实程度以外,潮湿程度对碎石土和砂土的工程性质也有一定影响。碎石土和砂土的潮湿程度按饱和度的大小来划分,见表 1-10。从表 1-10 可看出,当饱和度 $S_r>80\%$时,即可视为饱和的,这是因为当 $S_r>80\%$时,土中虽仍有少量气体,但大都是封闭气体,故可按表 1-10 的规定视为饱和土。

表 1-10　　碎石土及砂土潮湿程度划分标准

潮湿程度	饱和度 S_r	潮湿程度	饱和度 S_r
稍湿	$S_r\leqslant 0.5$	饱和	$S_r>0.8$
潮湿	$0.5<S_r\leqslant 0.8$		

三、黏性土的物理状态

(一)黏性土的稠度

黏性土最主要的物理状态特征是它的稠度,稠度是指土的软硬程度或土对外力引起变形或破坏的抵抗能力。土中含水量很低时,水都被颗粒表面的电荷紧紧吸着于颗粒表面,成为强结合水。强结合水的性质接近于固态。因此,当颗粒之间只有强结合水时,如图 1-11(a)所示,按水膜厚薄不同,土表现为固态或半固态。

随着含水量增加,被吸附在颗粒周围的水膜加厚,颗粒周围除强结合水外还有弱结合水,如图 1-11(b)所示,弱结合水呈黏滞状态,不能传递静水压力,不能自由流动,但受力时可以变形,能从水膜较厚处向邻近较薄处移动。在这种含水量情况下,土体受外力作用可以被捏成任何形状而不破裂,外力取消后仍然保持改变后的形状,这种状态称为可塑状态。弱结合水的存在是土具有可塑状态的原因。土处在可塑状态的含水量变化范围,大体上相当于颗粒所能够吸附的弱结合水的含量。这一含量的大小主要决定于土的比表面积和矿物成分。黏性大的土必定是比表面积大、矿物的亲水能力强的土(例如蒙特土),自然也是能吸附较多的结合水的土,所以它的可塑状态含水量的变化范围也必定大。

当含水量继续增加,土中除结合水外,已有相当数量的水处于电场引力影响范围以外,成为自由水。这时颗粒之间被自由水所隔开,如图 1-11(c)所示,土体不能承受任何剪应力,而呈流动状态。可见,从物理概念分析,土的稠度实际上是反映土中水的形态。

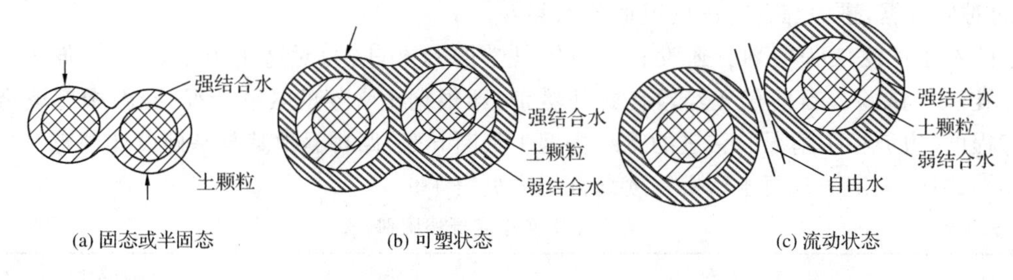

图 1-11　土中水与稠度状态

(二)稠度界限

土从某种状态进入另外一种状态的分界含水量称为土的特征含水量,或称为稠度界限。工程上常用的稠度界限有液性界限 w_L 和塑性界限 w_P。

液性界限(w_L)简称液限,相当于土从可塑状态转变为流动状态时的分界含水量。这时土中水的形态除结合水外,已有相当数量的自由水。

塑性界限(w_P)简称塑限,相当于土从固态或半固态转变为可塑状态时的含水量。这时,土中水的形态大约是强结合水含量达到最大时的含水量。

现在,液限 w_L、塑限 w_P 用液限、塑限联合测定仪测定(详见《公路土工试验规程》)。但是,所有这些测定方法仍然是根据表象观察土在某种含水量下是否“流动”或者是否“可塑”,而不是真正根据土中水的形态来划分的。实际上,土中水的形态定性区分比较容易,定量划分则颇为困难。目前尚不能够定量地以结合水膜的厚度来确定液限或塑限。从这个意义上说,液限和塑限与其说是一种理论标准,不如说是一种人为确定的标准。尽管如此,并不妨碍人们去认识到:细粒土随着含水量的增加,可以从固态或半固态变为可塑状态再变为流动状态,而实测的塑限和液限则是一种近似的定量分界含水量。

(三)塑性指数和液性指数

1. 塑性指数

从图 1-12 可看出,液限和塑限是土处于可塑状态的上限和下限含水量。通常将可塑状态的上限和下限含水量之差称为塑性指数,用 I_P 表示,即

$$I_P = w_L - w_P \tag{1-31}$$

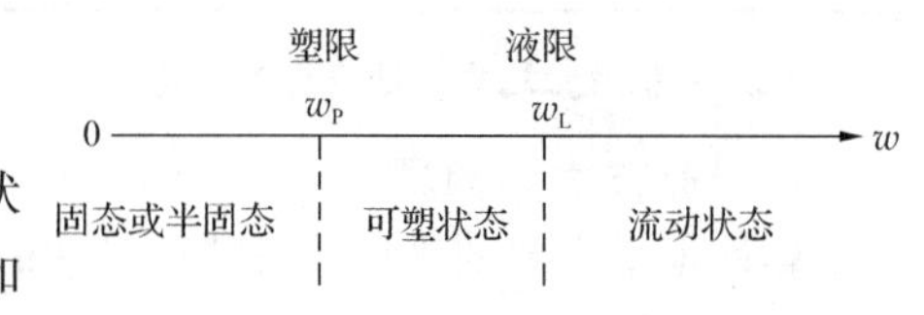

图 1-12　黏性土的物理状态与含水量的关系

塑性指数通常用不带“%”的数字表示。

塑性指数表示黏性土处于可塑状态时含水量的变化范围。塑性指数愈大,说明土中含有的结合水愈多,也就表明土的颗粒愈细或矿物成分吸附水的能力愈大。因此,塑性指数是一个能比较全面反映土的组成情况(包括颗粒级配、矿物成分等)的物理状态指标。塑性指数愈大,表明土的塑性愈大。

生成条件相似(即土的结构和状态相似)、塑性指数相近的土,一般具有相近的物理性

质，而且，塑性指数的测定方法简便，因此，《公路桥涵地基与基础设计规范》(JTG 3363—2019)采用塑性指数作为黏性土的分类指标，见表1-11。

表1-11　　黏性土按塑性指数分类

塑性指数 I_P	土的名称
$I_P>17$	黏土
$10<I_P\leqslant17$	粉质黏土

2.液性指数

土的比表面积和矿物成分不同，吸附结合水的能力也不一样。因此，同样的含水量对于黏性高的土，水的形态可能全是结合水，而对于黏性低的土，则可能有相当部分已经是自由水。换句话说，仅仅知道含水量的绝对值，并不能说明土处于什么状态。要说明细粒土的稠度状态，需要有一个表征土的天然含水量与分界含水量之间相对关系的指标，这就是液性指数 I_L

$$I_L=\frac{w-w_P}{w_L-w_P} \tag{1-32}$$

液性指数通常用不带"%"的数字表示。

《公路桥涵地基与基础设计规范》(JTG 3363—2019)对黏性土的潮湿(软硬)程度按液性指数划分，见表1-12。

表1-12　　黏性土按液性指数划分软硬状态

液性指数 I_L	状 态	液性指数 I_L	状 态
$I_L\leqslant0$	坚硬	$0.75<I_L\leqslant1$	软塑
$0<I_L\leqslant0.25$	硬塑	$I_L>1$	流塑
$0.25<I_L\leqslant0.75$	可塑		

从图1-12可以看出：当 $w\leqslant w_P$ 时，天然土处于固态或半固态；当 $w\geqslant w_L$ 时，土处于流动状态；当 $w_P<w<w_L$ 时，土处于可塑状态。可见图1-12和表1-12是一致的。

【例题1-3】 有一完全饱和黏性土土样，经试验测得其天然含水量 $w=30\%$，土粒相对密度 $G_s=2.73$，液限 $w_L=33\%$，塑限 $w_P=17\%$。试确定该土样的孔隙比、干密度、饱和密度并确定土样的名称及状态。

解 因土样是完全饱和的，其饱和度为1。

土样孔隙比 $$e=\frac{wG_s}{S_r}=wG_s=0.3\times2.73=0.819$$

土样干重度 $$\rho_d=\frac{\rho_s}{1+e}=\frac{2.73}{1+0.819}=1.50\ \text{g/cm}^3$$

土样的饱和密度 $$\rho_{sat}=\frac{\rho_s+e\rho_w}{1+e}=\frac{2.73+0.819\times1}{1+0.819}=1.95\ \text{g/cm}^3$$

土样塑性指数 $$I_P=w_L-w_P=33-17=16$$

查表1-11，可知此土样为粉质黏土。

据式(1-32)求液性指数 I_L

$$I_L=\frac{w-w_P}{w_L-w_P}=\frac{30-17}{33-17}=0.81>0.75$$

查表1-12，可知此粉质黏土处于软塑状态。

第三节　土的工程分类

土(岩)的工程分类根据其具体使用目的有不同的分类方法。合理的分类有利于比较恰当地选择定量分析的指标和评价土(岩)的工程性质,有利于较好地进行工程设计和施工。对于作为公路地基的土(岩)来说,可分为岩石、碎石土、砂土、粉土、黏性土和特殊性土等几大类。

岩石除按地质成因分类外,还可按其强度、风化程度、岩体结构类型或节理发育程度等特征分类。粗粒土多按其级配分类,细粒土可按其塑性指数分类。对于特殊地质成因和年代的土,尚应结合其成因和年代特征确定土名。对特殊性土,尚应结合颗粒级配或塑性指数综合确定土名。混合土确定名称时,应冠以主要含有的土类确定土名。本节还将简要介绍塑性图细粒土分类法。

下面主要按《公路桥涵地基与基础设计规范》介绍对岩石、碎石土、砂土、粉土、黏性土和特殊性土的分类。

一、岩　石

岩石为颗粒间具有连接牢固、呈整体或具有节理裂隙的地质体。作为公路桥涵地基,除应确定岩石的地质名称外,尚应按规定划分其坚硬程度、完整程度、节理发育程度、软化程度和特殊性。

(一)根据强度进行坚硬程度分级

岩石的坚硬程度根据岩块的饱和单轴抗压强度标准值按表1-13分为坚硬岩、较硬岩、较软岩、软岩和极软岩共5个等级。

表1-13　岩石坚硬程度分级

坚硬程度类别	坚硬岩	较硬岩	较软岩	软岩	极软岩
饱和单轴抗压强度标准值 f_{rk}/MPa	$f_{rk}>60$	$30<f_{rk}\leqslant 60$	$15<f_{rk}\leqslant 30$	$5<f_{rk}\leqslant 15$	$f_{rk}\leqslant 5$

(二)根据完整程度分级

岩石的完整程度根据完整性指数按表1-14分为完整、较完整、较破碎、破碎和极破碎共5个等级。

表1-14　岩石完整程度划分

完整程度等级	完整	较完整	较破碎	破碎	极破碎
完整性指数	>0.75	0.75~0.55	0.55~0.35	0.35~0.15	<0.15

注:岩石完整性指数为岩体纵波速度与岩块纵波速度之比的平方。

(三)根据节理发育程度分类

岩石的节理发育程度根据节理间距按表1-15分为节理很发育、节理发育、节理不发育共3类。

表1-15　岩体节理发育程度的分类

发育程度	节理不发育	节理发育	节理很发育
节理间距/mm	>400	200~400	20~200

(四)根据软化程度和特殊性分类

岩石按软化程度可分为软化岩石和不软化岩石:当软化系数小于或等于0.75时,定为软化岩石;大于0.75时,定为不软化岩石。

当岩石具有特殊成分、特殊结构或特殊性质时,定为特殊性岩石,如易溶性岩石、膨胀性岩石、崩解性岩石、盐渍化岩石等。

二、碎石土

碎石土为粒径大于2 mm的颗粒含量超过总质量50%的土。

(一)碎石土按颗粒形状与粒组含量分类

碎石土按颗粒形状与粒组含量可分为6类,见表1-16。

表1-16　碎石土按颗粒形状与粒组含量分类

土的名称	颗粒形状	粒组含量
漂石	圆形或亚圆形为主	粒径大于200 mm的颗粒含量超过总质量50%
块石	棱角形为主	
卵石	圆形或亚圆形为主	粒径大于20 mm的颗粒含量超过总质量50%
碎石	棱角形为主	
圆砾	圆形或亚圆形为主	粒径大于2 mm的颗粒含量超过总质量50%
角砾	棱角形为主	

注:碎石土分类时应根据粒组含量从大到小以最先符合者确定。

(二)碎石土按密实程度分类

碎石土的密实程度可根据重型动力触探锤击数$N_{63.5}$按表1-17分为松散、稍密、中密、密实4级。当缺乏有关试验数据时,碎石土平均粒径大于50 mm或最大粒径大于100 mm时,可现场鉴别其密实程度。

表1-17　碎石土的密实程度

锤击数$N_{63.5}$	密实程度	锤击数$N_{63.5}$	密实程度
$N_{63.5} \leqslant 5$	松散	$10 < N_{63.5} \leqslant 20$	中密
$5 < N_{63.5} \leqslant 10$	稍密	$N_{63.5} > 20$	密实

三、砂　土

砂土为粒径大于2 mm的颗粒含量不超过总质量50%、粒径大于0.075 mm的颗粒含量超过总质量50%的土。

(一)砂土按粒组含量分类

砂土按粒组含量可分为5类,见表1-18。

表1-18　砂土按粒组含量分类

土的名称	粒组含量
砾砂	粒径大于2 mm的颗粒含量超过总质量25%～50%
粗砂	粒径大于0.5 mm的颗粒含量超过总质量50%
中砂	粒径大于0.25 mm的颗粒含量超过总质量25%～50%
细砂	粒径大于0.075 mm的颗粒含量超过总质量85%
粉砂	粒径大于0.075 mm的颗粒含量超过总质量50%

(二)砂土按密实程度分类

砂土密实程度可根据标准贯入锤击数 $N_{63.5}$ 按表1-19分为4级。

表1-19　　砂土密实程度分类

锤击数 $N_{63.5}$	密实程度	锤击数 $N_{63.5}$	密实程度
$N_{63.5} \leqslant 10$	松散	$15 < N_{63.5} \leqslant 30$	中密
$10 < N_{63.5} \leqslant 15$	稍密	$N_{63.5} > 30$	密实

四、粉　土

粉土为塑性指数 $I_P \leqslant 10$ 且粒径大于0.075 mm的颗粒含量不超过总质量的50%的土。

粉土的密实程度应根据孔隙比 e 划分为密实、中密和稍密；其湿度应根据天然含水量 w 划分为稍湿、湿、很湿。粉土密实程度和湿度的划分见表1-20。

表1-20　　粉土密实程度与湿度分类

密实程度分类		湿度分类	
孔隙比 e	密实程度	天然含水量 w	湿度
$e \leqslant 0.75$	密实	$w \leqslant 20$	稍湿
$0.75 < e \leqslant 0.90$	中密	$20 < w \leqslant 30$	湿
$e > 0.90$	稍密	$w > 30$	很湿

五、黏性土

黏性土为塑性指数 $I_P > 10$ 且粒径大于0.075 mm的颗粒含量不超过总质量的50%的土。

(1)黏性土按塑性指数分类，见表1-11。

(2)黏性土按液性指数 I_L 进行软硬状态分类，见表1-12。

(3)黏性土按沉积年代分类，见表1-21。

表1-21　　黏性土按沉积年代分类

沉积年代	土的分类
第四纪晚更新世(Q_3)及以前	老黏性土
第四纪晚全新世(Q_4)	一般黏性土
第四纪晚全新世(Q_4)以后	新近沉积黏性土

六、特殊性土

(一)软　土

软土为滨海、湖沼、谷地、河滩等处天然含水量高、天然孔隙比大、抗剪强度低的细粒土，其鉴别指标应符合表1-22的规定，包括淤泥、淤泥质土、泥炭、泥炭质土等。

表1-22　　软土地基鉴别指标

指标名称	天然含水量 w/%	天然孔隙比 e	直剪内摩擦角 φ/(°)	十字板剪切强度 C_u/kPa	压缩系数 $a_{1\text{-}2}$/MPa
指标值	≥35或液限	≥1.0	宜<5	<35	宜>0.5

(二)淤泥与淤泥质土

淤泥为在静水或缓慢的流水环境中沉积，并经生物化学作用形成，其天然含水量大于液限、天然孔隙比大于或等于1.5的黏性土。

天然含水量大于液限而天然孔隙比小于1.5但大于或等于1.0的黏性土或粉土为淤泥质土。

（三）膨胀土

膨胀土为土中黏粒成分主要由亲水性矿物组成，同时具有显著的吸水膨胀和失水收缩特性，其自由膨胀率大于或等于40%的黏性土。

（四）湿陷性土

湿陷性土为浸水后产生附加沉降，其湿陷系数大于或等于0.015的土。

（五）红黏土

红黏土为碳酸盐岩系的岩石经红土化作用形成的高塑性黏土，其液限一般大于50%，红黏土经再搬运后仍保留其基本特征且其液限大于45%的土为次生红黏土。

作为天然地基，红黏土对建筑物的影响主要是引起不均匀沉降。这是由于土与基岩的石芽交错，土中出现洞穴、土质不均匀或厚度变化大等引起的。

（六）盐渍土

盐渍土为土中易溶盐含量大于0.3%，并具有溶陷、盐胀、腐蚀等工程特性的土。

（七）填　土

填土根据其组成和成因，可分为素填土、压实填土、杂填土、冲填土。

素填土为由碎石土、砂土、粉土、黏性土等组成的填土；经过压实或夯实的素填土为压实填土；杂填土为含有建筑垃圾、工业废料、生活垃圾等杂物的填土。冲填土为由水力冲填泥砂形成的填土。

（八）软弱地基

软弱地基系指主要由淤泥、淤泥质土、冲填土、杂填土或其他高压缩性土层构成的地基。

【例题1-4】 取烘干后的500 g土样筛析，表1-23中为留筛质量，底盘内试样质量为20 g，试确定此土样的名称，并求此土样的不均匀系数 C_c、曲率系数 C_u。

表1-23　筛析试验结果

筛孔孔径/mm	2.0	1.0	0.5	0.25	0.075	底筛
留筛质量/g	50	150	150	100	30	20

解　根据筛析结果，粒径大于2 mm的土粒重占全部土重的10%，粒径大于0.075 mm的颗粒含量有超过总质量50%，所以该土样是砂土。大于某孔径的百分数见表1-24。

表1-24　筛析试验计算结果表

筛孔孔径/mm	2.0	1.0	0.5	0.25	0.075	底筛
留筛质量/g	50	150	150	100	30	20
大于筛孔孔径百分数/%	10	40	70	90	96	100
小于某粒径百分数/%	90	60	30	10	4	0

查表1-18，按表从上至下核对，该土样不能定名为砾砂，而粒径大于0.5 mm的土粒重占全部土重的70%，大于表1-18中规定的50%，且最先符合条件，所以该土样应定名为粗砂。

由计算结果知　　$d_{10}=0.25$ mm，$d_{30}=0.5$ mm，$d_{60}=1.0$ mm

不均匀系数 $$C_c=\frac{d_{60}}{d_{10}}=\frac{1.0}{0.25}=4$$

曲率系数 $$C_u=\frac{(d_{30})^2}{d_{60}d_{10}}=\frac{0.5^2}{1.0\times 0.25}=1$$

七、塑性图细粒土分类法

用塑性指数 I_P 对细粒土分类虽较简便，但分类界限最高为 17，不能区别不同的高塑性土，而且相同塑性指数的细粒土可以有不同的液限和塑限，液限在塑性指标中是最敏感的，故相同塑性指数的土的性质也会不同。因此，用塑性指数 I_P 和液限 w_L 两个指标对细粒土分类会比只用塑性指数一个指标更加合理。卡萨格兰德(A. Casagrande)统计了大量试验资料后首先提出了按塑性指数 I_P 和液限 w_L 对细粒土分类定名的塑性图。

细粒土按塑性图分类：当取质量为 76 g 的圆锥仪入土深度为 10 mm 时的含水量为液限时，按图 1-13(a)分类；当取质量为 76 g 的圆锥仪入土深度为 17 mm 时的含水量为液限时，按图 1-13(b)分类。

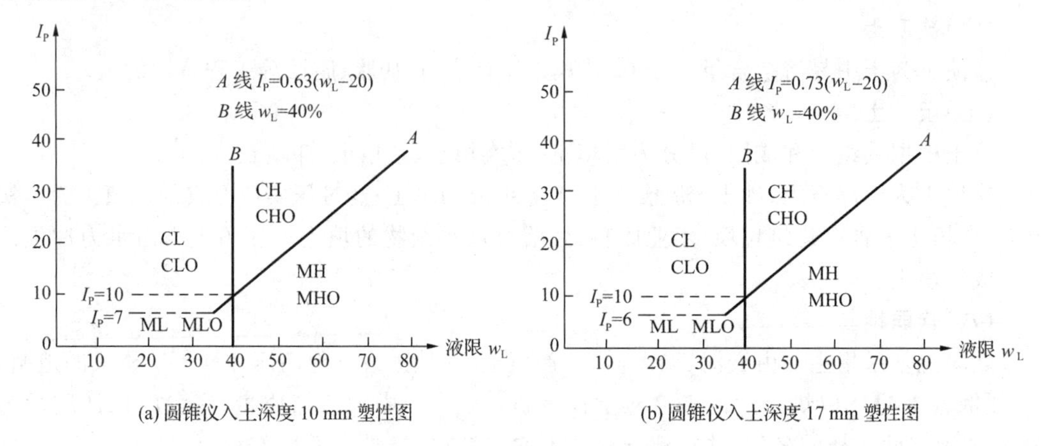

图 1-13 细粒土塑性图

图中代号表示土的名称，第一代号 C 为黏性土，M 为粉土。第二代号 H 为高液限，L 为低液限。如 ML 代表低液限粉土。第三代号 O 表示有机质土，为试样烘烤后液限降低 25% 以上者；第三代号 G 和 S 分别表示细粒土中砾粒、砂粒占优势的粗粒含量达 25%～50%，分别称为含砾、含砂细粒土。

第四节 土的击实性

填土受到夯击或碾压等动力作用后，孔隙体积会减小，密度将增大。在工程中，常见的土坝、公路与铁路路堤的填筑土料都要求击实到一定的密度。其目的是减小填土的压缩性和透水性，提高抗剪强度。软弱地基也可用击实改善其工程性质，如提高强度和减小变形。为了经济有效地将填土击实到符合工程要求的密度，有必要对填土的击实特性进行研究。常用的研究方法有两种：一种是在室内用击实仪进行击实试验；另一种是在现场用碾压机具进行碾压试验。后者属于施工课的内容，本节仅介绍击实试验的方法和填土的击实特性等有关方面的一些基本问题。

一、击实试验

土的击实(或压实)就是使用某种机械挤紧土中的颗粒,增加单位体积内土粒的质量,减小孔隙比,增加密实程度。其目的是提高土的强度,降低土的压缩性和透水性。土的压实效果常以干密度 ρ_d 来表示。因为干密度与干重度是密切关联的,所以工程上常以干重度 γ_d 来表示土的密实程度。

实践经验表明:在一定的击实能量下,土中的含水量适当时,压实的效果最好。这个适当的含水量称为最佳含水量 w_y,与之相对应的干密度称为最大干密度 ρ_{dmax},相对应的干重度称为最大干重度 γ_{dmax}。

土的最佳含水量与最大干重度可在试验室内做击实试验测定。土的击实试验在比较符合实际施工机械效果的经验基础上才可靠。但实际上,很难定量地确定出施工机械压实功能等现场因素。所以在试验室里,只能人为地规定某种击实试验方法作为标准击实方法。

公路工程中击实试验适用于细粒土。根据土粒大小的不同分为轻型击实和重型击实,试验所用击实仪如图 1-14 所示。轻型击实试验适用于粒径不大于 20 mm 的土,重型击实试验适用于粒径不大于 40 mm 的土。击实试验的参数见表 1-25。

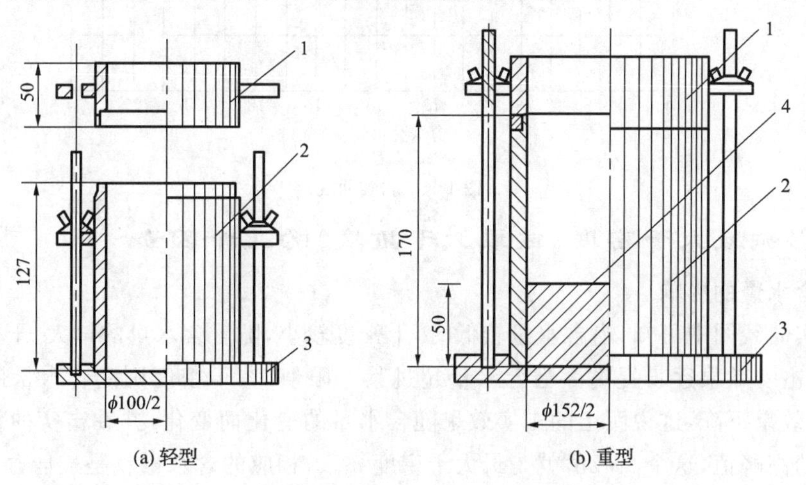

图 1-14　击实仪(本图尺寸以 mm 计)

1—套筒;2—击实筒;3—底板;4—垫板

表 1-25　击实试验的参数

试验方法	类别	锤底直径/cm	锤质量/kg	落高/cm	试筒尺寸		试样尺寸		层数	每层击数	击实功/kJ/m³	最大粒径/mm
					内径/cm	高/cm	高度/cm	体积/cm³				
轻型	Ⅰ－Ⅰ	5	2.5	30	10	12.7	12.7	997	3	27	598.2	20
	Ⅰ－Ⅰ	5	2.5	30	15.2	17	12	2 177	3	59	598.2	40
重型	Ⅱ－Ⅱ	5	2.5	45	10	12.7	12.7	997	5	27	2 687.0	20
	Ⅱ－Ⅱ	5	2.5	45	15.2	17	12	2 177	3	98	2 677.2	40

试验时,准备同一土质、不同含水量的 5～6 个土样。轻型击实时将每一土样拌和均匀分三层装入击实筒内,第一层将虚土装至击实筒高约三分之二处,以规定锤击次数 N 将其击实,再装第二层土与击实筒齐平,以相同方法击实筒内土样,第三层土应装至与套筒口齐平,击实后的土样高度应稍高于击实筒高度(最好不超过 10 mm),然后卸下套筒、刮平击实

筒两端余土后，将土推出，称得质量为 m，已知击实筒体积为 V，可算得击实后土的密度为 ρ，然后自土柱中心处取两个试样测定其含水量 w，这样，可算得该土样的干密度 $\rho_d=\frac{\rho}{1+w}$，干重度为 $\gamma_d=\rho g$。

将上述备用的几个同一土质、不同含水量的土样，依同样方法作击实试验后，可得到几组相对应的干密度（或干重度）和含水量的资料。以含水量 w 为横坐标，干密度 ρ_d 为纵坐标，绘出如图 1-15 所示的 w-ρ_d 曲线，称为击实曲线。

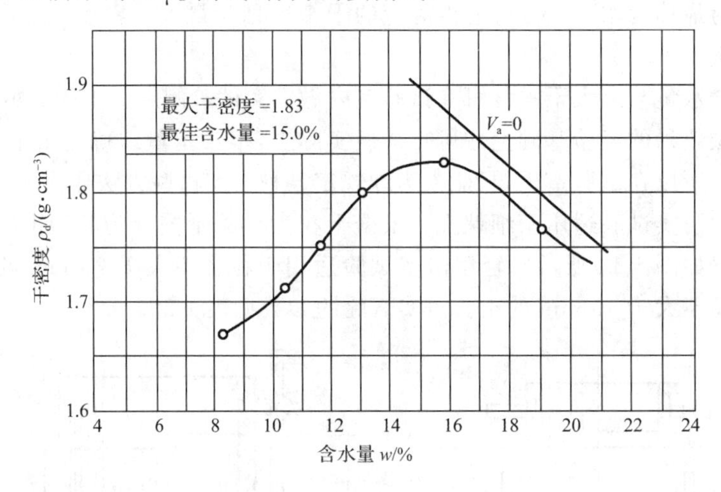

图 1-15　击实曲线

二、影响最大干密度（或最大干重度）的几个因素

（一）含水量的影响

从击实曲线图中可知，当含水量较低时，干密度较小，随着含水量的增大，干密度也逐渐增大，表明击实效果逐步提高。当含水量超过某一限值时，干密度则随含水量的增大而减小，即击实效果下降，这说明土的击实效果随含水量的变化而变化，并在击实曲线上出现一个干密度的高峰值，这个高峰值就是最大干密度 ρ_{dmax}，相应的含水量就是最佳含水量 w_y。

含水量与击实效果有着密切的联系。就填筑土料而言，通常均处于三相状态。当含水量较少，土体较干时，由于颗粒间水膜很薄（主要是吸着水），土粒移动的阻力很大，故不易将土击实。然而随着含水量的增加，使得土粒周围的水膜变厚（这时土中的水包括吸着水和薄膜水），土粒之间的阻力也相应减弱，故较易使土增密。当含水量增至某一数值时，土粒中的摩擦力正好为击实能量所克服，使土的颗粒重新排列而达到最大的密度，即击实曲线的峰点。如果继续增大含水量（土中出现了自由水），使土体达到一定的饱和度，水分占据了原来土颗粒的空间，此时作用在土体上的锤击荷载更多地为孔隙水所承担，从而使得作用在颗粒上的有效应力减小，故反而会降低土的密度，使击实曲线下降。

图 1-15 中，击实曲线右上方的一条线，称为饱和曲线，它表示土在饱和状态时的含水量与干密度之间的关系。由于土处于三相状态，当土被击实到最大密度时，土孔隙中的空气不易排出，即使加大击实能量也不能将土中受困气体完全排出，所以击实的土体不可能达到完全饱和的程度。因此，当土的干密度相同时，击实曲线上各点的含水量必然都小于饱和曲线上相应的含水量，所以击实曲线一般都位于饱和曲线的左下侧，而不与饱和曲线相交。

(二)击实功能的影响

试验表明,同一种土的最佳含水量与最大干密度不是一个固定的数值,而是随着击实能量的变化而变化的。从图 1-16 可见,当击实次数增加,土的最大干密度也随之增加,而最佳含水量却相应减小。另外,在同一含水量时,土的干密度随击实次数的增加而增大,但这不但浪费击实能量,而且这种增加的效果有一定的限度。只有在最佳含水量下,才能以最小的击实能量达到对应的最大干密度。

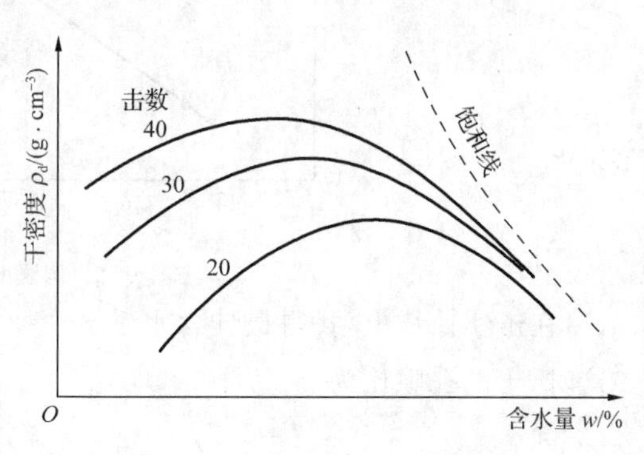

图 1-16　含水量与击实能量的关系

从图 1-16 还可以看出某一击实次数下的最大干密度值可以在其他含水量下用增加击实次数的方法得到。但是,试验研究发现,这两种土的密度虽然相同,但其强度与水稳性却不一样,对应于最佳含水量和最大干密度的土,强度最高,且在浸水后的强度也最大(即水稳性好);而通过增加击实次数所得的土,遇水以后强度降低很多,甚至发生湿陷,水稳性较差。由于土坝、路堤等土工建筑物难免受水浸润,所以,在施工中需控制填土的含水量,使其等于或接近最佳含水量是有其经济合理的现实意义的。

(三)不同土类的击实特性不同

土中黏粒愈多,在同一含水量下,黏粒周围的结合水膜则愈薄,土的移动阻力就愈大,击实也愈困难。所以最佳含水量的数值随土中黏粒含量的增加而增大,而最大干密度却随土中黏粒含量的增加而减小。

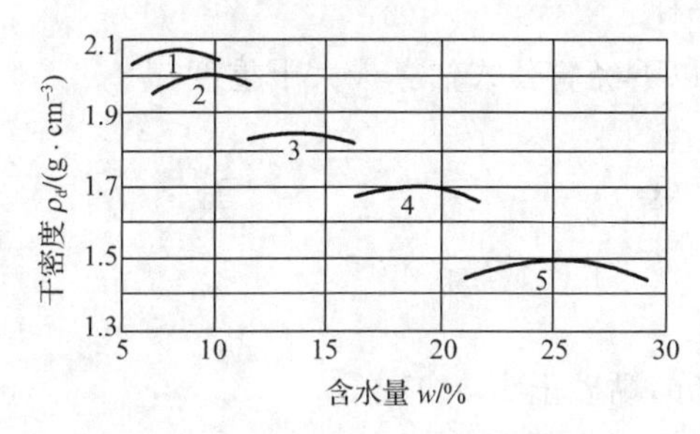

图 1-17　土颗粒粒径大小与含水量的关系

图 1-17 所示为 5 种土料在同一标准击实条件下试验所得的 5 条曲线,从 1 到 5 土颗粒逐渐减小,其最大干密度逐渐减小,而最佳含水量逐渐增加。

【例题 1-5】　用标准击实试验法测得土样的重度及含水量见表 1-26,已知土粒相对密度G_s=2.75,求最大干重度、最佳含水量及其相应的饱和度。

解　(1)按式 $\gamma_d=\dfrac{\gamma}{1+w}$计算各个土样击实后的干重度数值,见表 1-26。

表 1-26　　**各个土样击实后的干重度**

试验号	1	2	3	4	5	6
重度/(kN·m^{-3})	17.80	18.66	19.33	19.74	19.79	18.62
含水量/%	14.7	17.0	18.8	20.6	21.7	23.5
干重度/(kN·m^{-3})	15.52	15.95	16.27	16.37	16.26	15.88

(2)以含水量 w 为横坐标、干重度 γ_d 为纵坐标，绘击实曲线，如图 1-18 所示。

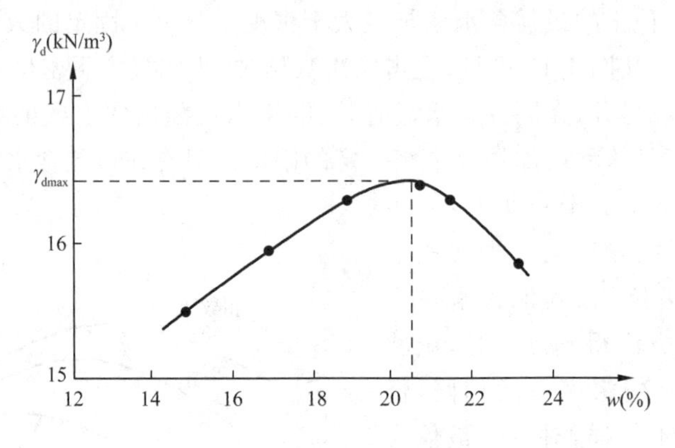

图 1-18　例题 1-5 击实曲线

(3)在击实曲线上，找得最佳含水量 $w_y=20.5\%$，最大干重度 $\gamma_{dmax}=16.40\ kN/m^3$。

这时，土的孔隙比为

$$e=\frac{\gamma_s}{\gamma_{dmax}}-1=\frac{2.75\times10}{16.40}-1=0.677$$

饱和度为

$$S_r=G_s\cdot\frac{w_y}{e}=2.75\times\frac{20.5\%}{0.677}=83.3\%$$

颗粒大小不均匀、级配良好的土，在击实荷载作用下，容易挤紧。所以同类型的土，由于颗粒级配不同，最佳含水量和最大干重度也并不一样。

对一些中小型工程，当没有试验资料时，可用以下经验公式估算最大干重度

$$\gamma_{dmax}=\eta\frac{\gamma_w G_s}{1+w_y G_s} \tag{1-33}$$

式中　G_s——土粒相对密度；

γ_w——水的重度，kN/m^3；

η——经验系数，黏土为 0.95，砂黏土为 0.96，黏砂土为 0.97；

w_y——最佳含水量，按当地经验或取 $w_P+2\%$，其中 w_P 为塑限。

三、填土的含水量和辗压标准的控制

由于黏性填土存在着最佳含水量，因此在填土施工时应将土料的含水量控制在最佳含水量左右，以期用较小的能量获得最好的密度。当含水量控制在最佳含水量的干侧时(即小于最佳含水量)，击实土的结构常具有凝聚结构的特征。这种土比较均匀，强度较高，较脆硬，不易压密，但浸水时容易产生附加沉降。当含水量控制在最佳含水量的湿侧时(即大于最佳含水量)，土具有分散结构的特征。这种土的可塑性大，适应变形的能力强，但强度较低，且具有不等向性。所以，含水量比最佳含水量偏高或偏低，填土的性质各有优缺点，在设计土料时要根据对填土提出的要求和当地土料的天然含水量，选定合适的含水量。

公路工程填土路基辗压标准采用压实度控制，压实度为现场干重度与重型击实试验求得的最大干重度之比，即

$$\lambda_c=\frac{\gamma_d}{\gamma_{dmax}}\times 100\% \tag{1-34}$$

公路路基压实度要求见表1-27。

表1-27　　公路路基压实度

填挖类型	路面底面以下深度/m	压实度/%		
		高速公路 一级公路	二级公路	三、四级公路
上路堤	0.8～1.50	≥94	≥94	≥93
下路堤	<1.50	≥93	≥92	≥90

四、粗粒土的压实性

砂和砂砾等粗粒土的压实性也与含水量有关，不过不存在最佳含水量。一般在完全干燥或者充分洒水饱和的情况下容易压实到较大的干密度。潮湿状态，由于毛细压力增加了粒间阻力，压实干密度显著降低。粗砂在含水量为4%～5%，中砂在含水量为7%左右时，压实干密度最小。所以，在压实砂砾时要充分洒水使土料饱和。

【例题1-6】 某均质土坝长1.2 km，高20 m，坝顶宽8 m，坝底宽75 m，要求压实度不小于0.95，天然料场中土料含水量为21%，土粒相对密度为2.70，重度为18 kN/m³，最大干重度为16.8 kN/m³，最佳含水量为20%。求填筑该土坝需天然土料多少立方米？

解　土坝的体积　$V=\frac{1}{2}(8+75)\times 20\times 1\,200=996\,000\ \text{m}^3$

土料压实后的干重　$G=\lambda_c\gamma_{dmax}V=0.95\times 16.8\times 996\,000=15.9\times 10^6\ \text{kN}$

天然土料的干重度　$\gamma_d=\frac{\gamma}{1+w}=\frac{18}{1+21\%}=14.88\ \text{kN/m}^3$

天然土料的体积　$V=\frac{G}{\gamma_d}=\frac{15.9\times 10^6}{14.88}=1.07\times 10^6\ \text{m}^3$

第五节　土的渗透性

水在岩土体孔隙中的流动称为渗透。岩土体具有渗透的性质称为岩土体的渗透性。图1-19(a)所示为土石坝渗流示意图；图1-19(b)所示为隧洞开挖时，地下水的渗流示意图。由水的渗透引起岩土体边坡失稳、边坡变形、地基变形、岩溶渗透塌陷等均属于岩土体的渗透稳定问题。水在孔隙介质中的渗透问题，目前的研究在试验及理论上都有一定的水平，在解决实际问题方面也能够较好地反映土在孔隙介质中的渗流的运动规律。孔隙介质中的渗流场理论基本上描述了水在孔隙介质中的渗透特性。目前，水在裂隙介质中的渗透的研究还很不完善。

存在于地基中的地下水，在一定的压力差作用下，将透过土中孔隙发生流动，这种现象称为渗流或渗透。

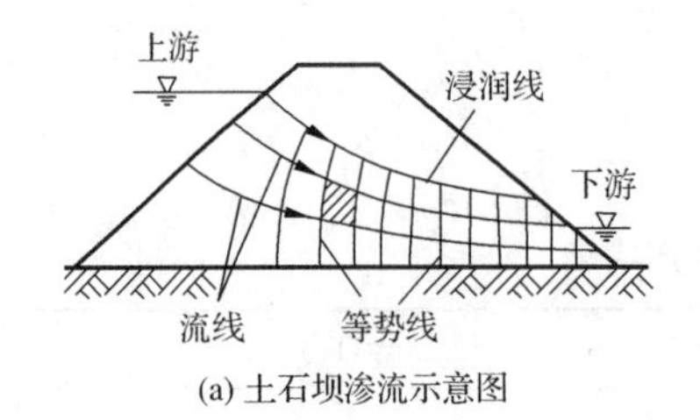

(a) 土石坝渗流示意图

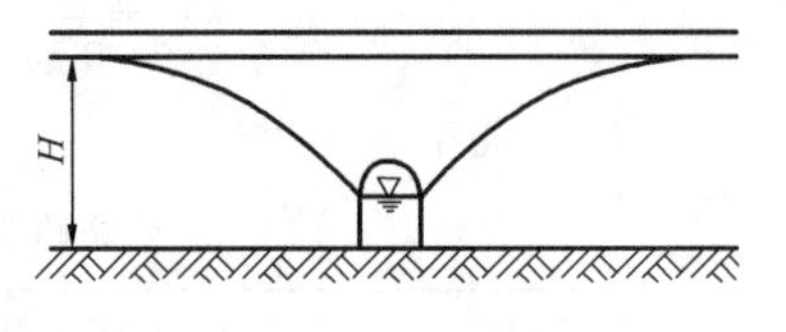

(b) 隧洞开挖时地下水的渗流示意图

图 1-19　土木工程中的渗流问题

一、渗透模型

实际土体中的渗流仅是流经土粒间的孔隙，由于土体孔隙的形状、大小及分布极为复杂，导致渗流水质点的运动轨迹很不规则，如图 1-20(a)所示。考虑到实际工程中并不需要了解具体孔隙中的渗流情况，可以对渗流作出如下两方面的简化：一是不考虑渗流路径的迂回曲折，只分析它的主要流向；二是不考虑土体中颗粒的影响，认为孔隙和土粒所占的空间总和均为渗流所充满。作了这种简化后的渗流其实只是一种假想的土体渗流，称为渗流模型，如图 1-20(b)所示。为了使渗流模型在渗流特性上与真实的渗流相一致，它还应该符合以下要求：

(1)在同一过水断面，渗流模型的流量等于真实渗流的流量；

(2)在任意截面上，渗流模型的压力与真实渗流的压力相等；

(3)在相同体积内，渗流模型所受到的阻力与真实渗流所受到的阻力相等。

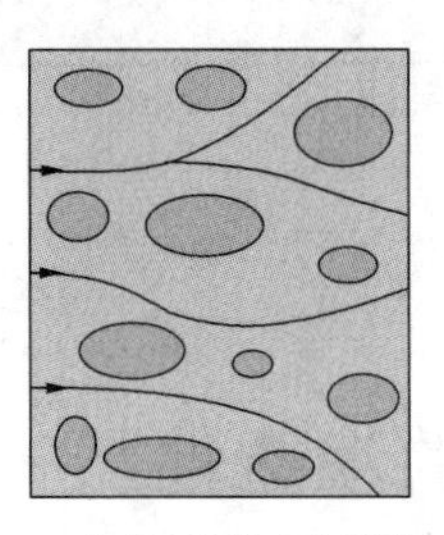

(a) 水在土孔隙中的运动

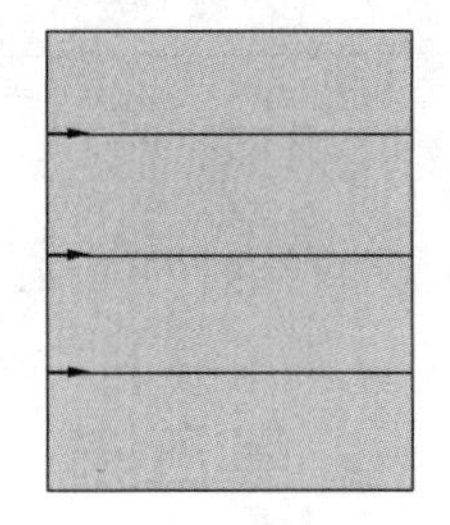

(b) 渗流模型

图 1-20　渗流

二、渗透定律

地下水在土体孔隙中渗透时，由于渗透阻力的作用，沿程必然伴随着能量的损失。为了揭示水在土体中的渗透规律，法国工程师达西(H. Darcy)经过大量的实验研究，1856 年总结得出渗透能量损失与渗流速度之间的相互关系，即达西定律。

达西渗透实验的装置如图 1-21 所示。装置中的①是横截面积为 A 的直立圆筒，其上端开口，在圆筒侧壁装有两支相距为 l 的侧压管。筒底以上一定距离处装一滤板②，滤板上填放颗粒均匀的砂土。水由上端注入圆筒，多余的水从溢水管③溢出，使筒内的水位维持一个恒定值。渗透过砂层的水从短水管④流入量杯⑤中，并以此来计算渗流量 q。设 Δt 时间内流入量杯的水体体积为 ΔV，则渗流量为 $q=\Delta V/\Delta t$。同时读取断面 1—1 和断面 2—2 处的

侧压管水头值 h_1、h_2，Δh 为两断面之间的水头损失。

达西分析了大量实验资料，发现土中渗透的渗流量 q 与圆筒横截面积 A 及水头损失 Δh 成正比，与断面间距 l 成反比，即

$$q=kA\frac{\Delta h}{l}=kAi \tag{1-35}$$

或

$$v=\frac{q}{A}=ki \tag{1-36}$$

式中 i——称为水力梯度，也称水力坡降，$i=\Delta h/l$；

k——渗透系数，其值等于水力梯度为 l 时水的渗透速度，cm/s。

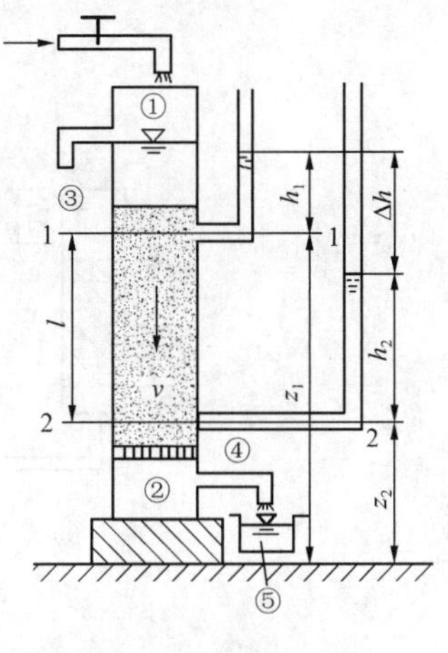

图 1-21　达西渗透实验装置

式(1-35)和式(1-36)所表示的关系称为达西定律，它是渗透的基本定律。

三、渗透系数的确定

渗透系数 k 是综合反映土体渗透能力的一个指标，其数值的正确确定对渗透计算有着非常重要的意义。影响渗透系数大小的因素很多，主要取决于土体颗粒的形状、大小、不均匀系数和水的黏滞性等，要建立计算渗透系数 k 的精确理论公式比较困难，通常可通过试验方法或经验估算法来确定 k 值。

(一)试验室测定法

试验室测定渗透系数 k 值的方法称为室内渗透试验，根据所用试验装置的差异又分为常水头试验和变水头试验，如图 1-22 所示。

1. 常水头试验

常水头试验的试验装置如图 1-22(a)所示。试验时将高度为 l、横截面积为 A 的试样装入垂直放置的圆筒中，从土样的上端注入与现场温度完全相同的水，并用溢水口使水头保持不变。土样在不变的水头差 Δh 作用下产生渗流，当渗流达到稳定后，量得时间 t 内流经试样的水量为 Q，而土样渗流流量 $q=Q/t$，根据式(1-36)可求得

$$k=\frac{ql}{A\Delta h}=\frac{Ql}{At\Delta h} \tag{1-37}$$

常水头试验适用于透水性较大($k>1\times10^{-3}$ cm/s)的土，应用粒组范围大致为细砂到中等卵石。

2. 变水头试验

黏性土由于渗透系数很小，流经试样的总水量也很小，不易准确测定。因此，应采用变水头试验。

变水头试验就是在整个试验过程中，水头随时间而变化的一种试验方法，如图 1-22(b)所示。利用数学方法可得到渗透系数

$$k=\frac{A'l}{A(t_2-t_1)}\ln\frac{h_1}{h_2} \tag{1-38}$$

如用常用对数表示，上式可写为

$$k=2.3\frac{A'l}{A(t_2-t_1)}\lg\frac{h_1}{h_2} \tag{1-39}$$

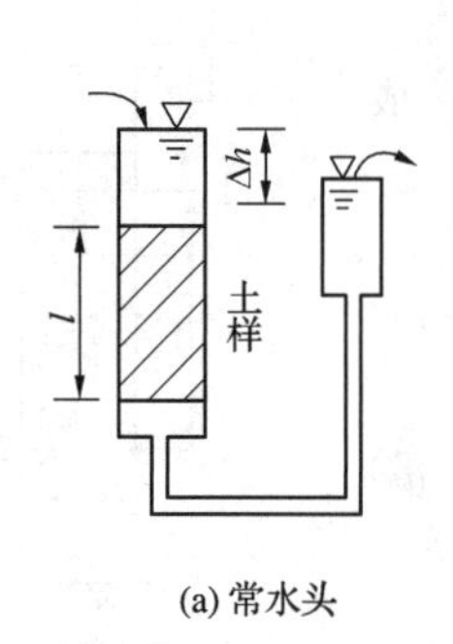

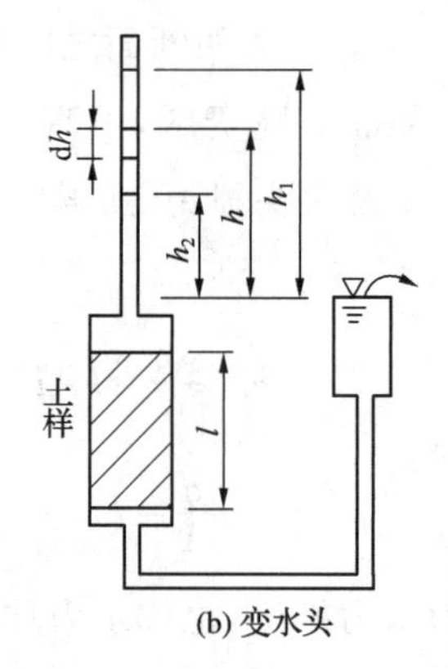

图 1-22　常水头和变水头试验

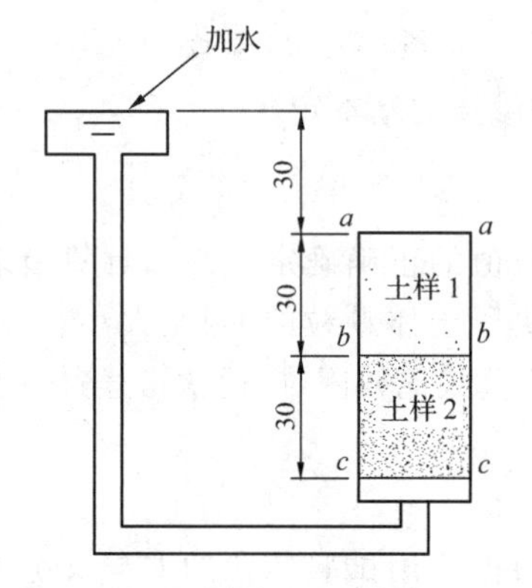

图 1-23　例题 1-7 图(单位:cm)

【例题 1-7】　如图 1-23 所示,在恒定的总水头差之下水自下而上透过两个土样,从土样 1 顶面溢出。

(1)以土样 2 底面 $c-c$ 为基准面,求该面的总水头和静水头;

(2)已知水流经土样 2 的水头损失为总水头差的 30%,求 $b-b$ 面的总水头和静水头;

(3)已知土样 2 的渗透系数为 0.05 cm/s ,求单位时间内土样横截面单位面积的流量;

(4)求土样 1 的渗透系数。

解　本题为常水头试验,水自下而上流过两个土样,相关参数已知。

(1)以 $c-c$ 为基准面,有 $z_c=0$,$h_{wc}=90$ cm,所以 $h_c=90$ cm。

(2)已知 $\Delta h_{bc}=30\%\times\Delta h_{ac}$,而由图 1-23 知 Δh_{ac} 为 30 cm,所以

$$\Delta h_{bc}=30\%\times\Delta h_{ac}=0.3\times30=9\ \text{cm}$$

所以

$$h_b=h_c-\Delta h_{bc}=90-9=81\ \text{cm}$$

又因 $z_b=30$ cm,故

$$h_{wb}=h_b-z_b=81-30=51\ \text{cm}$$

(3)已知 $k_2=0.05$ cm/s,故

$$q/A=k_2 i_2=k_2\Delta h_{bc}/l_2=0.05\times9\div30=0.015\ \text{cm/s}$$

(4)因 $i_1=h_{ab}/l_1=(\Delta h_{ac}-\Delta h_{bc})/l_1=(30-9)\div30=0.7$,而且由连续性条件,$q/A=k_1 i_1=k_2 i_2$,故

$$k_1=k_2 i_2/i_1=0.015\div0.7=0.021\ \text{cm/s}$$

(二)现场抽水试验

对于粗粒土或成层的土,室内试验时不易取得原状土样,或者土样不能反映天然土层的层次和土粒排列情况。这时,从现场试验得到的渗透系数将比室内试验准确。潜水完整井的现场抽水试验如图 1-24 所示。如果在时段 t 从抽水井抽出的水量为 Q,同时在距抽水井中心半径为 r_1 及 r_2 处布置观测孔,测得其水头高度分别为 h_1 及 h_2。假定土中任一半径处的水力坡降为常数,即 $i=dh/dr$,则由式(1-35)得

$$q=\frac{Q}{t}=kiA=k\frac{\mathrm{d}h}{\mathrm{d}r}(2\pi rh)$$

分离变量后得
$$\frac{\mathrm{d}r}{r}=\frac{2\pi k}{q}h\cdot\mathrm{d}h$$

积分后得
$$\ln\frac{r_2}{r_1}=\frac{\pi k}{q}(h_2^2-h_1^2)$$

由此求得土的渗透系数为

$$k=\frac{q}{\pi}\cdot\frac{\ln\left(\frac{r_2}{r_1}\right)}{h_2^2-h_1^2} \tag{1-40}$$

或
$$k=2.31\frac{q}{\pi}\cdot\frac{\lg\left(\frac{r_2}{r_1}\right)}{h_2^2-h_1^2} \tag{1-41}$$

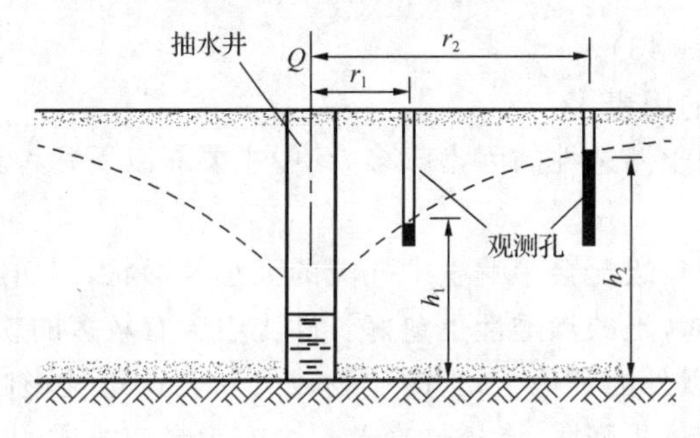

图 1-24　现场抽水试验

许多试验研究结果指出，在由粗颗粒组成的土体中，如果水力坡降进一步增大，水在土中的渗透速度与水力坡降之间不再遵从达西定律。换句话说，粗粒土中渗透速度增大到一定程度时，达西定律就不再适用。

在这种情况下，我们认为渗透速度与水力坡降之间的关系呈现非线性的紊流规律，并将产生紊流时的渗透速度定义为临界流速，用 v_{or} 表示，如图 1-25(a)所示。一般情况下，砂土的渗透速度与水力坡降之间的关系曲线是通过坐标原点的直线，如图 1-25(b)中直线 a 所示，即砂土中水的渗流符合达西定律。但密实的黏性土由于受结合水的阻碍，其渗流规律则偏离了达西定律，渗透速度与水力坡降间的关系曲线如图 1-25(b)中曲线 b 所示。当水坡降较小时，渗透速度与水力坡降不呈线性关系，甚至不发生渗流。只有当 i 超过一定值并克服了结合水的阻力以后，土中水才会发生渗流，开始发生渗流的水力坡降 i_1 被称为起始水力坡降。经一曲线段后，黏性土的渗透速度 v 与水力坡降 i 近乎成正比。为了简化计算，令 $\frac{i_1}{i_1}=1$，即以 $i_1=i_1'$ 作为计算起始水力坡降，并假定渗透速度 v 与水力坡降 $i(i>i_1')$ 成正比，如图 1-25(b)中直线 c 所示。则适用于黏性土的修正达西定律如下

$$v=k(i-i_1')\ (i>i_1') \tag{1-42}$$

必须指出，由于土中水的渗流不是通过土的整个截面，而仅是通过该截面内土粒间的孔隙。因此，土中孔隙水的实际流速 u 比前述公式中的渗透速度 v 要大，它们之间的关系为

$$u=v/n \tag{1-43}$$

式中　n——土的孔隙度，可以通过流量计算得到。设土体的孔隙度为 n，并设在横截面面为 A 的断面上孔隙的截面积为 nA，在 t 时段透过 A 截面的水流量为 Q，则显然有

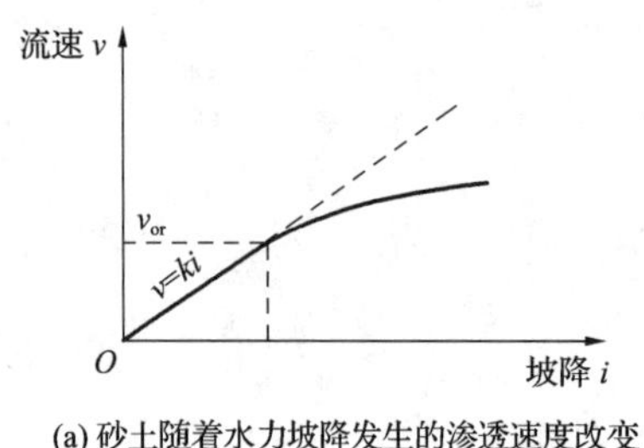

(a) 砂土随着水力坡降发生的渗透速度改变

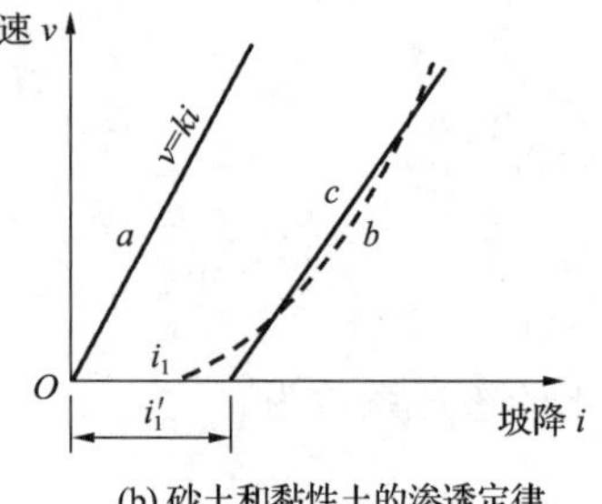

(b) 砂土和黏性土的渗透定律

图 1-25 渗透速度与水力坡降的关系曲线

$$Q = unAt$$

又因为

$$Q = kiAt = vAt$$

以上两式联立即可得式(1-43)。

(三)影响土渗透性的因素

试验研究表明,影响土渗透性的因素颇多,其中主要有以下几种:

1.土粒大小和级配

土粒大小、形状和颗粒级配会影响土中孔隙的大小及形状,因而影响土的渗透性。土颗粒愈粗、愈浑圆、愈均匀时,土的渗透性也愈好。砂土中含有较多的粉粒和黏粒时,其渗透系数明显降低。对黏性土以外的其他土,土的矿物成分对其渗透性影响不大。黏性土中含有较多的亲水性矿物时,其体积膨胀,渗透性变差。含有大量有机质的淤泥几乎是不透水的。

2.土的孔隙比

土的孔隙比的大小直接决定着土渗透系数的大小。土的密度增大,孔隙比减小时,渗透性也随之减小。

3.土的结构与构造

单粒结构的土体其渗透系数大于蜂窝结构的土体,而絮状结构土体的渗透系数一般更小。天然土层通常不是各向同性的,受土的构造影响,其渗透系数也通常不是各向同性的。如黄土中发育有较多的竖直方向干缩裂隙,所以竖直方向的渗透系数通常比水平方向的要大一些。层状黏土中常加有粉砂层,再加上其常见的层理构造,使其水平方向的渗透系数远大于竖直方向。

4.土中水的温度

水在土中的渗透速度与水的密度及动力黏滞系数有关,而这两个数值又与水的温度有关。一般情况下,水的密度随温度的变化很小,可忽略不计,但水的动力黏滞系数 η 随温度变化明显。因此,室内渗流试验时,同一种土在不同的温度下会得到不同的渗透系数。在天然土层中,除了靠近地表的土层外,一般土中的温度变化很小,故可忽略温度的影响。但在室内试验时,温度变化较大,水的动力黏滞系数也变化很大,故应考虑其对渗透系数的影响而采用其标准值。渗透系数的标准值 k_s(k_{10} 或 k_{20})按下式确定

$$k_s = k_t \cdot \frac{\eta_t}{\eta_s} \cdot \frac{\gamma_{ws}}{\gamma_{wt}} \tag{1-44}$$

式中 η_s——某一标准温度(10 ℃或 20 ℃)下水的动力黏滞系数;

k_t,η_t——试验温度为 t 时土的渗透系数和水的动力黏滞系数;

γ_{ws}，γ_{wt}——标准温度和试验温度下水的重度。

5. 土中封闭气体的含量

土中总是存在封闭气体，土中的封闭气体含量会随着细颗粒含量的增加而增加。土中的封闭气泡会减小渗流水的过水面积，从而阻塞水流。因此，当土中封闭气体的含量增加时，其渗透系数随之减小。

此外，土中有机质和胶体颗粒的存在都会影响土的渗透系数。

四、渗透力与渗透稳定性分析

（一）渗透力

1. 渗透力的定义

水在土中流动的过程中将受到土阻力的作用，使水头逐渐损失。同时，水的渗透将对土骨架产生拖曳力，导致土体中的应力与变形发生变化。这种渗流水流作用对土骨架产生的拖曳力称为渗透力。

在许多水工建筑物、土坝及基坑工程中，渗透力的大小是影响工程安全的重要因素之一。实际工程中，也有过不少发生渗透变形（流土或管涌）的事例，严重的使工程施工中断，甚至危及邻近建筑物与设施的安全。因此，在进行工程设计与施工时，对渗透力可能给地基土稳定性带来的不良后果应该具有足够的重视。

2. 渗透力的计算

一般情况下，渗透力的大小与计算点的位置有关。根据对渗流流网中网格单元的孔隙水压力和土粒间作用力的分析，可以得出渗流时单位体积内土粒受到的单位渗透力为

$$j=J/V=\gamma_w \frac{h}{l}=\gamma_w i \tag{1-45}$$

式中　i——水力梯度。

（二）渗透变形

当水力梯度超过一定的界限值后，土中的渗流水流会把部分土体或土颗粒冲出、带走，导致局部土体发生位移，位移达到一定程度，土体将发生失稳破坏，这种现象称为渗透变形。

渗透变形主要有两种形式，即流土与管涌。渗流水流将整个土体带走的现象称为流土；渗流中土体大颗粒之间的小颗粒被冲出的现象称为管涌。

1. 流土

渗流方向与土重力方向相反时，渗透力的作用将使土体重力减小，当单位渗透力 j 等于土体的单位有效重力 γ' 时，土体处于流土的临界状态。如果水力梯度继续增大，土中的单位渗透力将大于土的单位有效重力（有效重度），此时土体将被冲出而发生流土。据此，可得到发生流土的条件为

$$j>\gamma'$$

或

$$\gamma_w i>\gamma' \tag{1-46}$$

流土的临界状态对应的水力梯度 i_c 可用下式表示

$$i_c=\frac{\gamma'}{\gamma_w}=\frac{\frac{(\rho_s-1)\gamma_w}{(1+e)}}{\gamma_w}=\frac{\rho_s-1}{1+e} \tag{1-47}$$

式中　ρ_s——地基土的土粒密度，g/cm^3。

在黏性土中，渗透力的作用往往使渗流溢出处某一范围内的土体出现表面隆起变形；而在粉砂、细砂及粉土等黏聚性差的细粒土中，水力梯度达到一定值后，渗流溢出处出现表面

隆起变形的同时，还可能出现渗流水流夹带泥土向外涌出的砂沸现象，致使地基破坏，工程上将这种流土现象称为流砂。

2. 管涌

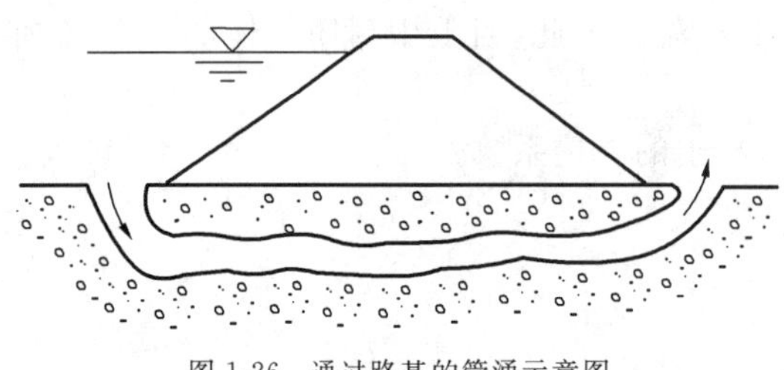

图 1-26　通过路基的管涌示意图

在渗流水流作用下，土中的细颗粒在粗颗粒形成的孔隙中移动，以致流失；随着土的孔隙不断扩大，渗透流速不断增加，较粗的颗粒也相继被水流逐渐带走，最终导致土体内形成贯通的渗流管道，如图 1-26 所示，造成土体塌陷，这种现象称为管涌。可见，管涌破坏一般有个时间发展过程，是一种渐进性质的破坏。管涌发生在一定级配的无黏性土中，发生的部位可以在渗流溢出处，也可以在土体内部，故也称之为渗流的潜蚀现象。

工程中将临界水力梯度 i_c 除以安全系数 K 作为容许水力梯度$[i]$，设计时渗流溢出处的水力梯度 i 应满足如下要求

$$i \leqslant [i] = \frac{i_c}{K} \tag{1-48}$$

对流土安全性进行评价时，K 一般可取 2.0～2.5。渗流溢出处的水力梯度 i 可以通过相应流网单元的平均水力梯度来计算。

复习题

1-1　土是怎样形成的？按成因不同，有哪几种主要类型？

1-2　土由哪几部分所组成？

1-3　为什么不同种类的无黏性土的密实程度不能用天然孔隙比来表示，而要用土的相对密实程度来评价？

1-4　塑性指数和液性指数有什么物理意义？

1-5　对土进行分类，有什么实际意义？

1-6　举例说明流土发生的现象和原因，并说明工程上如何防止流土的发生。

1-7　任何一种土只要水力坡降足够大，就可以发生流土和管涌，这种说法是否正确？为什么？

1-8　说明达西定律的意义及其应用范围。

1-9　有一块体积 $V=63\ cm^3$ 的原状土样，质量为 110 g，烘干后质量为 87 g，已知土粒的相对密度 $G_s=2.66$。求其天然重度 γ、天然含水量 w、干重度 γ_d、饱和重度 γ_{sat}、浮重度 γ'、孔隙比 e 及饱和度 S_r。

1-10　原状土样经试验测得 $\rho=1.8\ g/cm^3$，$W=25\%$，土粒相对密度 $G_s=2.7$。试求土的孔隙比 e、饱和度 S_r、饱和重度 γ_{sat}、浮重度 γ' 和干重度 γ_d。

1-11　已知饱和土样天然含水量为 26.4%，液限为 29.3%，塑限为 15.8%。试确定该土样的名称及软硬程度。

1-12　已知饱和软土的塑性指数为 27%，液限为 57%，液性指数为 1.2，土粒重度为 26.6 kN/m^3。求孔隙比 e。

1-13　测得砂土的天然重度为 18.0 kN/m^3，含水量为 9.59%，土粒重度为 26.7 kN/m^3，

最大孔隙比 $e_{max}=0.655$，最小孔隙比 $e_{min}=0.475$。试求砂土的天然孔隙比 e 及其相对密实程度 D_r，并判定该土的密实程度。

1-14　某工地在填土施工中所用土料的含水量为5%，为便于夯实需在土料中加水，使其含水量增至15%。试求每1 000 g质量的土料应加多少水。

1-15　某填土工程的土方量为 $2\times105\ m^3$，设计要求填筑的干重度为 $16.5\ kN/m^3$。附近的取土场地可利用的取土深度为2 m，土的物理性质经测定为：天然重度为 $17.0\ kN/m^3$，天然含水量为12%，液限为32%，塑限为20%，土粒相对密度为2.72。

求：(1)为完成该工程，至少需要开挖多大面积的土场？

(2)每铺一层土厚30 cm，然后碾压到厚度为20 cm时即达到设计要求，该土的最佳含水量为塑限的95%，为达到最佳碾压效果，每平方米铺土面积需洒多少水？

(3)填土后的饱和度是多少？

1-16　在如图1-27所示的装置中，土样的孔隙比为0.7，颗粒相对密度为2.65，求渗流的水力梯度达临界值时的总水头差和渗透力。

1-17　试验装置如图1-28所示，土样横截面积为 $30\ cm^2$，测得10 min内透过土样渗入其下容器的水重0.018 N。求土样的渗透系数及其所受的渗透力。

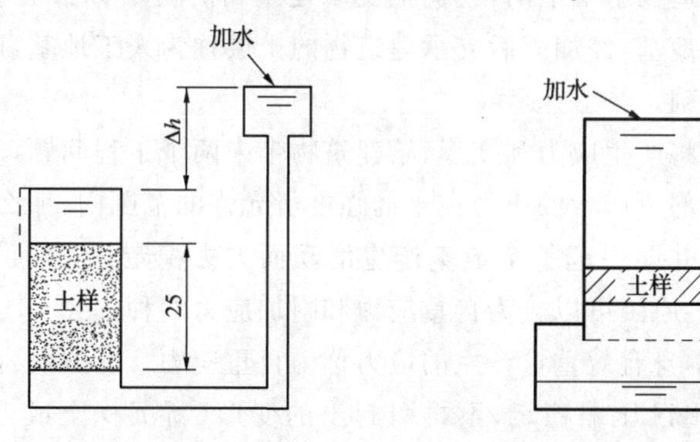

图1-27　复习题1-16图(单位：cm)　　图1-28　复习题1-17图(单位：cm)

1-18　某场地土层如图1-29所示，其中黏性土的饱和容重为 $20.0\ kN/m^3$；砂土层含承压水，其水头高出该层顶面7.5 m。今在黏性土层内挖一深6.0 m的基坑，为使坑底土不致因渗流而破坏，求坑内的水深 h 不得小于多少。

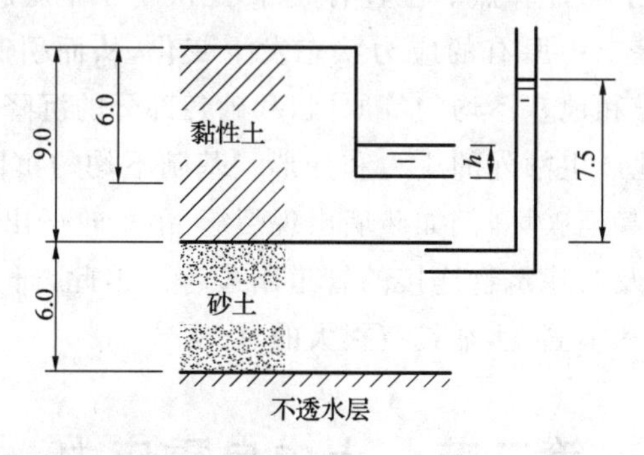

图1-29　复习题1-18图(单位：m)

土中应力的计算

第一节　概　述

大多数建筑物是建造在土层上的，我们把支承建筑物的土层称为地基。直接支承建筑物的天然土层称为天然地基，经加固后支承建筑物的土层称为人工地基，而与地基相接触的建筑物下部结构称为基础。

地基承受荷载以后将产生应力和变形，给建筑物带来两个工程问题，即土体稳定问题和变形问题。如果地基内部所产生的应力在土的强度所允许的范围内，那么土体是稳定的；反之，土体就要发生破坏，并能引起整个地基产生滑动而失去稳定性，从而导致建筑物倾倒。地基中的应力，按其产生原因可以分为自重应力和附加应力两种。

自重应力：由土体本身有效重量产生的应力称为自重应力。一般而言，土体在自重作用下，在漫长的地质历史上已压缩稳定，不再引起土的变形（新沉积土或近期人工充填土除外）。

附加应力：外荷载（静的或动的）在地基内部引起的应力称为附加应力，它是使地基失去稳定性和产生变形的主要原因。

附加应力的大小，除了与计算点的位置有关外，还决定于基底压力的大小和分布状况。

建筑物的建造使地基土中原有的应力状态发生变化，从而引起地基变形，出现基础沉降。由于建筑物荷载差异和地基不均匀等原因，基础各部分的沉降或多或少总是不均匀的，使得上部结构之中相应地产生额外的应力和变形。基础不均匀沉降超过了一定的限度，将导致建筑物的开裂、歪斜甚至破坏，例如砖墙出现裂缝、吊车轮子出现卡轨或滑轨、高耸构筑物倾斜、机器转轴偏斜以及与建筑物连接的管道断裂等。因此，研究地基变形，对于保证建筑物的正常使用、经济性和牢固性，都具有很大的意义。

第二节　土中自重应力

一、均质地基土的自重应力

土体在自身重力作用下任一竖直切面均是对称面，切面上都不存在切应力。因此，在深

度 z 处平面上，土体因自身重力产生的竖向应力 σ_{cz}（称为竖向自重应力）等于单位面积上土柱体的重力 W，如图 2-1 所示。在深度 z 处土的竖向自重应力为

$$\sigma_{cz}=\frac{W}{F}=\frac{\gamma zF}{F}=\gamma z \tag{2-1}$$

式中　γ——土的重度，kN/m^3；

　　F——土柱体的截面积，m^2。

从式(2-1)可知，竖向自重应力随深度 z 线性增加，呈三角形分布。

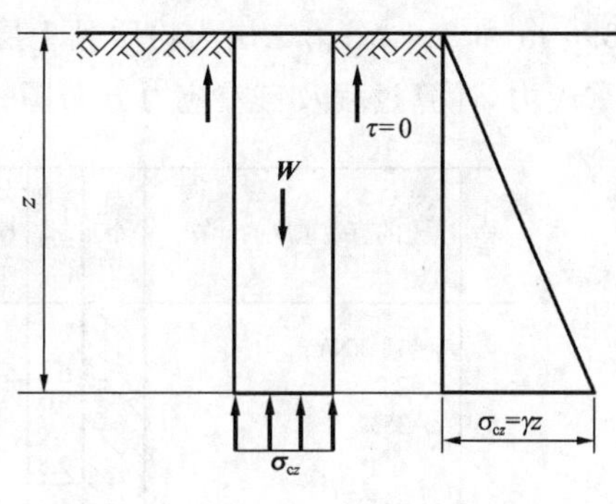

图 2-1　均质地基土的竖向自重应力

二、成层地基土的自重应力

地基土通常为成层土。当地基为成层土体时，设各土层的厚度为 h_i，重度 γ_i，则在深度 z 处土的竖向自重应力计算公式为

$$\sigma_{ch}=\gamma_1 h_1+\gamma_2 h_2+\gamma_3 h_3+\cdots+\gamma_n h_n=\sum_{i=1}^{n}\gamma_i h_i \tag{2-2}$$

式中　n——深度 z 范围内的土层总数；

　　h_i——第 i 层土的厚度，m；

　　γ_i——第 i 层土的天然重度，对地下水位以下的土层取有效重度 γ_i'，kN/m^3。

三、土层中有地下水时的自重应力

当计算地下水位以下土的自重应力时，应根据土的性质确定是否需要考虑水的浮力作用。通常认为水下的砂土是应该考虑浮力作用的，黏性土则视其物理状态而定。一般认为，若水下的黏性土其液性指数 $I_L \geqslant 1$，则土处于流动状态，土颗粒之间存在着大量自由水，可认为土体受到水浮力作用；若 $I_L \leqslant 0$，则土处于固态或半固态，土中自由水受到土颗粒间结合水膜的阻碍不能传递静水压力，故认为土体不受水的浮力作用；若 $0<I_L<1$，则土处于可塑状态，土颗粒是否受到水的浮力作用较难肯定，在工程实践中一般均按土体受到水浮力作用来考虑。

若地下水位以下的土受到水的浮力作用，则水下部分土的重度按有效重度 γ' 计算，其计算方法同成层土体情况。

四、水平向自重应力

水平向自重应力一般用 σ_{cx}，σ_{cy} 表示。

在半无限体内，由侧限条件可知，土不可能发生侧向变形（$\varepsilon_x=\varepsilon_y=0$），因此，该单元体上两个水平向应力相等并按下式计算

$$\sigma_{cx}=\sigma_{cy}=K_0\sigma_{cz}=K_0\gamma z \tag{2-3}$$

式中　K_0——侧压力系数，也称静止土压力系数。

为了简便起见，以后各章节中把常用的竖向自重应力 σ_{cz} 简称为自重应力，并改用符号 σ_c 表示。

【例题 2-1】　某建筑场地的地质柱状图和土的有关指标列于图 2-2 中。试计算地面下深度为 2.5 m、3.6 m、5 m、6 m 和 9 m 处的自重应力，并绘出分布图。

解　本例天然地面下第一层粉土厚 6 m，其中地下水位以上和以下的厚度分别为

3.6 m 和 2.4 m；第二层为粉质黏土层。依次计算 2.5 m、3.6 m、5 m、6 m、9 m 各深度的自重应力，计算过程及自重应力分布图一并列于图 2-2 中。

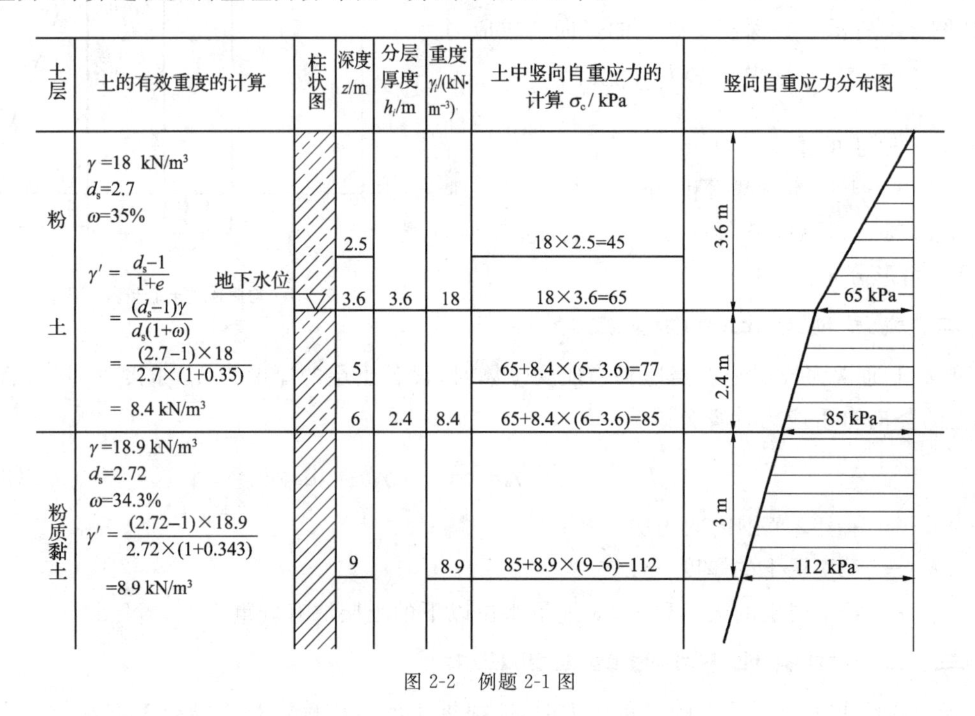

土层	土的有效重度的计算	柱状图	深度 z/m	分层厚度 h_i/m	重度 γ_i/(kN·m^{-3})	土中竖向自重应力的计算 σ_c/kPa	竖向自重应力分布图
粉土	$\gamma=18\ \text{kN/m}^3$，$d_s=2.7$，$\omega=35\%$		2.5			18×2.5=45	
	$\gamma'=\frac{d_s-1}{1+e}=\frac{(d_s-1)\gamma}{d_s(1+\omega)}$	地下水位	3.6	3.6	18	18×3.6=65	
	$=\frac{(2.7-1)\times 18}{2.7\times(1+0.35)}$		5			65+8.4×(5−3.6)=77	
	$=8.4\ \text{kN/m}^3$		6	2.4	8.4	65+8.4×(6−3.6)=85	
粉质黏土	$\gamma=18.9\ \text{kN/m}^3$，$d_s=2.72$，$\omega=34.3\%$，$\gamma'=\frac{(2.72-1)\times 18.9}{2.72\times(1+0.343)}=8.9\ \text{kN/m}^3$		9		8.9	85+8.9×(9−6)=112	

图 2-2　例题 2-1 图

第三节　基底压力分布和计算

基底压力指建筑物上部结构荷载和基础自重通过基础传递给地基的压力，又称为接触压力。

一、影响基底压力分布的因素

建筑物的荷载是通过它的基础传给地基的。因此，基底压力的大小和分布状况对地基内部的附加应力有着十分重要的影响；而基底压力的大小和分布状况，又与荷载的大小和分布、基础的刚度、基础的埋置深度以及土的性质等多种因素有关。

(1)对于刚性很小的基础和柔性基础，其基底压力大小和分布状况与作用在基础上的荷载大小和分布状况相同(因为刚度很小，在垂直荷载作用下几乎无抗弯能力，而随地基一起变形)，如图 2-3 所示。

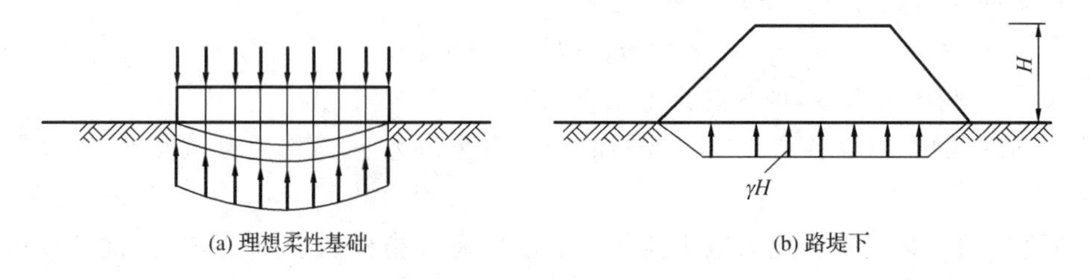

(a) 理想柔性基础　(b) 路堤下

图 2-3　柔性基础下的基底压力分布

(2)对于刚性基础，其基底压力分布将随上部荷载的大小、基础的埋置深度和土的性质而异，如图 2-4 所示。

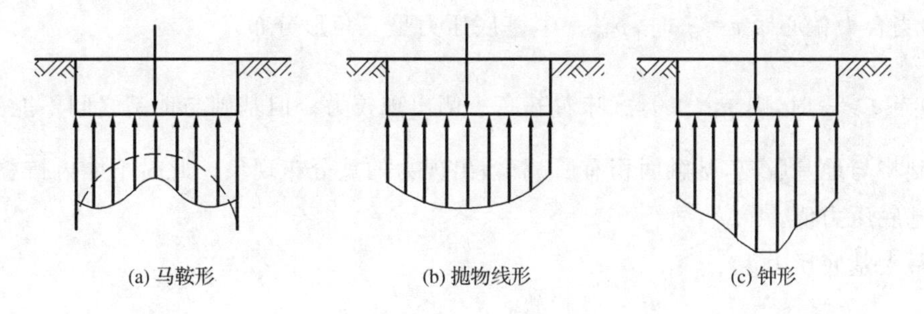

图 2-4　刚性基础下的基底压力分布

例如，砂土地基表面上的条形刚性基础，由于受到中心荷载作用时，基底压力分布呈抛物线形，随着荷载增加，基底压力分布的抛物线的曲率增大。这主要是散状砂土颗粒的侧向移动导致边缘的压力向中部转移而形成的。

又如黏性土表面上的条形基础，其基底压力分布呈中间小边缘大的马鞍形，随荷载增加，基底压力分布变化呈中间大边缘小的形状。

二、基底压力的简化计算

根据经验，当基础的宽度不太大，而荷载较小时，基底压力分布近似地按直线变化(弹性理论中圣维达原理)，这是工程中经常采用的简化计算方法。

(一)竖直中心荷载作用下的基底压力

如图 2-5 所示，若矩形基础的长度为 l，宽度为 b，其上作用着竖直中心荷载 N，当假定基底压力均匀分布时，其值为

$$p=\frac{N}{A}=\frac{N}{lb} \tag{2-4}$$

若基础为长条形($l/b\geqslant10$)，则在长度方向截取 1 m 进行计算，此时基底压力为

$$p=\frac{N}{b} \tag{2-5}$$

(二)竖直偏心荷载作用下的基底压力

当矩形基础上作用竖直偏心荷载 N 时，则任意点的基底压力可按材料力学偏心受压的公式进行计算，即

$$p_{\min}^{\max}=\frac{N}{A}\pm\frac{M}{W}=\frac{N}{A}\left(1\pm\frac{6e}{l}\right) \tag{2-6}$$

式中　$p_{\min}^{\max}$——基底最大和最小的基底压力，kPa；

l,b——基底的长度和宽度，m；

M——作用在基底的力矩，$M=Ne$；

W——基底的抗弯截面模量，$W=\frac{bl^2}{6}$，m^3。

讨论：(1)当 $e=0$ 时，基底压力呈矩形分布。

(2)当合力偏心距 $0<e<\frac{l}{6}$ 时，基底压力呈梯形分布。

(3)当合力偏心距 $e=\frac{l}{6}$ 时，$p_{\min}=0$，基底压力呈三角形分布。

(4)当 $e>\frac{l}{6}$ 时，则 $p_{\min}<0$，意味着基底一侧出现拉力。但基础与地基之间不能受拉，故该侧基础将与地基脱离，接触面积有所减小，出现力的重分布现象。此时不能再按叠加原理求最大基底压力值。

其最大基底压力为

$$p'_{\max}=\frac{2N}{3\left(\frac{l}{2}-e\right)b} \tag{2-7}$$

一般而言，工程上不允许基底出现拉力，因此，在设计基础尺寸时，应使合力偏心距满足 $e<\frac{l}{6}$ 的条件，以策安全。为了减少因地基应力不均匀而引起过大的不均匀沉降现象，通常要求 $\frac{p_{\max}}{p_{\min}}\leqslant 1.5\sim 3.0$。对压缩性大的黏性土应采取小值；对压缩性小的无黏性土，可采取大值。

当荷载双向偏心时，基底压力图如图 2-5 所示，最大和最小基底压力用下式表示

$$p_{\max}=\frac{N}{lb}\pm\frac{M_x}{W_x}\pm\frac{M_y}{W_y} \tag{2-8}$$

或

$$p_{\max}=\frac{N}{lb}\left(1\pm\frac{6e_y}{b}\pm\frac{6e_x}{l}\right) \tag{2-9}$$

式中　e_x，e_y——荷载对 y 轴、对 x 轴的偏心距，m，其表示式为

$$e_x=\frac{M_x}{N},\qquad e_y=\frac{M_y}{N}$$

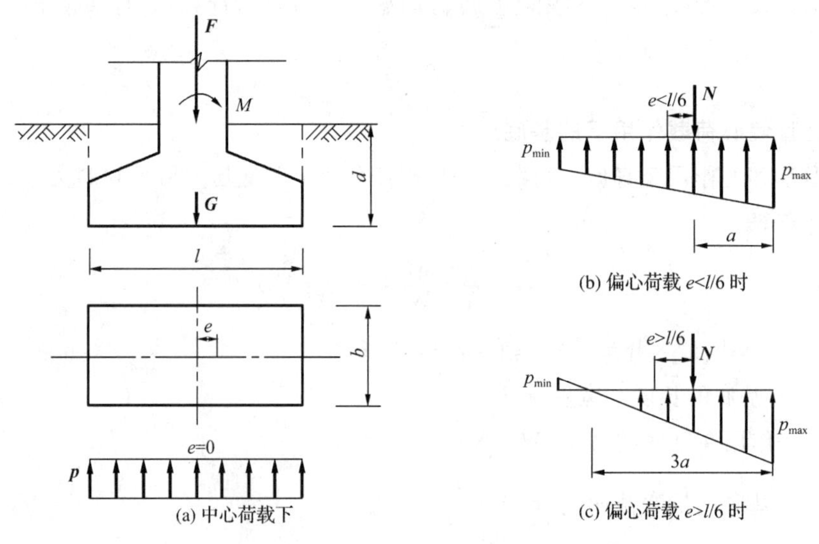

图 2-5　基底压力分布的简化计算

三、基础有埋深时的基底压力分布(基底附加压力计算)

建筑物建造前,土中早已存在着自重应力。如果基础砌置在天然地面上,则全部基底压力就是新增加在地基表面的基底附加压力。一般天然土层在自重作用下的变形早已结束,因此只有基底附加压力才能引起地基的附加应力和变形。

实际上,一般浅基础总是埋置在天然地面下一定深度处,该处原有的自重应力由于开挖基坑而卸除。因此,由建筑物建造后的基底压力中扣除基底标高处原有的土中自重应力后,才是基底平面处新增加于地基的基底附加压力。

基底附加压力在数值上等于基底压力扣除基底标高处原有土体的自重应力,即基底压力均匀分布时

$$p_0 = p - \sigma_c = p - \gamma_0 d \tag{2-10}$$

因为未修建基础以前,土体中已有自重压力 $\gamma_0 d$,修建基础时将这部分土挖除后再建造基础,在基底增加的压力实际为 $p-\gamma_0 d$,如图 2-6 所示。

基底压力呈梯形分布时,基底附加压力为

$$\begin{aligned} p_{0\max} &= p_{\max} - \gamma_0 d \\ p_{0\min} &= p_{\min} - \gamma_0 d \end{aligned} \tag{2-11}$$

式中 p_0——基底附加压力设计值,kPa;

p——基底压力设计值,kPa;

γ_0——基底标高以上各天然土层的加权平均重度,kN/m³,地下水位以下取有效重度;

d——从天然地面算起的基础埋深,m。

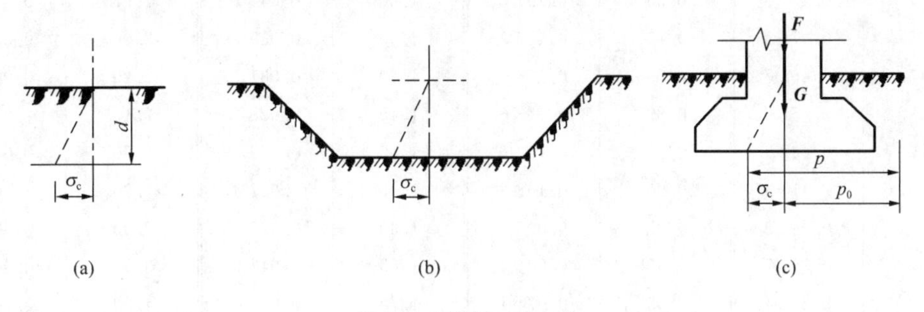

图 2-6 基底附加压力图

第四节 土中附加应力

对一般天然土层,由自重应力引起的压缩变形已经趋于稳定,不会再引起地基的沉降。附加应力是由于土层上部的建筑物在地基内新增的应力,因此,它是使地基变形、沉降的主要原因。一般采用将基底附加压力当作作用在弹性半无限体表面上的局部荷载,用弹性理论求解的方法计算。

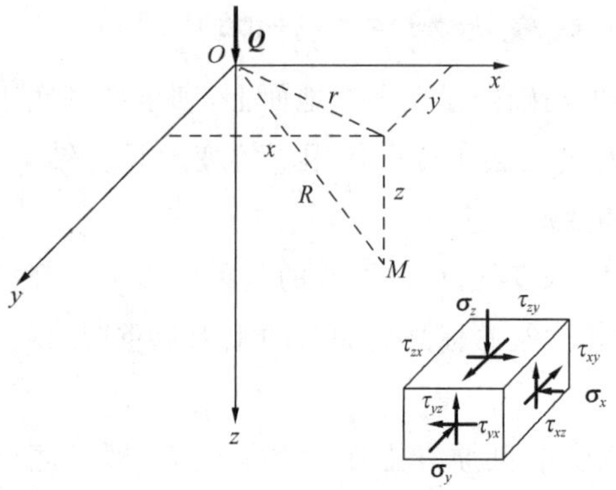

一、空间问题条件下的附加应力

(一)竖直集中力作用下的竖向附加应力

设在无限延伸的地面 O 上作用一竖向集中荷载 Q(kN),如图 2-7 所示,试求土中任意一点 M 的竖向附加应力 σ_z(kPa)。法国的布西奈斯克(Boussinesq)用弹性理论求得其解为

$$\sigma_z=\frac{3Q}{2\pi}\cdot\frac{z^3}{R^5} \tag{2-12}$$

式中 R——M 点至坐标原点 O 的距离,$R=\sqrt{x^2+y^2+z^2}=\sqrt{r^2+z^2}$。

图 2-7 竖直集中力作用下的竖向附加应力

由几何关系 $R^2=r^2+z^2$,可以写为

$$\sigma_z=\frac{3Q}{2\pi}\cdot\frac{z^3}{R^5}=\frac{3Q}{2\pi z^2}\cdot\frac{1}{\left[1+\left(\frac{r}{z}\right)^2\right]^{5/2}}=\frac{\alpha Q}{z^2} \tag{2-13}$$

式中 α——竖直集中力作用下的竖向附加应力系数,它是 $\frac{r}{z}$ 的函数

$$\alpha=\frac{3}{2\pi}\cdot\frac{1}{\left[1+\left(\frac{r}{z}\right)^2\right]^{5/2}}$$

具体见表 2-1。

表 2-1　竖直集中力作用下的竖向附加应力系数

r/z	α	r/z	α	r/z	α	r/z	α
0.00	0.477 5	0.65	0.197 8	1.30	0.040 2	1.95	0.009 5
0.05	0.474 5	0.70	0.176 2	1.35	0.035 7	2.00	0.008 5
0.10	0.465 7	0.75	0.156 5	1.40	0.031 7	2.20	0.005 8
0.15	0.451 6	0.80	0.138 6	1.45	0.028 2	2.40	0.004 0
0.20	0.432 9	0.85	0.122 6	1.50	0.025 1	2.60	0.002 9
0.25	0.410 3	0.90	0.108 3	1.55	0.022 4	2.80	0.002 1
0.30	0.384 9	0.95	0.095 6	1.60	0.020 0	3.00	0.001 5
0.35	0.357 7	1.00	0.084 4	1.65	0.017 9	3.50	0.000 7
0.40	0.329 4	1.05	0.074 1	1.70	0.016 0	4.00	0.000 4
0.45	0.301 1	1.10	0.065 8	1.75	0.014 4	4.50	0.000 2
0.50	0.273 3	1.15	0.058 1	1.80	0.012 9	5.00	0.000 1
0.55	0.246 6	1.20	0.051 3	1.85	0.011 6		
0.60	0.221 4	1.25	0.045 4	1.90	0.010 5		

(1)在集中力作用线上(即 $r=0,\alpha=\frac{3}{2\pi},\sigma_z=\frac{3}{2\pi}\cdot\frac{Q}{z^2}$),竖向附加应力 σ_z 随着深度 z 的增加而递减;

(2)当离集中力作用线某一距离 r 时,在地表处的竖向附加应力 $\sigma_z=0$,随着深度的增加,σ_z 逐渐递增,但到一定深度后,σ_z 又随着深度 z 的增加而减小;

(3)当 z 一定时,即在同一水平面上,竖向附加应力 σ_z 随着 r 的增大而减小。

注：如果地面上有几个集中力作用，则地基中任意点 M 处的竖向附加应力 σ_z 为分别求出各集中力对该点所引起的竖向附加应力，然后进行叠加，即

$$\sigma_z=\alpha_1\frac{p_1}{z^2}+\alpha_2\frac{p_2}{z^2}+\cdots+\alpha_n\frac{p_n}{z^2} \tag{2-14}$$

式中　$\alpha_1,\alpha_2,\cdots,\alpha_n$——集中力 $Q_1,Q_2,\cdots,Q_n$ 作用下的竖向附加应力系数。

通过上面的分析，我们知道土中竖直集中力作用下竖向附加应力分布特点是：

(1)地面下同一深度的水平面上的竖向附加应力不同，沿力的作用线上的竖向附加应力最大，向两边则逐渐减小。

(2)距地面越深，应力分布范围越大，在同一竖直线上的竖向附加应力却不同，越深则越小。

(二)矩形基底受竖直均布荷载作用时角点以下的竖向附加应力

当矩形基底受到竖直均布荷载(此处指均布压力)作用时，基础角点以下任意深度处的竖向附加应力，可以利用基本公式(2-12)沿着整个矩形面积进行积分求得。

如图 2-8 所示，若设基础面上作用着强度为 p 的竖直均布荷载，则微小面积 $dxdy$ 上的作用力 $dp=pdxdy$ 可作为集中力来看待。于是，由该集中力在基础角点 C 以下深度为 z 处的 N 点所引起的竖向附加应力为

$$d\sigma_z=\frac{3p}{2\pi}\cdot\frac{1}{\left[1+\left(\frac{r}{z}\right)^2\right]^{5/2}}\cdot\frac{dxdy}{z^2} \tag{2-15}$$

将 $r^2=x^2+y^2$ 代入上式并沿整个基底面积积分，即可得到矩形基底竖直均布荷载对角点 O 以下深度为 z 处所引起的竖向附加应力为

$$\sigma_z=\int_0^b\int_0^l\frac{3p}{2\pi}\cdot\frac{z^3dxdy}{(\sqrt{x^2+y^2+z^2})^5}=\alpha_d p \tag{2-16}$$

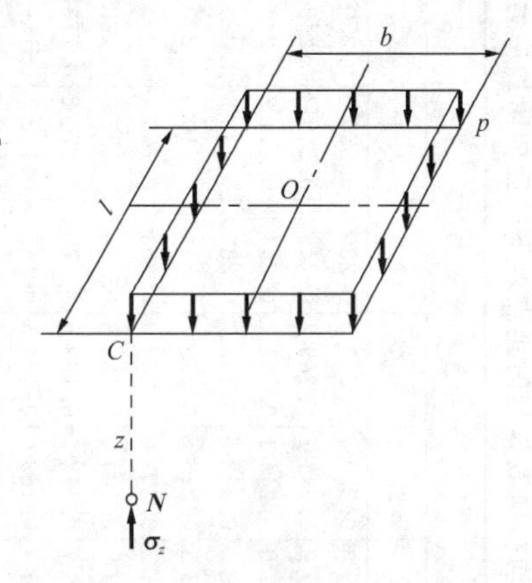

图 2-8　矩形基底受竖直均布荷载作用时角点以下的竖向附加应力

式中　α_d——矩形基底受竖直均布荷载作用时，角点以下的竖向附加应力系数，$\alpha_d=f(m,n)\left(m=\frac{l}{b},n=\frac{z}{b}\right)$，可以从表 2-2 中查得。

注：(1)对于在基底范围以内或以外任意点下的竖向附加应力，可利用式(2-12)并按叠加原理进行计算，这种方法称为角点法，如图 2-9 所示。

(2)对矩形基底受竖直均布荷载，在应用角点法时，l 始终为基底长边的长度，b 为短边的长度。

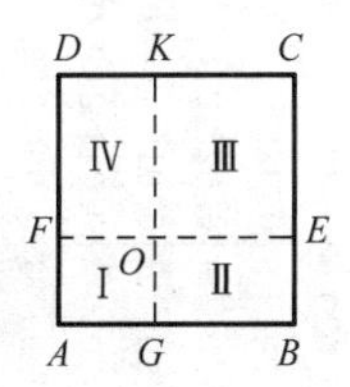

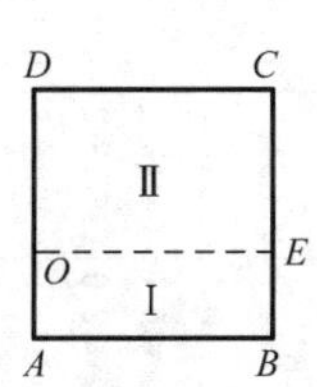

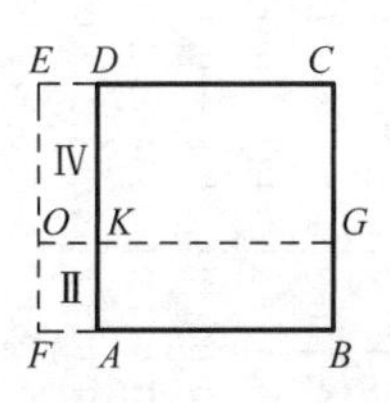

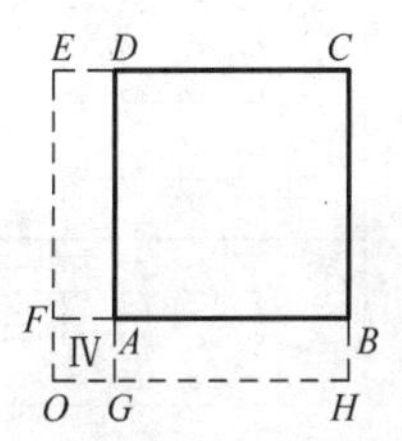

图 2-9　角点法计算竖向附加应力

表 2-2　矩形基底受竖直均布荷载作用时角点以下的竖向附加应力系数

z/b	矩形基础长宽比 l/b																	
	1.0	1.2	1.4	1.6	1.8	2.0	2.2	2.4	2.6	2.8	3.0	4.0	5.0	6.0	7.0	8.0	9.0	10.0
0.0	0.250 0	0.250 0	0.250 0	0.250 0	0.250 0	0.250 0	0.250 0	0.250 0	0.250 0	0.250 0	0.250 0	0.250 0	0.250 0	0.250 0	0.250 0	0.250 0	0.250 0	0.250 0
0.2	0.248 6	0.248 9	0.249 0	0.249 1	0.249 1	0.249 1	0.249 2	0.249 2	0.249 2	0.249 2	0.249 2	0.249 2	0.249 2	0.249 2	0.249 2	0.249 2	0.249 2	0.249 2
0.4	0.240 1	0.242 0	0.242 9	0.243 4	0.243 9	0.243 9	0.244 0	0.244 1	0.244 2	0.244 2	0.244 2	0.244 3	0.244 3	0.244 3	0.244 3	0.244 3	0.244 3	0.244 3
0.6	0.222 9	0.227 5	0.230 0	0.231 5	0.232 4	0.232 9	0.233 3	0.233 5	0.233 7	0.233 8	0.233 9	0.234 1	0.234 2	0.234 2	0.234 2	0.234 2	0.234 2	0.234 2
0.8	0.199 9	0.207 5	0.212 0	0.214 7	0.216 5	0.217 6	0.218 3	0.218 8	0.219 2	0.219 4	0.219 6	0.220 0	0.220 2	0.220 2	0.220 2	0.220 2	0.220 2	0.220 2
1.0	0.175 2	0.185 1	0.191 1	0.195 5	0.198 1	0.199 9	0.201 2	0.202 0	0.202 6	0.203 1	0.203 4	0.204 2	0.204 4	0.204 5	0.204 5	0.204 6	0.204 6	0.204 6
1.2	0.151 6	0.162 6	0.170 5	0.175 8	0.179 3	0.181 8	0.183 6	0.184 9	0.185 8	0.186 5	0.187 0	0.188 2	0.188 5	0.188 7	0.188 8	0.188 8	0.188 8	0.188 8
1.4	0.130 8	0.142 3	0.150 8	0.156 9	0.161 3	0.164 4	0.166 7	0.168 5	0.169 6	0.170 5	0.170 2	0.173 0	0.173 5	0.173 8	0.173 9	0.173 9	0.173 9	0.174 0
1.6	0.112 3	0.124 1	0.132 9	0.139 6	0.144 5	0.148 2	0.150 9	0.153 0	0.154 5	0.155 7	0.156 7	0.159 0	0.159 8	0.1601	0.160 2	0.160 3	0.160 4	0.160 4
1.8	0.096 9	0.108 3	0.117 2	0.124 1	0.129 4	0.133 4	0.136 5	0.138 9	0.140 8	0.142 3	0.143 4	0.146 3	0.147 4	0.147 8	0.148 0	0.148 1	0.148 2	0.14 82
2.0	0.084 0	0.094 7	0.103 4	0.110 3	0.115 8	0.120 2	0.123 6	0.126 3	0.128 4	0.130 0	0.131 4	0.135 0	0.136 3	0.136 8	0.137 1	0.137 2	0.137 3	0.137 4
2.2	0.073 2	0.083 2	0.091 7	0.098 4	0.103 9	0.108 4	0.112 0	0.114 9	0.117 2	0.119 1	0.120 5	0.124 8	0.126 4	0.127 1	0.127 4	0.127 6	0.127 7	0.127 7
2.4	0.064 2	0.073 4	0.081 3	0.087 9	0.093 4	0.097 9	0.101 6	0.104 7	0.107 1	0.109 2	0.110 8	0.115 6	0.117 5	0.118 4	0.118 8	0.119 0	0.119 1	0.119 2
2.6	0.056 6	0.065 1	0.072 5	0.078 8	0.084 2	0.088 7	0.094 2	0.095 5	0.098 1	0.100 3	0.102 0	0.107 3	0.109 5	0.110 6	0.111 1	0.111 3	0.111 5	0.111 6
2.8	0.050 2	0.058 0	0.064 9	0.070 9	0.076 1	0.080 5	0.084 2	0.087 5	0.090 0	0.092 3	0.094 2	0.099 9	0.102 4	0.103 6	0.104 1	0.104 5	0.104 7	0.104 8
3.0	0.044 7	0.051 9	0.058 3	0.064 0	0.069 0	0.073 2	0.076 9	0.080 1	0.082 8	0.085 1	0.087 0	0.093 1	0.095 9	0.097 3	0.098 0	0.098 3	0.098 6	0.098 7
3.2	0.040 1	0.046 7	0.052 6	0.058 0	0.062 7	0.066 8	0.070 4	0.073 5	0.076 2	0.078 6	0.080 6	0.087 0	0.090 0	0.091 6	0.092 3	0.092 8	0.093 0	0.093 3
3.4	0.036 1	0.042 1	0.047 7	0.052 7	0.057 1	0.061 1	0.064 6	0.067 7	0.070 4	0.072 7	0.074 7	0.081 4	0.084 7	0.086 4	0.087 3	0.087 7	0.088 0	0.088 2
3.6	0.032 6	0.028 2	0.043 3	0.048 0	0.052 3	0.056 1	0.059 4	0.062 4	0.065 1	0.067 4	0.069 4	0.075 3	0.079 9	0.081 6	0.082 6	0.083 2	0.083 5	0.083 7
3.8	0.029 6	0.034 8	0.039 5	0.043 9	0.047 9	0.051 6	0.054 8	0.057 7	0.060 3	0.062 6	0.064 6	0.070 6	0.071 7	0.075 3	0.077 3	0.078 4	0.079 4	0.079 6
4.0	0.027 0	0.031 8	0.036 2	0.040 3	0.044 1	0.047 4	0.050 7	0.053 5	0.056 0	0.058 8	0.060 3	0.067 4	0.071 2	0.073 3	0.074 5	0.075 2	0.075 6	0.075 8
4.2	0.024 7	0.029 1	0.033 3	0.037 1	0.040 7	0.043 9	0.046 9	0.049 6	0.052 1	0.054 3	0.056 3	0.063 4	0.067 4	0.069 6	0.070 9	0.071 6	0.072 1	0.072 4
4.4	0.022 7	0.026 8	0.030 6	0.034 3	0.037 6	0.040 7	0.043 6	0.046 2	0.048 5	0.050 7	0.052 7	0.059 7	0.063 9	0.066 2	0.067 6	0.068 4	0.068 9	0.069 2
4.6	0.020 9	0.024 7	0.028 3	0.031 7	0.034 8	0.037 8	0.040 5	0.043 0	0.045 3	0.047 4	0.049 3	0.056 4	0.060 6	0.063 0	0.064 4	0.065 4	0.065 9	0.066 3
4.8	0.019 3	0.022 9	0.026 2	0.029 4	0.032 4	0.035 2	0.037 8	0.040 2	0.042 4	0.044 4	0.046 3	0.053 3	0.057 6	0.060 1	0.061 6	0.062 6	0.063 1	0.063 5
5.0	0.017 9	0.021 2	0.024 3	0.027 4	0.030 2	0.032 8	0.035 8	0.037 6	0.039 7	0.041 7	0.043 5	0.050 4	0.054 7	0.057 3	0.058 9	0.059 9	0.060 8	0.081 0
6.0	0.012 7	0.015 1	0.017 4	0.019 6	0.021 8	0.023 8	0.025 7	0.027 6	0.029 3	0.031 0	0.032 5	0.038 8	0.043 1	0.046 0	0.047 9	0.049 1	0.050 0	0.050 6
7.0	0.009 4	0.011 2	0.013 0	0.014 7	0.016 4	0.018 0	0.019 5	0.021 0	0.022 4	0.023 8	0.025 1	0.030 6	0.034 6	0.037 6	0.039 6	0.041 1	0.042 1	0.042 8
8.0	0.007 3	0.008 7	0.010 1	0.011 4	0.012 7	0.014 0	0.015 3	0.016 5	0.017 6	0.018 7	0.019 8	0.024 0	0.028 3	0.031 1	0.033 2	0.034 8	0.035 9	0.036 7
9.0	0.005 8	0.006 9	0.008 0	0.009 1	0.010 2	0.011 2	0.012 2	0.013 2	0.014 2	0.015 2	0.016 1	0.020 2	0.023 5	0.026 2	0.028 2	0.029 8	0.031 0	0.031 9
10.0	0.004 7	0.005 6	0.006 5	0.007 4	0.008 3	0.009 2	0.0100	0.010 9	0.011 7	0.012 5	0.013 2	0.016 7	0.019 8	0.022 2	0.024 2	0.025 8	0.027 0	0.028 0

【例题 2-2】 地面上一矩形承载面积 $ABCD$ 的长边 $l=6$ m，短边 $b=4$ m，如图 2-10 所示，其上作用均布荷载 $p=300$ kPa，求矩形面积中心点、角点，以及矩形面积内、外的 N、M 点下 4 m 深度处的竖向附加应力。

[解题思路]

(1)若所求点是矩形角点，则求 l/b，z/b 再直接查表计算即可；

(2)若所求点不是矩形角点，则需作辅助线使所求点成为矩形角点，求出 l/b、z/b，查表，然后通过叠加即可求出竖向附加应力。

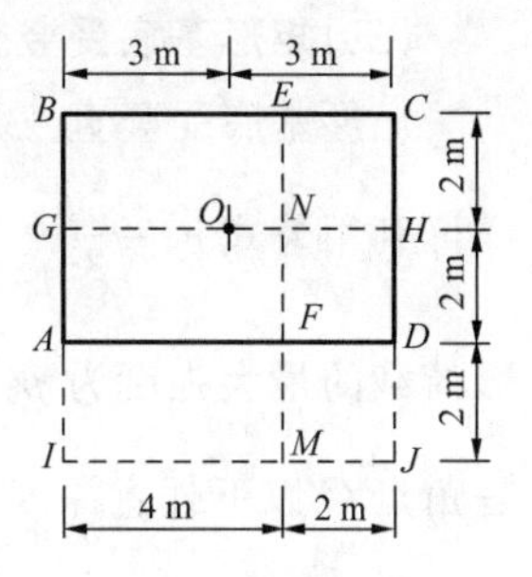

图 2-10 例题 2-2 图

解 (1)中心点 O 下 4 m 深度处的竖向附加应力

过 O 点分别作两对边的平行线，将矩形分成 4 个小矩形，每个小矩形的长边为 3 m，短边为 2 m，即 $l=3$ m，$b=2$ m，$z=4$ m，$p=300$ kPa，按 $\frac{l}{b}=\frac{3}{2}=1.5$，$\frac{z}{b}=\frac{4}{2}=2$，查表 2-2 并内插得 $\alpha_0=0.106\,9$，则

$$\sigma_z=\alpha_d p=4\times0.106\,9\times300=128\ \text{kPa}$$

(2)角点下 4 m 深度处的竖向附加应力

已知 $l=6$ m，$b=4$ m，$z=4$ m，$p=300$ kPa，按 $\frac{l}{b}=\frac{6}{4}=1.5$，$\frac{z}{b}=\frac{4}{4}=1$，查表 2-2 并内插得 $\alpha_d=0.193\,3$，则

$$\sigma_z=\alpha_d p=0.193\,3\times300=58.0\ \text{kPa}$$

(3)矩形承载面积内 N 点下 4 m 深度处的竖向附加应力

将矩形面积 $ABCD$ 划分成 4 小块矩形面积，按角点法列表 2-3 计算。

表 2-3 **N 点下 4 m 深度处竖向附加应力**

小矩形面积	l/m	b/m	z/m	l/b	z/b	α_d	p/kPa	$\alpha_d p$/kPa
FAGN	4	2	4	2	2	0.120 2	300	36.1
GBEN	4	2	4	2	2	0.120 2	300	36.1
ECHN	2	2	4	1	2	0.084 0	300	25.2
HDFN	2	2	4	1	2	0.084 0	300	25.2

$$\sigma_z=(\alpha_{d\text{-}FAGN}+\alpha_{d\text{-}GBEN}+\alpha_{d\text{-}ECHN}+\alpha_{d\text{-}HDFN})p$$
$$=36.1+36.1+25.2+25.2=122.6\ \text{kPa}$$

(4)矩形承载面积外 M 点下 4 m 深度处的竖向附加应力

将矩形面积 $ABCD$ 按图 2-10 进行划分，再利用角点法列表 2-4 计算。

表 2-4 **M 点下 4 m 深度处的竖向附加应力**

小矩形面积	l/m	b/m	z/m	l/b	z/b	α_d	p/kPa	$\alpha_d p$/kPa
IBEM	6	4	4	1.5	1	0.193 3	300	58.0
ECJM	6	2	4	3	2	0.131 4	300	39.4
IAFM	4	2	4	2	2	0.120 2	300	36.1
FDJM	2	2	4	1	2	0.084 0	300	25.2

$$\sigma_z=(\alpha_{d\text{-}IBEM}+\alpha_{d\text{-}ECJM}-\alpha_{d\text{-}IAFM}-\alpha_{d\text{-}FDJM})p$$
$$=58.0+39.4-36.1-25.2=36.1\ \text{kPa}$$

以上计算结果说明：在地面下同一深度处，荷载面中点 O 下竖向附加应力最大，其附近边点的竖向附加应力次之，角点竖向附加应力最小；而荷载面积之外的点也作用有竖向附加应力。可见，竖向附加应力是扩散分布的。

（三）矩形基底受竖直三角形分布荷载作用时角点以下的竖向附加应力

矩形基底受竖直三角形分布荷载作用时，把荷载强度为零的角点 O 作为坐标原点，同样可利用公式 $\sigma_z=\frac{3p}{2\pi}\cdot\frac{z^3}{R^5}$ 沿着整个面积积分来求得。如图 2-11 所示，若矩形基底上三角形荷载的最大强度为 p_T，则微分面积 $dxdy$ 上的作用力 $dp=\frac{p_T}{b}dxdy$ 可作为集中力看待，于是角点 O 以下任意深度 z 处，由该集中力所引起的竖向附加应力为

$$d\sigma_z=\frac{3p_T}{2\pi b}\cdot\frac{1}{\left[1+\left(\frac{r}{z}\right)^2\right]^{5/2}}\cdot\frac{xdxdy}{z^2}$$

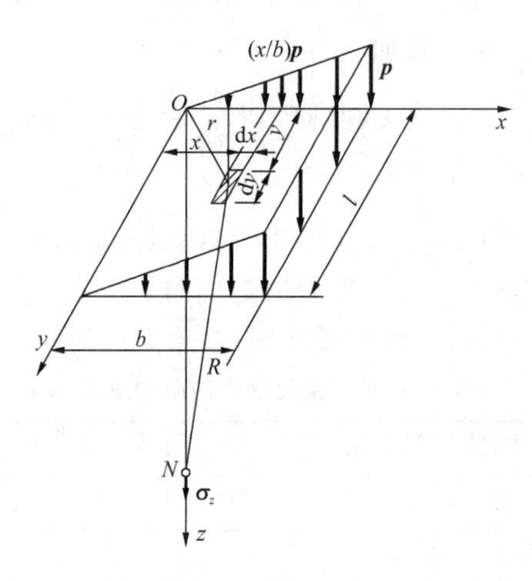

图 2-11　矩形基底受竖直三角形分布荷载作用时角点以下的竖向附加应力

将 $r^2=x^2+y^2$ 代入上式并沿整个底面积积分，即可得到矩形基底受竖直三角形分布荷载作用时角点以下的竖向附加应力为

$$\sigma_z=\alpha_T p_T \tag{2-17}$$

式中　α_T——矩形基底受竖直三角形分布荷载作用时角点以下的竖向附加应力分布系数，$\alpha_T=\frac{mn}{2\pi}\left[\frac{1}{\sqrt{m^2+n^2}}-\frac{n^2}{(1+n^2)\sqrt{1+m^2+n^2}}\right]\left(m=\frac{l}{b},n=\frac{z}{b}\right)$，可查表2-5，$\alpha_{T1}$ 为荷载为零线下的竖向附加应力系数，α_{T2} 为荷载最大值下的竖向附加应力系数。

对于基底范围内（或外）任意点下的竖向附加应力，仍然可以利用角点法和叠加原理进行计算。

注：(1)计算点应落在三角形分布荷载强度为零的一点垂线上。

(2)b 始终指荷载变化方向矩形基底的长度。

表 2-5　矩形基底受竖直三角形分布荷载作用时角点以下的竖向附加应力系数

l/b \ z/b	0.2		0.4		0.6		0.8		1.0		1.2		1.4		1.6
	α_{T1}	α_{T2}	α_{T1}	α_{T2}	α_{T1}	α_{T2}	α_{T1}	α_{T2}	α_{T1}	α_{T2}	α_{T1}	α_{T2}	α_{T1}	α_{T2}	α_{T1}
0.0	0.000 0	0.250 0	0.000 0	0.250 0	0.000 0	0.250 0	0.000 0	0.250 0	0.000 0	0.250 0	0.000 0	0.250 0	0.000 0	0.250 0	0.000 0
0.2	0.022 3	0.182 1	0.028 0	0.211 5	0.029 6	0.216 5	0.030 1	0.217 8	0.030 4	0.218 2	0.030 5	0.218 4	0.030 5	0.218 5	0.030 6
0.4	0.026 9	0.109 4	0.042 0	0.160 4	0.048 7	0.178 1	0.051 7	0.184 4	0.053 1	0.187 0	0.053 9	0.188 1	0.054 3	0.188 6	0.054 5
0.6	0.025 9	0.070 0	0.044 8	0.116 5	0.056 0	0.140 5	0.062 1	0.152 0	0.065 4	0.157 5	0.067 3	0.160 2	0.068 4	0.161 6	0.069 0
0.8	0.023 2	0.048 0	0.042 1	0.085 3	0.055 3	0.109 3	0.063 7	0.123 2	0.068 8	0.131 1	0.072 0	0.135 5	0.073 9	0.138 1	0.075 1
1.0	0.020 1	0.034 6	0.037 5	0.063 8	0.050 8	0.085 2	0.060 2	0.099 6	0.066 6	0.108 6	0.070 8	0.114 3	0.073 5	0.117 6	0.075 3
1.2	0.017 1	0.026 0	0.032 4	0.049 1	0.046 0	0.067 3	0.054 6	0.080 7	0.061 5	0.090 1	0.066 4	0.096 2	0.069 8	0.100 7	0.072 1
1.4	0.014 5	0.020 2	0.027 8	0.038 6	0.039 2	0.054 0	0.048 3	0.066 1	0.055 4	0.075 1	0.060 6	0.081 7	0.064 4	0.086 4	0.067 2
1.6	0.012 3	0.016 0	0.023 8	0.031 0	0.033 9	0.044 0	0.042 4	0.054 7	0.049 2	0.062 8	0.054 5	0.069 6	0.058 6	0.074 3	0.061 6
1.8	0.010 5	0.013 0	0.020 4	0.025 4	0.029 4	0.036 3	0.037 1	0.045 7	0.043 5	0.053 4	0.048 7	0.059 6	0.052 8	0.064 4	0.056 0
2.0	0.009 0	0.010 8	0.017 6	0.021 1	0.025 5	0.030 4	0.032 4	0.038 7	0.038 4	0.045 6	0.043 4	0.051 3	0.047 4	0.056 0	0.050 7
2.5	0.006 3	0.007 2	0.012 5	0.014 0	0.018 3	0.020 5	0.023 6	0.026 5	0.028 4	0.031 8	0.032 6	0.036 5	0.036 2	0.040 5	0.039 3
3.0	0.004 6	0.005 1	0.009 2	0.0100	0.013 5	0.014 8	0.017 6	0.019 2	0.021 4	0.023 3	0.024 9	0.027 0	0.028 0	0.030 3	0.030 7
5.0	0.001 8	0.001 9	0.003 6	0.003 8	0.005 4	0.005 6	0.007 1	0.007 4	0.008 8	0.009 1	0.010 4	0.010 8	0.012 0	0.012 3	0.013 5
7.0	0.000 9	0.001 0	0.001 9	0.001 9	0.002 8	0.002 9	0.003 8	0.003 8	0.004 7	0.004 7	0.005 6	0.005 6	0.006 4	0.006 6	0.007 3
10.0	0.000 5	0.000 4	0.000 9	0.001 0	0.001 4	0.001 4	0.001 9	0.001 9	0.002 3	0.002 4	0.002 8	0.002 8	0.003 3	0.003 2	0.003 7

(续表)

l/b \ z/b	1.6	1.8		2.0		3.0		4.0		6.0		8.0		10.0	
	α_{T2}	α_{T1}	α_{T2}	α_{T1}	α_{T2}	α_{T1}	α_{T2}	α_{T1}	α_{T2}	α_{T1}	α_{T2}	α_{T1}	α_{T2}	α_{T1}	α_{T2}
0.0	0.250 0	0.000 0	0.250 0	0.000 0	0.250 0	0.000 0	0.250 0	0.000 0	0.250 0	0.000 0	0.250 0	0.000 0	0.250 0	0.000 0	0.250 0
0.2	0.218 5	0.030 6	0.218 5	0.030 6	0.218 5	0.030 6	0.218 6	0.030 6	0.218 6	0.030 6	0.218 6	0.030 6	0.218 6	0.030 6	0.218 6
0.4	0.188 9	0.054 6	0.189 1	0.054 7	0.189 2	0.054 8	0.189 4	0.054 9	0.189 4	0.054 9	0.189 4	0.054 9	0.189 4	0.054 9	0.189 4
0.6	0.162 5	0.069 4	0.163 0	0.069 6	0.163 3	0.070 1	0.163 8	0.070 2	0.163 9	0.070 2	0.164 0	0.070 2	0.164 0	0.070 2	0.164 0
0.8	0.139 6	0.075 9	0.140 5	0.076 4	0.141 2	0.077 3	0.142 3	0.077 6	0.142 4	0.077 6	0.142 6	0.077 6	0.142 6	0.077 6	0.142 6
1.0	0.120 2	0.076 6	0.121 5	0.077 4	0.122 5	0.079 0	0.124 4	0.079 4	0.124 8	0.079 5	0.125 0	0.079 6	0.125 0	0.079 6	0.125 0
1.2	0.103 7	0.073 8	0.105 5	0.074 9	0.109 6	0.077 4	0.109 6	0.077 9	0.110 3	0.078 2	0.110 5	0.078 3	0.110 5	0.078 3	0.110 5
1.4	0.089 7	0.069 2	0.092 1	0.070 7	0.093 7	0.073 9	0.097 3	0.074 8	0.098 2	0.075 2	0.098 6	0.075 2	0.098 7	0.075 3	0.098 7
1.6	0.078 0	0.063 9	0.080 6	0.065 6	0.082 6	0.069 7	0.087 0	0.070 8	0.088 2	0.071 4	0.088 7	0.071 5	0.088 8	0.071 5	0.088 9
1.8	0.068 1	0.058 5	0.070 9	0.060 4	0.073 0	0.065 2	0.078 2	0.066 6	0.079 7	0.067 3	0.080 5	0.067 5	0.080 6	0.067 5	0.080 8
2.0	0.059 6	0.053 3	0.062 5	0.055 3	0.064 9	0.060 7	0.070 7	0.062 4	0.072 6	0.063 4	0.073 4	0.063 6	0.073 6	0.063 6	0.073 8
2.5	0.044 0	0.041 9	0.046 9	0.044 0	0.049 1	0.050 4	0.055 9	0.052 9	0.058 5	0.054 3	0.060 1	0.054 7	0.060 4	0.054 8	0.060 5
3.0	0.033 3	0.033 1	0.035 9	0.035 2	0.038 0	0.041 9	0.045 1	0.044 9	0.048 2	0.046 9	0.050 4	0.047 4	0.050 9	0.047 6	0.051 1
5.0	0.013 9	0.014 8	0.015 4	0.016 1	0.016 7	0.021 4	0.022 1	0.024 8	0.025 6	0.028 3	0.029 0	0.029 6	0.030 3	0.030 1	0.030 9
7.0	0.007 4	0.008 1	0.008 3	0.008 9	0.009 1	0.012 4	0.012 6	0.015 2	0.015 4	0.018 6	0.019 0	0.020 4	0.020 7	0.021 2	0.021 6
10.0	0.003 7	0.004 1	0.004 2	0.004 6	0.004 6	0.006 6	0.006 6	0.008 4	0.008 3	0.011 1	0.011 1	0.012 8	0.013 0	0.013 9	0.014 1

二、平面问题条件下的附加应力

理论上，当基底长度 l 与宽度 b 之比 $l/b=\infty$ 时，地基内部的应力状态属于平面问题。

实际工程实践中，当 $l/b\geqslant 10$ 时，可看作平面问题。例如，水利工程中的土坝、土堤、水闸、挡土墙、码头、船闸等。

(一)条形基底受竖直均布荷载作用时的竖向附加应力

如图 2-12 所示，当基底上作用着强度为 p 的竖直均布荷载时，首先利用式(2-12)求出微分宽度 $d\xi$ 上作用着的线均布荷载 $d\,\overline{p}=pd\xi$ 在任意点 M 所引起的竖向附加应力

$$d\sigma_z=\frac{2p}{\pi}\cdot\frac{z^3 d\xi}{[(x-\xi)^2+z^2]^2}$$

再将上式沿宽度 b 积分，即可得到条形基底受竖直均布荷载作用时的竖向附加应力

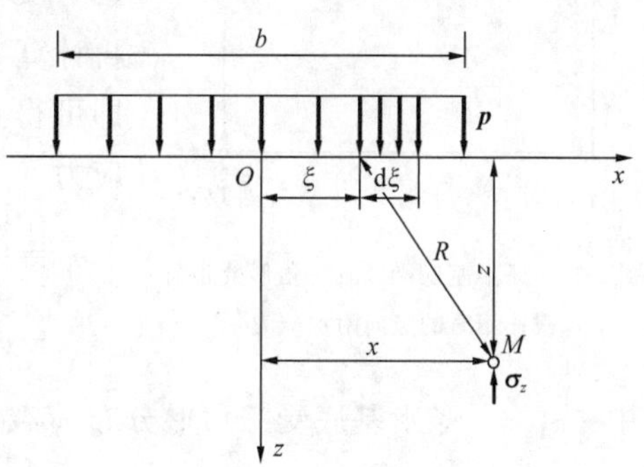

图 2-12　条形基底受竖直均布荷载作用时的竖向附加应力

$$\sigma_z=\int_0^b\frac{2p}{\pi}\cdot\frac{z^3 d\xi}{[(x-\xi)^2+z^2]^2}$$

$$=\frac{p}{\pi}\left[\arctan\left(\frac{m}{n}\right)-\arctan\left(\frac{m-1}{n}\right)+\frac{mn}{n^2+m^2}-\frac{n(m-1)}{n^2+(m-1)^2}\right]=\alpha_2 p \tag{2-18}$$

式中　α_2——条形基底受竖直均布荷载作用时的竖向附加应力系数($m=\dfrac{x}{b}$，$n=\dfrac{z}{b}$)，可查表 2-6。

表 2-6　　条形基底受竖直均布荷载作用时的竖向附加应力系数

z/b \ x/b	0.00	0.10	0.25	0.50	0.75	1.00	1.50	2.00	3.00	4.00	5.00
0.00	1.000	1.000	1.000	0.500	0.000	0.000	0.000	0.000	0.000	0.000	0.000
0.10	0.997	0.996	0.499	0.010	0.005	0.000	0.000	0.000	0.000	0.000	0.000
0.25	0.960	0.954	0.905	0.496	0.088	0.019	0.002	0.001	0.000	0.000	0.000
0.50	0.820	0.812	0.735	0.481	0.218	0.082	0.017	0.005	0.001	0.000	0.000
0.75	0.668	0.660	0.610	0.450	0.260	0.150	0.040	0.020	0.010	0.000	0.000
1.00	0.552	0.540	0.510	0.410	0.290	0.190	0.070	0.030	0.010	0.000	0.000
1.50	0.396	0.400	0.380	0.330	0.270	0.210	0.110	0.060	0.020	0.010	0.000
2.00	0.306	0.300	0.290	0.280	0.240	0.210	0.130	0.080	0.030	0.010	0.010
2.50	0.245	0.240	0.240	0.230	0.220	0.190	0.140	0.100	0.030	0.020	0.010
3.00	0.210	0.210	0.210	0.200	0.190	0.170	0.140	0.100	0.050	0.030	0.020
4.00	0.160	0.160	0.160	0.150	0.150	0.140	0.120	0.100	0.070	0.040	0.030
5.00	0.130	0.130	0.130	0.120	0.120	0.120	0.110	0.100	0.070	0.050	0.030

(二)条形基底受竖直三角形分布荷载作用时的竖向附加应力

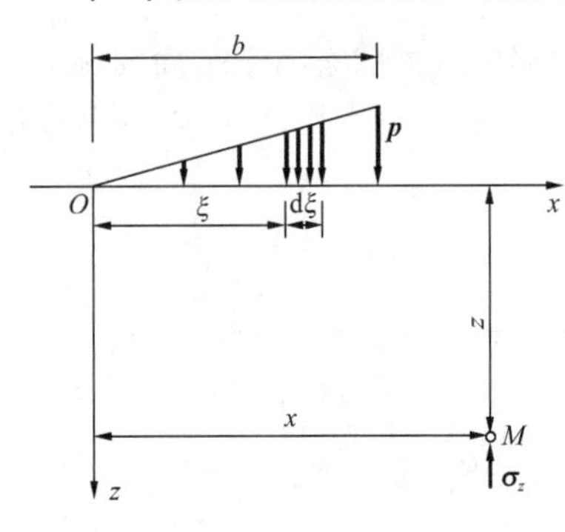

图 2-13 条形基底受竖直三角形分布荷载作用时的竖向附加应力

如图 2-13 所示，当条形基底上受最大强度为 p_T 的三角形分布荷载作用时，同样可利用基本公式 $\sigma_z=\frac{2p}{\pi}\cdot\frac{z^3}{(x^2+z^2)^2}$，先求出微分宽 $d\xi$ 上作用的线荷载 $d\bar{p}=\frac{p_T}{b}\xi d\xi$，再计算 M 所引起的竖向附加应力，然后沿宽度 b 积分，即可得到整个三角形分布荷载对 M 点引起的竖向附加应力

$$\sigma_z=\frac{p_T}{\pi}\left\{m\left[\arctan\left(\frac{m}{n}\right)-\arctan\left(\frac{m-1}{n}\right)\right]-\frac{n(m-1)}{n^2+(m-1)^2}\right\}=\alpha_3 p_T \tag{2-19}$$

式中 α_3——条形基底受三角形分布荷载作用时的竖向附加应力系数（$m=\frac{x}{b}$，$n=\frac{z}{b}$），可查表 2-7。

表 2-7　条形基底受三角形分布荷载作用时的竖向附加应力系数

z/b \ x/b	−1.5	−1.0	0.5	0	0.25	0.50	0.75	1.0	1.5	2.0	2.5
0.00	0.000	0.000	0.000	0.000	0.250	0.500	0.750	0.500	0.000	0.000	0.000
0.25	0.000	0.000	0.001	0.075	0.256	0.480	0.643	0.424	0.015	0.003	0.000
0.50	0.002	0.003	0.023	0.120	0.263	0.410	0.477	0.353	0.056	0.017	0.003
0.75	0.006	0.016	0.042	0.153	0.248	0.355	0.361	0.293	0.108	0.024	0.009
1.0	0.014	0.025	0.061	0.159	0.223	0.275	0.279	0.241	0.129	0.045	0.013
1.5	0.020	0.048	0.096	0.145	0.178	0.200	0.202	0.185	0.124	0.062	0.041
2.0	0.033	0.061	0.092	0.127	0.146	0.155	0.163	0.153	0.108	0.069	0.050
3.0	0.050	0.064	0.080	0.096	0.103	0.104	0.108	0.104	0.090	0.071	0.050
4.0	0.051	0.060	0.067	0.075	0.078	0.085	0.082	0.075	0.073	0.060	0.049
5.0	0.047	0.052	0.057	0.059	0.062	0.063	0.063	0.065	0.061	0.051	0.047
6.0	0.041	0.041	0.050	0.051	0.052	0.053	0.053	0.053	0.050	0.050	0.040

三、有效应力原理

计算土中应力的目的是为了研究土体受力以后的变形和强度问题，由于土作为一种三相物质构成的散粒体，其体积变化和强度大小并不是直接取决于土体所受的全部应力（总应力）。土体受力后存在着外力如何分担、各分担应力如何传递与相互转化，以及它们与材料的强度和变形有哪些关系等问题。太沙基（K. Terzaghi）在 1923 年发现并研究了这些问题，提出了有效应力原理和渗透固结理论。普遍认为，有效应力原理的提出和应用阐明了碎散颗粒材料与连续固体材料在应力-应变关系上的重大区别，是使土力学成为一门独立学科的重要标志。

(一)有效应力原理基本概念

自完全饱和土体中某点任取一放大了的截面 $a—a$,如图 2-14 所示,该断面平均面积为 A,截面包括颗粒接触点的面积 A_s 和孔隙水的面积 A_w。为了更清晰地表示力的传递,设想把分散的颗粒集中为大颗粒。

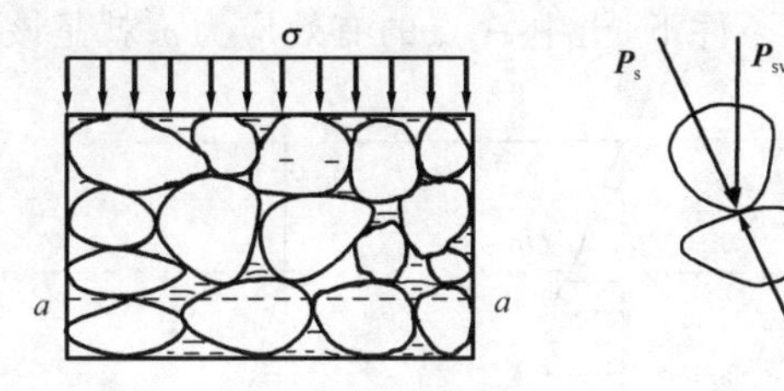

图 2-14 土体单位面积上的平均总应力和有效应力

用 P_{sv} 表示通过颗粒接触面积传递的竖向总压力,P_w 表示通过孔隙水传递的总压力,u 表示单位面积上孔隙水受到的压力。设作用在截面上的总压力为 P,根据力的平衡条件

$$P=P_{sv}+P_w=P_{sv}+uA_w \tag{2-20}$$

上式两边同除以 A 得

$$\sigma=\frac{P_{sv}}{A}+u\frac{A_w}{A} \tag{2-21}$$

上式中令 $\sigma'=\frac{P_{sv}}{A}$,$\frac{A_w}{A}\approx 1.0$。故上式可写成

$$\sigma=\sigma'+u \quad 或 \quad \sigma'=\sigma-u \tag{2-22}$$

式中 σ——作用在土中任意平面上总应力,kPa;

σ'——作用在土中同一平面土骨架上的有效应力,kPa;

u——作用在土中同一平面孔隙水上的孔隙水压力,kPa。

式(2-22)是太沙基给出的饱和土体的有效应力原理,即饱和土中的总应力为有效应力和孔隙水压力之和。

有效应力控制了土的强度与变形。土体产生变形的原因主要是颗粒间克服摩擦相对滑移、滚动或者因接触点处应力过大而破碎,这些变形都只取决于有效应力;而土体的强度的成因,即土的凝聚力和摩擦力,也与有效应力有关。孔隙水压力对土颗粒间摩擦、土粒的破碎没有贡献,并且水不能承受剪应力,因而孔隙水压力对土的强度没有直接的影响。孔隙水压力在各个方向相等,只能使土颗粒本身受到等向压力,由于颗粒本身压缩模量很大,故土粒本身压缩变形极小,因而孔隙水压力对变形也没有直接的影响,土体不会因为受到水压力的作用而变得密实,所以孔隙水压力又称为中性压力。

(二)静水条件下土中总应力、孔隙水压力和有效应力的计算

由于有效应力 σ' 作用在土骨架的颗粒之间,很难直接测定,通常都是在求得总应力 σ 和测定孔隙水压力 u 之后,利用有效应力原理计算得出。

在静水位条件下某土层分布如图 2-15 所示。已知总应力为自重应力,地下水位位于地面下 h_1 处,地下水位以上土的重度为 γ_1,地下水位以下土的重度为 γ_{sat}。作用在地面下深度为 h_1+h_2 处 C 点水平面上的总应力 σ 应等于该点以上单位土柱体和水柱体的总重量,即

$$\sigma=\gamma_1 h_1+\gamma_{sat} h_2 \tag{2-23}$$

孔隙水压力应等于该点的静水压力,即

$$u=\gamma_w h_2 \tag{2-24}$$

根据有效应力原理，A 点处有效应力 σ' 应为

$$\sigma'=\sigma-u=\gamma_1 h_1+\gamma_{sat}h_2-\gamma_w h_2=\gamma_1 h_1+(\gamma_{sat}-\gamma_w)h_2=\gamma_1 h_1+\gamma' h_2 \tag{2-25}$$

式中　γ'——土的有效重度，kN/m^3。

由式(2-25)可见，在静水条件下，土中 A 点的有效应力 σ' 就是该点的(有效)自重应力。

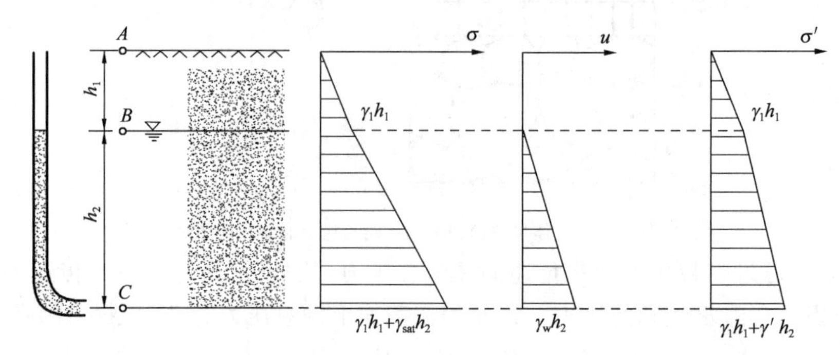

图 2-15　静水条件下土中总应力、孔隙水压力和有效应力的计算

(三)毛细水上升时土中总应力、孔隙水压力和有效应力的计算

已知某土层中因毛细水上升，地下水位以上高度 h_c 范围内出现毛细饱和区，如图 2-16 所示。毛细区内的水由于表面张力的作用，呈张拉状态，孔隙水压力是负值。毛细水压力分布与静水压力分布一致，任一点孔隙水压力为

$$u=-\gamma_w h_c \tag{2-26}$$

式中　h_c——该点至地下水位的垂直距离，m。

由于 u 是负值，根据有效应力原理，毛细饱和区的有效应力 σ' 将会比总应力增大，即

$$\sigma'=\sigma-u=\sigma+|u| \tag{2-27}$$

有效应力 σ' 与总应力 σ 分布如图 2-16 所示。地下水位以上，由于孔隙水压力 u 是负值，使得土的有效应力 σ' 增大，而地下水位以下，由于水对土颗粒的浮力作用，使得土的有效应力 σ' 减小。

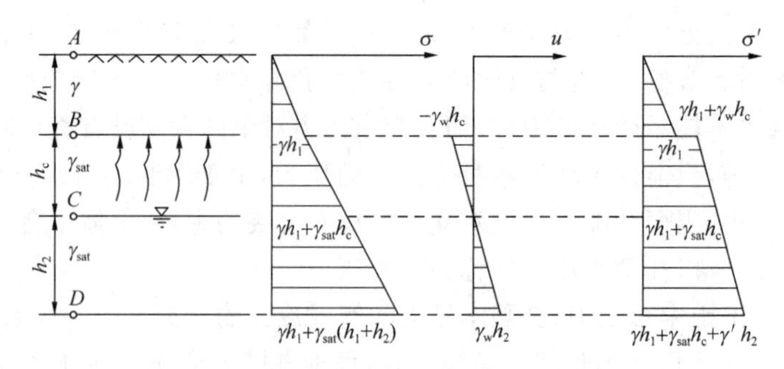

图 2-16　毛细水上升时土中总应力、孔隙水压力及有效应力的计算

【例题 2-3】 某工程地基土自上而下分为三层。第一层为砂土，重度 $\gamma_1=18.0\ kN/m^3$，$\gamma_{sat1}=21.0\ kN/m^3$，层厚 5.0 m；第二层为黏土，$\gamma_{sat2}=21.0\ kN/m^3$，层厚 5.0 m；第三层为透水层。地下水位埋深 5.0 m，地下水位以上砂土呈毛细饱和状态，毛细水上升高度为 3.0 m。试计算地基土中总应力、孔隙水压力、有效应力，并绘出总应力、孔隙水压力和有效应力沿深度的分布图形。

解 (1)总应力、孔隙水压力、有效应力的计算

①地基土 2.0 m 深处,即毛细饱和区顶面以上

$$\sigma_{c1}=\gamma_1 h_1=18.0\times2.0=36.0\ \text{kPa}$$

$$u_1^{上}=0.0\ \text{kPa},u_1^{下}=-\gamma_w h_2=-10.0\times3.0=-30.0\ \text{kPa}(负孔隙水压力)$$

$$\sigma_{c1}'^{上}=\sigma_{c1}-u_1^{上}=36.0-0.0=36.0\ \text{kPa}$$

$$\sigma_{c1}'^{下}=\sigma_{c1}-u_1^{下}=36.0-(-30.0)=66.0\ \text{kPa}$$

②地基土 5.0 m 深,即地下水位处

$$\sigma_{c2}=\sigma_{c1}+\gamma_{sat1}h_2=36.0+21.0\times3.0=99.0\ \text{kPa}$$

$$u_2=0.0\ \text{kPa}$$

$$\sigma_{c2}'=\sigma_{c2}-u_2=99.0-0.0=99.0\ \text{kPa}$$

③地基土 10.0 m 深,即黏土层底处

$$\sigma_{c3}=\sigma_{c2}+\gamma_{sat2}h_3=99.0+21.0\times5.0=204.0\ \text{kPa}$$

$$u_2=0.0\ \text{kPa},u_3=\gamma_w h_3=10.0\times5.0=50.0\ \text{kPa}$$

$$\sigma_{c3}'=\sigma_{c3}-u_3=204.0-50.0=154.0\ \text{kPa}$$

(2)绘制总应力、孔隙水压力和有效应力沿深度的分布图形

如图 2-17 所示。

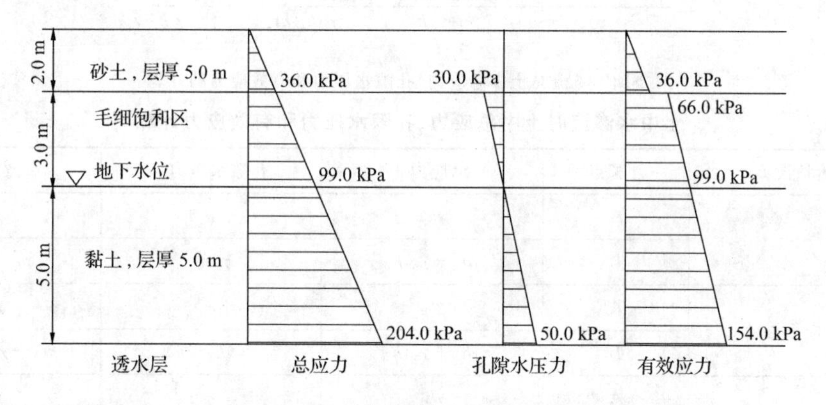

图 2-17 例题 2-3 总应力、孔隙水压力和有效应力沿深度的分布图形

(四)渗流时土中总应力、孔隙水压力和有效应力的计算

水在土中渗流时,土中水将对土颗粒产生动水力,这就必然影响土中有效应力分布。现通过图 2-18 所示三种情况,以说明土中水渗流对有效应力分布的影响。

图 2-18(a)中水静止不动,也即土中 A、B 两点的水头相等;图 2-18(b)中 A、B 两点有水头差 h,水自上向下渗流;图 2-18(c)中 A、B 两点有水头差 h ,但水自下向上渗流。现按三种情况计算土中总应力 σ、孔隙水压力 u 及有效应力 σ',列于表 2-8 中,并绘出分布图,如图 2-18 所示。

从表 2-8 计算结果可见,三种不同情况水渗流时土中的总应力 σ 是相同的,土中水的渗流不影响总应力值。水渗流时产生动水力,导致土中有效应力和孔隙水压力发生变化。土中水自上向下渗流时,动水力方向与土的重力方向一致,使有效应力增加,孔隙水压力减小,产生渗流压密。反之,土中水自下向上渗流时,动水力方向与土的重力方向相反,使有效应力减小,孔隙水压力增加。

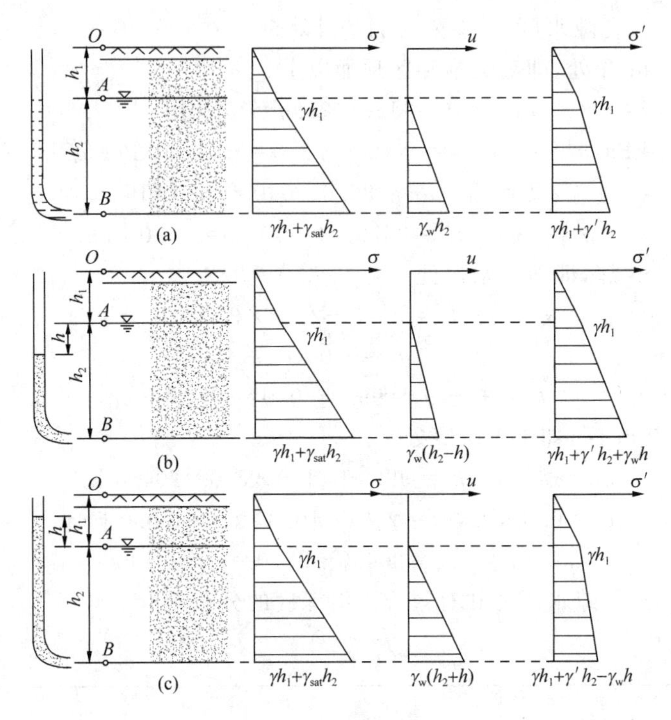

图 2-18 渗流时土中总应力、孔隙水压力和有效应力的计算

表 2-8 土中水渗流时土中总应力、孔隙水压力和有效应力计算

渗流情况	计算点	总应力 σ	孔隙水压力 u	有效应力 σ'
水静止	A	γh_1	σ	γh_1
	B	$\gamma h_1+\gamma_{sat}h_2$	$\gamma_w h_2$	$\gamma h_1+\gamma' h_2$
水自上向下渗流	A	γh_1	σ	γh_1
	B	$\gamma h_1+\gamma_{sat}h_2$	$\gamma_w(h_2-h)$	$\gamma h_1+\gamma' h_2+\gamma_w h$
水自下向上渗流	A	γh_1	σ	γh_1
	B	$\gamma h_1+\gamma_{sat}h_2$	$\gamma_w(h_2+h)$	$\gamma h_1+\gamma' h_2-\gamma_w h$

复习题

2-1 土中的应力按照其起因和传递方式分哪几种？怎么定义？

2-2 什么是自重应力？计算自重应力应注意些什么？

2-3 什么是附加应力？空间问题和平面问题各有几个附加应力分量？计算附加应力时对地基做了怎样的假定？

2-4 柔性基础和刚性基础的基底压力有何不同？

2-5 地基中竖向附加应力的分布有什么规律？相邻两基础下附加应力是否会彼此影响？

2-6 附加应力的计算结果与地基中实际的附加应力能否一致？为什么？

2-7 什么是有效应力？什么是孔隙水压力？其中静水条件下孔隙水压力如何计算？

2-8　如何计算各种荷载条件下地基中任意点的竖向附加应力？

2-9　说明饱和土体的有效应力原理。

2-10　已知一浅基础上作用一集中荷载，如何计算其在地基中产生的附加应力？分析在计算过程中会出现哪些误差。

2-11　如图 2-19 所示为某地基剖面图，各土层的重度及地下水位如图所示，试求土的自重应力和孔隙水压力，并绘出它们的分布图。

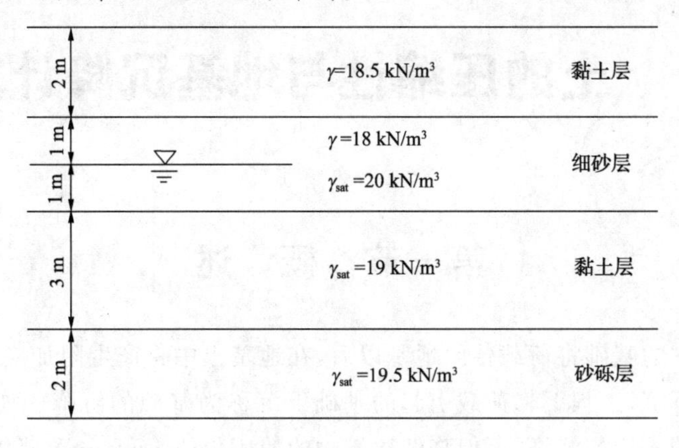

图 2-19　复习题 2-11 图

2-12　已知某均布荷载面积如图 2-20 所示，求深度 10 m 处 A 点与 O 点的竖向附加应力比值。

2-13　房屋和箱基总重 164 000 kN，如图2-21所示，基础底面尺寸为 80 m×15 m，地下水位埋深为 3 m，地下水位以上土的天然重度为 $\gamma=18\ \mathrm{kN/m^3}$，地下水位以下土的饱和重度为 $r_{\mathrm{sat}}=19\ \mathrm{kN/m^3}$。试问：埋深多少时，基底附加压力为 0？

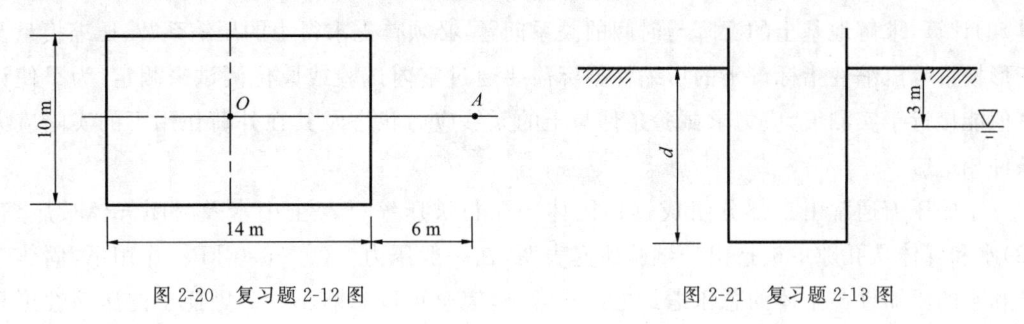

图 2-20　复习题 2-12 图　　　　图 2-21　复习题 2-13 图

第三章 土的压缩性与地基沉降计算

第一节 概　述

建筑物通过它的基础将荷载传给地基以后，在地基土中将产生附加应力和变形，从而引起建筑物基础的下沉，工程上将荷载引起的基础下沉称为基础的沉降。如果基础的沉降量过大或产生过量的不均匀沉降，不但降低建筑物的使用价值，而且导致墙体开裂、门窗歪斜，严重时会造成建筑物倾斜甚至倒塌。因此，为了保证建筑物的安全和正常使用，必须预先对建筑物基础可能产生的最大沉降量和沉降差进行估算。如果建筑物基础可能产生的最大沉降量和沉降差在规定的容许范围之内，那么该建筑物的安全和正常使用一般是有保证的。

土体受力后引起的变形可分为体积变形和形状变形，地基土的变形通常表现为土体积的缩小。在外力作用下，土体积缩小的特性称为土的压缩性。为进行地基的变形（或沉降量）的计算，求解地基土的沉降与时间的关系问题，必须首先求得土的压缩系数、压缩模量及变形模量等压缩性指标。土的压缩性指标需要通过室内试验或原位测试来测定，为了使计算值能接近于实测值，应力求试验条件与土的天然应力状态及其在外荷作用下的实际应力条件相适应。

土的压缩通常由三部分组成：(1)固体土颗粒被压缩；(2)土中水及封闭气体被压缩；(3)水和气体从孔隙中被挤出。试验研究表明，在一般压力（100～600 kPa）作用下，固体颗粒和水的压缩性与土体的总压缩量之比非常小，完全可以忽略不计。因此土的压缩性可只看做是土中水和气体从孔隙中被挤出，与此同时，土颗粒相应发生移动，重新排列，靠拢挤紧，从而土孔隙体积减小，所以土的压缩是指土中孔隙体积的缩小。

土压缩变形的快慢与土的渗透性有关。在荷载作用下，透水性大的饱和无黏性土，其压缩过程短，建筑物施工完毕时，可认为其压缩变形已基本完成；而透水性小的饱和黏性土，其压缩过程所需时间长，十几年甚至几十年压缩变形才稳定。土体在外力作用下，压缩随时间增长的过程，称为土的固结，对于饱和黏性土来说，土的固结问题非常重要。

在计算地基变形时，先把地基看成是均质的线性变形体，从而直接引用弹性力学公式来计算地基中的附加应力，然后利用某些简化的假设来解决成层土地基的沉降计算问题。

为简化地基的变形计算，通常假定地基土压缩不允许侧向变形。当自然界广阔土层上作用着大面积均布荷载时，地基土的变形条件可近似为侧限条件。侧限条件是指侧向受限制不能变形，只有竖向单向压缩的条件。

第二节　土的压缩性室内测试方法

一、室内压缩试验

(一)试验仪器

主要仪器为侧限压缩仪(固结仪)，如图 3-1 所示。

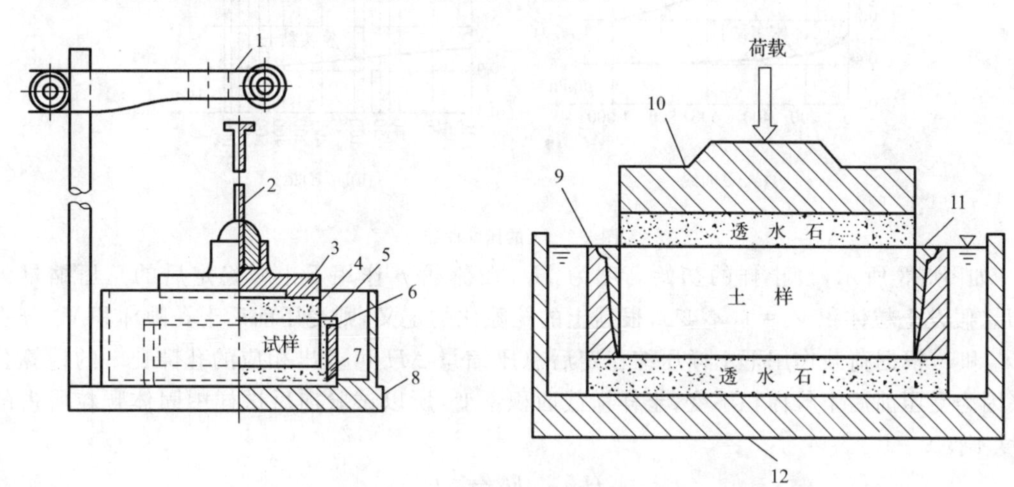

图 3-1　侧限压缩试验示意图

1—量表架；2—量表导杆；3—加压上盖；4—透水石；5、11—环刀；6—坚固圈；7—护环；8—水槽；9—刚性护环；10—加压活塞；12—底座

(二)试验方法

(1)用环刀切取土样，用天平称质量。一般切取扁圆柱体，高 2 cm，直径应为高度的 2.5 倍，面积为 30 cm^2 或 50 cm^2，试样连同环刀一起装入护环内，上下放有透水石以便试样在压力作用下排水。

(2)将土样一次装入侧限压缩仪的容器。先装入透水石再将试样装入侧限护环中，形成侧限条件；然后在试样上加上透水石和加载板，安装测微计(百分表)并调零。

(3)加上杠杆，分级施加竖向压力 p_i。为减小土的结构被扰动程度，加荷率(前后两级荷载之差与前一级荷载之比)应不大于 1，一般按 $p=50$ kPa、100 kPa、200 kPa、300 kPa、400 kPa 五级加荷，第一级压力软土宜从 12.5 kPa 或 25 kPa 开始，最后一级压力均应大于地基中计算点的自重应力与预估附加应力之和。

(4)用测微计(百分表)按一定时间间隔测量并记录每级荷载施加后的读数(ΔH_i)。

(5)计算每级压力稳定后试验的孔隙比。由于试样不产生侧向变形而只有竖向压缩，于是，我们将这种条件下的压缩试验称为单向压缩试验或侧限压缩试验。

(三)试验结果

(1)采用直角坐标系，以孔隙比 e 为纵坐标，有效应力 p 为横坐标绘制 p-e 曲线，如图 3-2(a)所示。

(2)若研究土在高压下的变形特性，p 的取值较大，可采用半对数直角坐标系，以 e 为纵坐标，以 $\lg p$ 为横坐标绘制 $\lg p$-e 曲线，如图 3-2(b)所示。

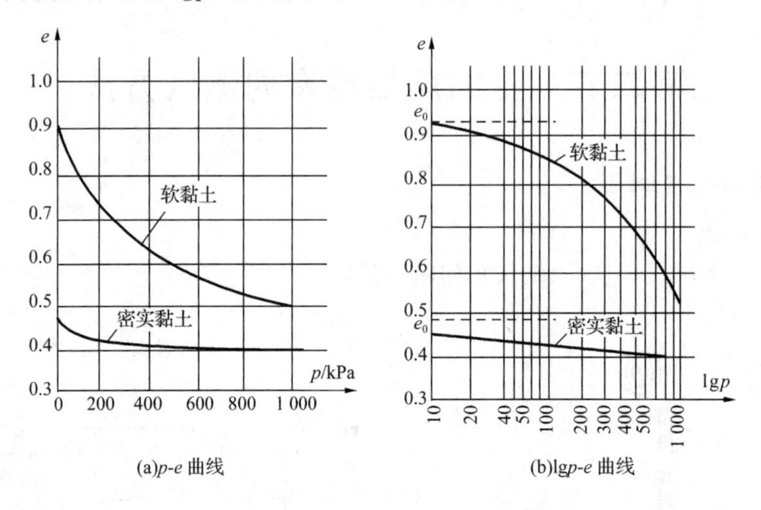

(a)p-e 曲线　　(b)$\lg p$-e 曲线

图 3-2　土的压缩曲线

如图 3-3 所示，设土样的初始高度为 H_0，在荷载 p 作用下土样稳定后的总压缩量为 ΔH。假设土粒体积 $V_s=1$(不变)，根据土的孔隙比的定义，则受压前后土孔隙体积 V_v 分别为 e_0 和 e，根据荷载作用下土样压缩稳定后总压缩量 ΔH 可求出相应的孔隙比 e 的计算公式(因为受压前后土粒体积不变，土样横截面积不变，所以试验前后试样中固体颗粒所占的高度不变)

$$\frac{H_0}{1+e_0}=\frac{H_0-\Delta H}{1+e}$$

于是得到

$$e=e_0-\frac{\Delta H}{H_0}(1+e_0) \tag{3-1}$$

式中　e_0——初始孔隙比，即

$$e_0=\frac{\rho_s(1+w_0)}{\rho_0}-1$$

其中　ρ_s,ρ_0,w_0——土粒密度、土样的初始密度和土样的初始含水量，它们可根据室内试验测定。

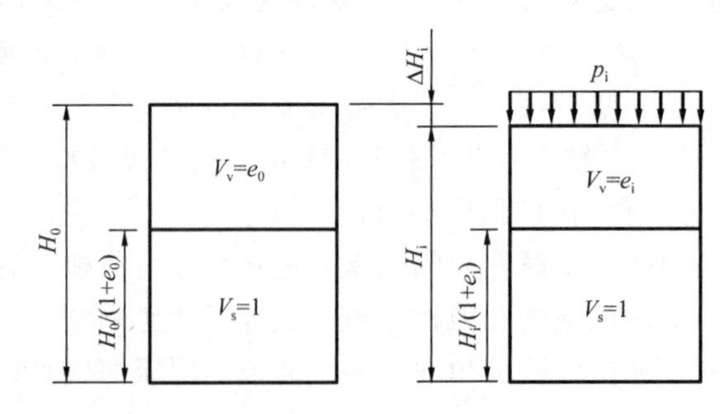

图 3-3　侧限条件下土样原始孔隙比的变化

二、土的压缩性指标

(一)土的压缩系数 a

通常可将常规压缩试验所得的 e、p 数据采用普通直角坐标绘制成 p-e 曲线,如图3-4所示。设压力由 p_1 增至 p_2,相应的孔隙比由 e_1 减小到 e_2,当压力变化范围不大时,可将曲线 M_1M_2 用割线来代替,用割线 M_1M_2 的斜率来表示土在这一段压力范围的压缩性,即

$$a=\tan\alpha=\frac{\Delta e}{\Delta p}=\frac{e_1-e_2}{p_2-p_1} \tag{3-2}$$

式中 a——压缩系数,$\mathrm{MPa^{-1}}$,压缩系数越大,土的压缩性越高。

从图 3-4 还可以看出,压缩系数 a 值与土所受的荷载大小有关。工程中一般采用 100~200 kPa 压力区间内对应的压缩系数 $a_{1\text{-}2}$ 来评价土的压缩性。即

$a_{1\text{-}2}<0.1\ \mathrm{MPa^{-1}}$,属低压缩性土;

$0.1\ \mathrm{MPa^{-1}}\leqslant a_{1\text{-}2}<0.5\ \mathrm{MPa^{-1}}$,属中压缩性土;

$a_{1\text{-}2}\geqslant 0.5\ \mathrm{MPa^{-1}}$,属高压缩性土。

(二)土的压缩指数 C_c

如图 3-5 所示,lg$p$-e 曲线开始呈曲线,其后在较高的压力范围内,近似为一直线段,因此,取直线段的斜率为土的压缩指数 C_c,即

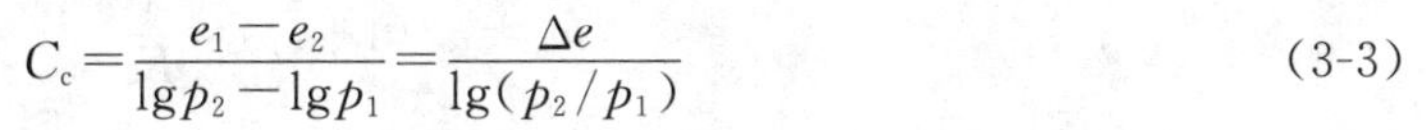

$$C_c=\frac{e_1-e_2}{\lg p_2-\lg p_1}=\frac{\Delta e}{\lg(p_2/p_1)} \tag{3-3}$$

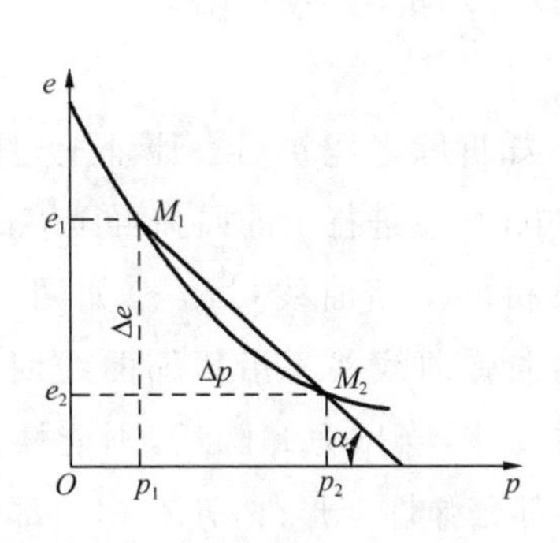

图 3-4 e-p 曲线确定压缩系数

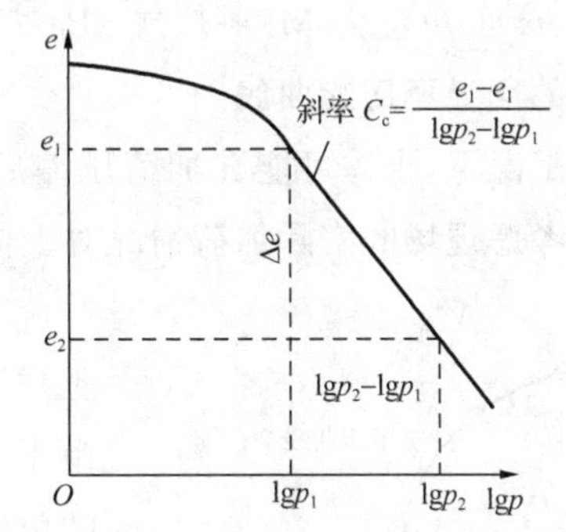

图 3-5 压缩指数 C_c 的确定

当 $C_c<0.2$ 时,属低压缩性土;$0.2\leqslant C_c\leqslant 0.4$ 时,属中压缩性土;$C_c>0.4$ 时,属高压缩性土。一般黏性土 C_c 值在 0.1~1.0 范围内。C_c 值愈大,土的压缩性愈高。对于正常固结的黏性土,压缩指数 C_c 和压缩系数 a 之间存在如下关系

$$C_c=a(p_2-p_1)/(\lg p_2-\lg p_1) \tag{3-4}$$

(三)土的压缩模量 E_s

土的压缩模量 E_s 也是表征土的压缩性高低的一个指标。它是指土在有侧限条件下受压时,某压力段的压应力增量 $\Delta\sigma$ 与压应变增量 $\Delta\varepsilon$ 之比,其表达式为

$$E_s=\frac{\Delta\sigma}{\Delta\varepsilon}=\frac{\Delta p}{\Delta H/H} \tag{3-5}$$

土的压缩模量 E_s 与压缩系数 a 的关系推导如下

由于 $$\Delta\varepsilon=\frac{\Delta H}{H_1}=\frac{e_1-e_2}{1+e_1}=\frac{\Delta e}{1+e_1},a=\frac{\Delta e}{\Delta p}$$

所以 $$E_s=\frac{\Delta p}{\Delta H/H_1}=\frac{\Delta p}{\Delta e/(1+e_1)}=\frac{1+e_1}{a} \tag{3-6}$$

由式(3-6)可知，E_s 与 a 成反比，即 a 越大，E_s 越小，土的压缩性越高。土的压缩模量随所取的压力范围不同而变化。工程上常用 0.1～0.2 MPa 压力范围内的压缩模量 $E_{s1\text{-}2}$（对应于土的压缩系数为 $a_{1\text{-}2}$）来判断土的压缩性高低的标准：$E_{s1\text{-}2}<4$ MPa 时，属高压缩性土；$E_{s1\text{-}2}=4\sim15$ MPa 时，属中压缩性土；$E_{s1\text{-}2}>15$ MPa 时，属低压缩性土。

土的压缩模量 E_s 与材料的弹性模量 E 是有本质区别的。

(1)弹性模量 E：对于钢材或混凝土试件，在受力方向的应力与应变之比称为弹性模量 E。试验条件为侧面不受约束，可以自由变形。

(2)侧限压缩模量 E_s：土的试样在完全侧限条件下竖向受压，即侧向不能变形的条件。E_s 大小反映了土体在单向压缩条件下对压缩变形的抵抗能力。

(四)体积压缩系数 m_v

工程中还常用体积压缩系数 m_v 这一指标作为地基沉降的计算参数，体积压缩系数在数值上等于压缩模量的倒数，其表达式为

$$m_v=a/(1+e_1)=\frac{1}{E_s} \tag{3-7}$$

上式中，m_v 的单位为 MPa^{-1}（或 kPa^{-1}），m_v 值越大，土的压缩性越高。

(五)土的回弹再压缩曲线

在某些工况下，土体可能在加荷压缩后又卸荷，如拆除老建筑后在原址上建造新建筑物。当需要考虑现场的实际加荷情况对土体变形影响时，应进行土的回弹再压缩试验。

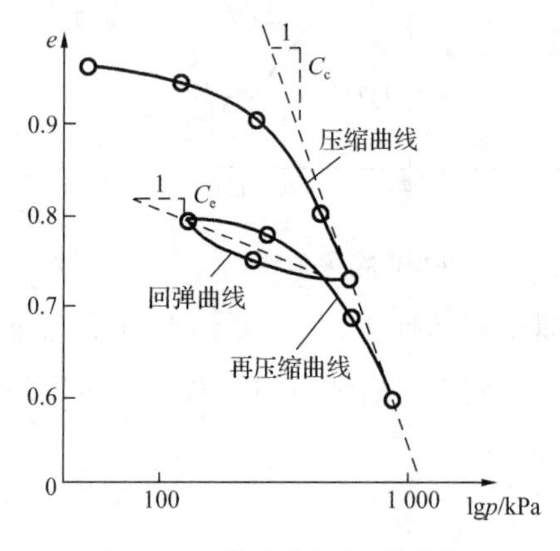

图 3-6 土的回弹和再压缩曲线

土的回弹和再压缩曲线($\lg p$-e)如图 3-6 所示。土样卸荷后的回弹曲线并不沿压缩曲线回升。这是由于土不是弹性体，当压力卸除后，不能恢复到原来的位置。除了部分弹性变形外，还有相当部分是不可恢复的残留变形。

土回弹之后，接着重新逐级加压，可测得土样在各级荷载作用下再压缩稳定后的孔隙比，相应地画出再压缩曲线，并可计算出回弹指数 C_e（也称再压缩指数）

$$C_e\ll C_c，一般\ C_e\approx0.1\sim0.2C_c \tag{3-8}$$

研究表明，土在重复荷载作用下，在加荷与卸荷的每一重复循环中都将走新的路线，形成新的滞后环，其弹性变形与塑性变形在数值上将逐渐减小，塑性变形减小得更快些。加卸载重复数次后，土体变形将变为纯弹性，即达到弹性压密状态。利用土的回弹和再压缩曲线，可以分析应力历史对土压缩性的影响。

第三节　土的压缩性原位测试

上述土的侧限压缩试验操作简单，是目前测定地基土压缩性的常用方法。但遇到下列情况时，侧限压缩试验就不适用了，应采用荷载试验、旁压试验、静力触探试验等压缩性原位测试方法。

(1)地基土为粉、细砂、软土，取原状土样困难。

(2)国家一级工程、规模大或建筑物对沉降有严格要求的工程。

(3)土层不均匀，土试样尺寸小，代表性差。

一、现场荷载试验及变形模量

在工地现场，选择有代表性部位进行荷载试验。根据测试点深度，荷载试验分为浅层平板荷载试验和深层平板荷载试验两种。荷载试验是通过承压板对地基土分级施加荷载 p，观测记录每级荷载作用下沉降随时间的发展以及稳定时的沉降量 s，利用地基沉降的弹性力学理论反算出土的变形模量和地基承载力。

(一)试验装置与试验方法

荷载试验装置一般包括加荷装置、提供反力装置和沉降量测装置三部分。其中，加荷装置由荷载板、垫块及千斤顶等组成，如图 3-7 所示。根据提供反力装置不同，荷载试验有堆重平台反力法和地锚反力架法两类，前者通过平台上的堆重来平衡千斤顶的反力，后者则将千斤顶的反力通过地锚传至地基中去。沉降量测装置由百分表、基准桩和基准梁等组成。

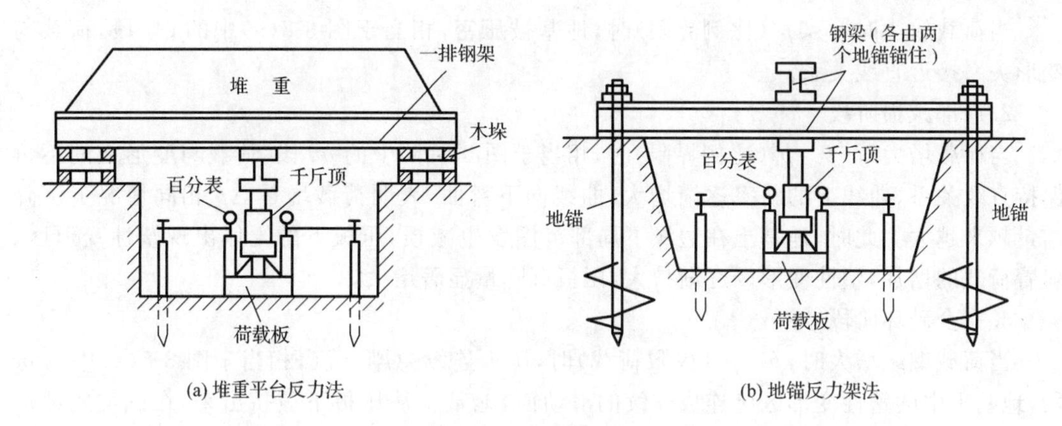

(a) 堆重平台反力法　　(b) 地锚反力架法

图 3-7　浅层平板荷载试验示意图

现场荷载试验是在工程现场通过千斤顶逐级对置于地基土上的荷载板施加荷载，观测记录沉降随时间的发展以及稳定时的沉降量 s，将上述试验得到的各级荷载与相应的稳定沉降量绘制成 p-s 曲线，即获得了地基土荷载试验的结果。

当出现下列情况之一时，即可终止加载：

(1)沉降量 s 急剧增大，荷载-沉降量(p-s)曲线出现陡降段，且沉降量超过 $0.04d$(d 为承压板宽度或直径)。

(2)在某一级荷载下，24 d 内沉降速率不能达到稳定标准。

(3)本级沉降量大于前一级沉降量的 5 倍。

(4)当持力层土层坚硬，沉降量很小时，最大加载量不小于设计要求的 2 倍。

(5)承压板周围的土有明显的侧向挤出(砂土)或发生裂纹(黏性土或粉土)。

满足终止加荷标准(1)、(2)、(3)三种情况之一时,其对应的前一级荷载定为极限荷载 p_u。

(二)荷载试验结果

根据各级荷载 p 及其相应的相对稳定沉降的观测数据 s,可采用适当的比例绘制荷载-沉降量(p-s)曲线,如图 3-8(a)所示;绘制各级荷载下的时间-沉降量(t-s)曲线,如图 3-8(b)所示。

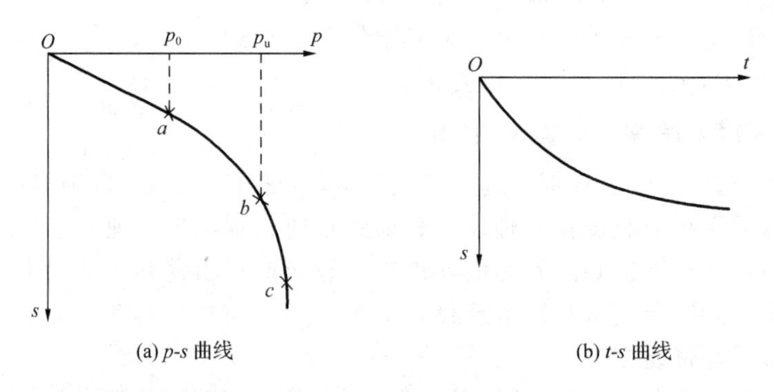

图 3-8　地基土现场荷载试验 p-s 和 t-s 曲线

(三)地基应力与变形的关系

荷载-沉降量(p-s)典型曲线通常可分为三个变形阶段:

1. 直线变形阶段(即压密阶段)

当荷载较小时,$p<p_0$(比例界限)时,地基被压密,相当于图 3-8(a)中的 Oa 段,荷载与变形关系接近直线关系。

2. 局部减损阶段

当荷载增大时,$p>p_0$(比例界限)时,相当于图 3-8(a)中的 ab 段,荷载与变形之间不再保持直线关系,曲线上的斜率逐渐增大,曲线向下弯曲,表明荷载增量 Δp 相同情况下沉降增量越来越大。此时,地基土在边缘下局部范围发生减损,压板下的土体出现塑性变形区。随着荷载的增加,塑性变形区逐渐扩大,压板沉降量显著增大。

3. 完全破坏阶段

当荷载继续增大时,$p>p_u$(极限荷载)时,压板连续急剧下沉,相当于图 3-8(a)中的 bc 段,地基土中的塑性变形区已连成连续的滑动面,地基土从压板下被挤出来,在试坑底部形成隆起的土堆。此时,地基已完全破坏,丧失稳定。显然,作用在基础底面上的实际荷载不允许达到极限荷载 p_u,而应当具有一定的安全系数 K,通常 $K=2.0\sim3.0$。

在侧限压缩试验中,σ_z 为竖向应力,由于侧向完全受限,所以

$$\varepsilon_x=\varepsilon_y=0$$

$$\sigma_x=\sigma_y=K_0\sigma_z \tag{3-9}$$

式中　K_0——侧压力系数,可通过试验测定或采用经验值。

利用三向应力状态下的广义虎克定律得

$$\varepsilon_x=\frac{\sigma_x}{E_0}-\mu\left(\frac{\sigma_y}{E_0}+\frac{\sigma_z}{E_0}\right)=0$$

式中　μ——土的泊松比。

将式(3-9)代入上式得

$$K_0=\frac{\mu}{1-\mu}\text{或}\mu=\frac{K_0}{1+K_0}$$

再考察 ε_z 得

$$\varepsilon_z=\frac{\sigma_z}{E_0}-\mu(\frac{\sigma_y}{E_0}+\frac{\sigma_z}{E_0})=\frac{\sigma_z}{E_0}(1-2\mu K_0)=\frac{\sigma_z}{E_0}(1-\frac{2\mu^2}{1-\mu})$$

将侧限压缩条件 $\varepsilon_z=\sigma_z/E_s$ 代入上式左边，则

$$\frac{\sigma_z}{E_s}=\frac{\sigma_z}{E_0}(1-2\mu K_0)$$

这样就得到

$$E_0=E_s(1-2\mu K_0)=E_s(1-\frac{2\mu^2}{1-\mu}) \tag{3-10}$$

令

$$\beta=1-2\mu K_0=1-\frac{2\mu^2}{1-\mu}$$

即得

$$E_0=\beta E_s \tag{3-11}$$

式(3-11)给出了变形模量与压缩模量之间的理论关系，由于 $0\leqslant\mu\leqslant0.5$，所以 $0\leqslant\beta\leqslant1$。

由于土体不是完全弹性体，加上两种试验的影响因素较多，使得理论关系与实测关系有一定差距。实测资料表明，E_0 与 E_s 的比值并不像理论得到的在 0～1 范围内变化，而可能出现 E_0/E_s 超过 1 的情况，且土的结构性越强或压缩性越小，其比值越大。

土的弹性模量要比变形模量、压缩模量大得多，可能是它们的十几倍或者更大。

二、关于三种模量的讨论

压缩模量 E_s 是土在完全侧限的条件下得到的，为竖向正应力与相应的正应变的比值。该参数将用于地基最终沉降量计算的分层总和法、应力面积法等方法中。

变形模量 E_0 是根据现场荷载试验得到的，它是指土在侧向自由膨胀条件下正应力与相应的正应变的比值。该参数将用于弹性理论法最终沉降量估算中，但荷载试验中所规定的沉降稳定标准带有很大的近似性。

弹性模量 E_i 可通过静力法或动力法测定，它是指正应力 σ 与弹性(即可恢复)正应变 ε 的比值。该参数常用于用弹性理论公式估算建筑物的初始瞬时沉降量。

根据上述三种模量的定义可看出：压缩模量和变形模量的应变为总的应变，既包括可恢复的弹性应变，又包括不可恢复的塑性应变。而弹性模量的应变只包含弹性应变。

第四节　地基的最终沉降量计算

地基最终沉降量是指地基在建筑物附加荷载作用下，不断产生压缩，直至压缩稳定后地基表面的沉降量。地基沉降的外因主要是建筑物附加荷载在地基中产生的附加应力，内因是在附加应力作用下土层的孔隙发生压缩变形。计算地基最终沉降量的方法有弹性理论法、分层总和法和地基规范法等。

一、弹性理论法计算沉降量

布西奈斯克(Boussinesq)给出了在弹性半空间表面作用一个竖向集中力 P 时，半空间

内任意点(至作用点的距离为R)处引起的应力和位移的弹性力学解答,地基内任意一点的竖向位移为

$$w=\frac{P(1+\mu)}{2\pi E}\left[\frac{z^2}{R^3}+2(1+\mu)\frac{1}{R}\right](R=\sqrt{x^2+y^2+z^2}) \tag{3-12}$$

对式(3-12)取$z=0$,即可得到与竖向集中力P作用点相距为r的地表任一点的沉降量。

$$s=w(x,y,0)=\frac{P(1-\mu^2)}{\pi Er} \tag{3-13}$$

式中 s——竖向集中力P作用下地基表面任意点的沉降量;

r——地基表面任意点到竖向集中力作用点的距离,$r=\sqrt{x^2+y^2}$;

E——地基土的变形模量,kPa;

μ——地基土的泊松比。

通过对于柔性基础下和刚性基础下按弹性理论进行推导,可将地基表面沉降量的弹性力学公式写成统一的形式,即

$$s=\frac{1-\mu^2}{E}\omega bp \tag{3-14}$$

式中 s——地基表面任意点的沉降量,mm;

b——矩形荷载(基础)的宽度或圆形荷载(基础)的直径,mm;

p——地基表面均布荷载,kPa;

E——地基土的变形模量,kPa;

ω——沉降系数,按基础刚度、底面形状及计算点位置而定,查表3-1。

表3-1　沉降系数ω值

基础刚度＼基础形状		圆形	正方形	矩形(l/b)									
			1.0	1.5	2.0	3.0	4.0	5.0	6.0	7.0	8.0	9.0	10.1	100.0
柔性基础	ω_c	0.64	0.56	0.68	0.77	0.89	0.98	1.05	1.11	1.16	1.20	1.24	1.27	2.00
	ω_0	1.00	1.12	1.36	1.53	1.78	1.96	2.10	2.22	2.32	2.40	2.48	2.54	4.01
	ω_m	0.85	0.95	1.15	1.30	1.52	1.20	1.83	1.96	2.04	2.12	2.19	2.25	3.70
刚性基础	ω_r	0.79	0.88	1.08	1.22	1.44	1.61	1.72	—	—	—	—	2.12	3.40

二、分层总和法计算沉降量

分层总和法假定地基土为直线变形体,在外荷载作用下的变形只发生在有限厚度的范围内,土层只有竖向单向压缩,侧向受到限制不产生变形。

(一)计算原理

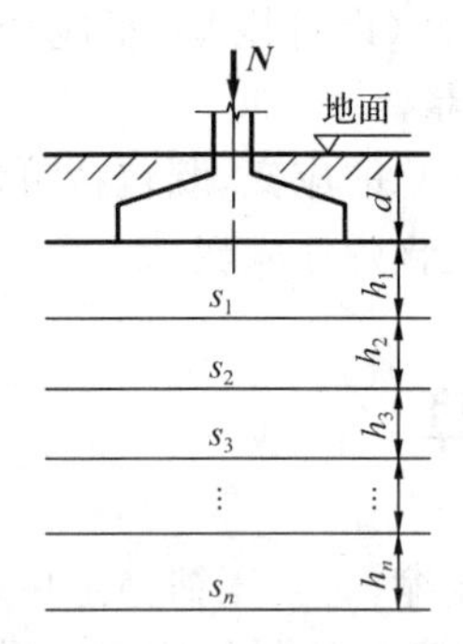

图3-9　分层总和法计算原理

如图3-9所示,在地基压缩层深度范围内,将地基土分为若干水平土层,各土层厚度分别为$h_1,h_2,h_3,\cdots,h_n$。计算每层土的压缩量$s_1,s_2,s_3,\cdots,s_n$。

然后累计起来,即总的地基沉降量

$$s=s_1+s_2+s_3+\cdots+s_n=\sum_{i=1}^{n}s_i \tag{3-15}$$

(二)基本假定

(1)地基土为均匀、各向同性的半无限空间弹性体。在建筑物荷载作用下,土中的应力

与应变呈直线关系。因此，可应用弹性理论方法计算地基中的附加应力。

(2)计算部位选择。按基础中心点下土柱所受附加应力 σ_z 来计算，这是因为基础底面中心点下的附加应力最大。当计算基础倾斜时，要以倾斜方向基础两端点下的附加应力进行计算。

(3)在竖向荷载作用下，地基土的变形条件为侧限条件，即在建筑物荷载作用下，地基土层只发生竖向压缩变形，不发生侧向膨胀变形。因而在沉降量计算时，可以采用试验室测定的侧限压缩性指标 a 和 E_s 数值。

(4)沉降计算深度，理论上应计算至无限大，工程上因附加应力扩散随深度而减小，计算至某一深度(受压层)即可。受压层以下的土层附加应力很小，所产生的沉降量可忽略不计。若受压层以下有软弱土层时，应计算至软弱土层底部。

(三)计算方法和步骤

(1)按比例绘制地基土层分布和基础剖面图，如图3-10所示。

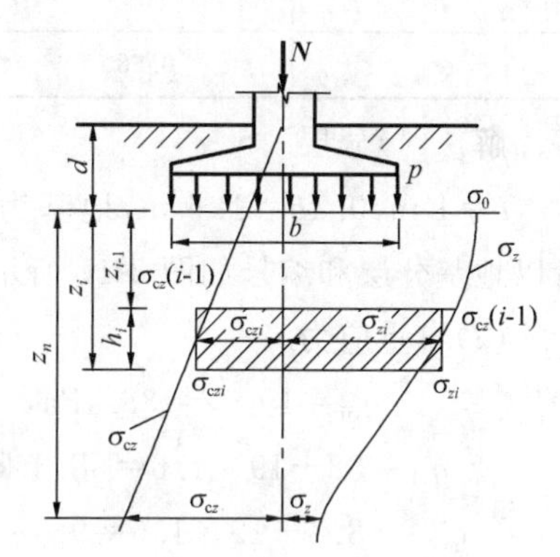

图 3-10　分层总和法计算地基最终沉降量

(2)计算基底中心点下各分层面上土的自重应力 σ_c 和基础底面接触荷载 p_0。

(3)计算基础底面附加应力 σ_0 及地基中的附加应力 σ_z 的分布。

(4)确定地基沉降计算深度 z_n。一般土根据 $\sigma_z\sigma_{cz}\leqslant 0.2$(软土 $\sigma_z\sigma_{cz}\leqslant 0.1$)确定地基沉降计算深度 z_n。

(5)沉降计算分层。分层是为了地基沉降量计算比较精确。分层原则如下：

①薄层厚度 $h_i\leqslant 0.4b$(b 为基础宽度)。

②天然土层面及地下水位处都应作为薄层的分界面。

(6)计算各分层土的平均自重应力 $\bar{\sigma}_{czi}=(\sigma_{cz(i-1)}+\sigma_{czi})/2$ 和平均附加应力 $\bar{\sigma}_{zi}=(\sigma_{z(i-1)}+\sigma_{zi})/2$。

(7)令 $p_{1i}=\bar{\sigma}_{czi}$，$p_{2i}=\bar{\sigma}_{czi}+\bar{\sigma}_{zi}$，在该土层的 p-e 压缩曲线中，由 p_{1i} 和 p_{2i} 查出相应的 e_{1i} 和 e_{2i}，也可由有关计算公式确定 e_{1i} 和 e_{2i}。

(8)计算每一薄层的沉降量。可用以下任一公式，计算第 i 层土的压缩量 s_i

$$\left.\begin{aligned} s_i&=\frac{\bar{\sigma}_{zi}}{E_{si}}h_i \\ s_i&=\frac{\alpha_i}{1+e_{1i}}\bar{\sigma}_{zi}h_i \\ s_i&=\frac{e_{1i}-e_{2i}}{1+e_{1i}}h_i \end{aligned}\right\} \tag{3-16}$$

式中　σ_{zi}——作用在第 i 层土上的平均附加应力，kPa；

E_{si}——第 i 层土的侧限压缩模量，kPa；

h_i——第 i 层土的计算厚度，mm；

α_i——第 i 层土的压缩系数，kPa^{-1}；

e_{1i}——第 i 层土压缩前的孔隙比；

e_{2i}——第 i 层土压缩后的孔隙比。

(9)计算地基最终沉降量。按式(3-16)计算,将地基受压层 z_n 范围内各土层压缩量相加,即

$$s=\sum_{i=1}^{n}s_i \tag{3-17}$$

式中 s——所求的地基最终沉降量。

【例题 3-1】 有一矩形基础 8 m×4 m,埋深为 2 m,受 4 000 kN 中心荷载(包括基础自重)的作用。地基为细砂层,其 $\gamma=19\ \text{kN/m}^3$,压缩资料见表 3-2。试用分层总和法计算基础的总沉降量。

表 3-2　　细砂的 *p-e* 曲线资料

p	50	100	150	200
e	0.680	0.654	0.635	0.620

解 (1)分层

$b=4$ m,$0.4b=1.6$ m,地基为单一土层,所以地基分层和编号如图 3-11 所示。

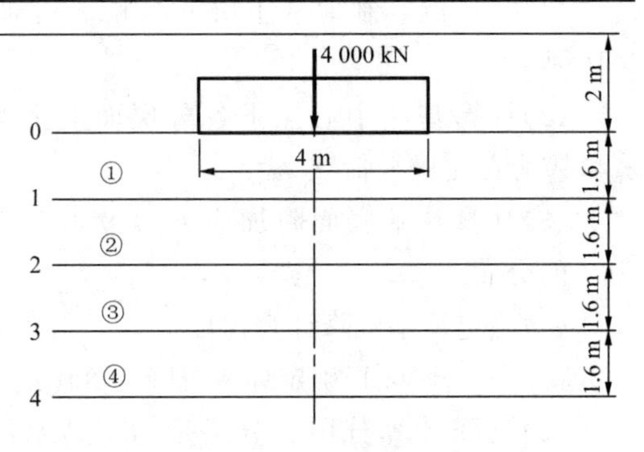

图 3-11　例题 3-1 图

(2)自重应力

$$q_{z0}=19\times2=38\ \text{kPa},$$
$$q_{z1}=38+19\times1.6=68.4\ \text{kPa}$$
$$q_{z2}=68.4+19\times1.6=98.8\ \text{kPa}$$
$$q_{z3}=98.8+19\times1.6=129.2\ \text{kPa}$$
$$q_{z4}=129.2+19\times1.6=159.6\ \text{kPa}$$

(3)附加应力

$$p=\frac{P}{A}=\frac{4\ 000}{4\times8}=125\ \text{kPa},p_0=p-\gamma H=125-19\times2=87\ \text{kPa}$$

所以

$$\sigma_0=87\ \text{kPa}$$

为计算方便,将荷载图形分为 4 块,则有

$$a=4\ \text{m},b=2\ \text{m},a/b=2$$

分层面①　$z_1=1.6\ \text{m},z_1/b=0.8,\alpha_{d1}=0.218$

$$\sigma_{z1}=4\alpha_{d1}p_0=4\times0.218\times87=75.86\ \text{kPa}$$

分层面②　$z_2=3.2\ \text{m},z_2/b=1.6,\alpha_{d2}=0.148$

$$\sigma_{z2}=4\alpha_{d2}p_0=4\times0.148\times87=51.50\ \text{kPa}$$

分层面③　$z_3=4.8\ \text{m},z_3/b=2.4,\alpha_{d3}=0.098$

$$\sigma_{z3}=4\alpha_{d3}p_0=4\times0.098\times87=34.10\ \text{kPa}$$

分层面④　$z_4=6.4\ \text{m},z_4/b=3.2,\alpha_{d4}=0.067$

$$\sigma_{z4}=4\alpha_{d4}p_0=4\times0.067\times87=23.32\ \text{kPa}$$

因为 $q_{z4}>5\sigma_{z4}$,所以压缩层底选在第④层底。

(4)计算各层的平均应力

第①层　$\bar{q}_{z1}=53.2\ \text{kPa},\bar{\sigma}_{z1}=81.43\ \text{kPa},\bar{q}_{z1}+\bar{\sigma}_{z1}=134.63\ \text{kPa}$

第②层　$\bar{q}_{z2}=83.6\ \text{kPa}, \bar{\sigma}_{z2}=63.68\ \text{kPa}, \bar{q}_{z2}+\bar{\sigma}_{z2}=147.28\ \text{kPa}$

第③层　$\bar{q}_{z3}=114.0\ \text{kPa}, \bar{\sigma}_{z3}=42.8\ \text{kPa}, \bar{q}_{z3}+\bar{\sigma}_{z3}=156.8\ \text{kPa}$

第④层　$\bar{q}_{z4}=144.4\ \text{kPa}, \bar{\sigma}_{z4}=28.71\ \text{kPa}, \bar{q}_{z4}+\bar{\sigma}_{z4}=173.11\ \text{kPa}$

(5)计算 s_i

第①层

$$e_{01}=0.678, e_{11}=0.641, \Delta e_1=0.037$$

$$s_1=\frac{\Delta e_1}{1+e_{01}}h_1=\frac{0.037}{1+0.678}\times 160=3.53\ \text{cm}$$

第②层

$$e_{02}=0.662, e_{12}=0.636, \Delta e_2=0.026$$

$$s_2=\frac{\Delta e_2}{1+e_{02}}h_2=\frac{0.026}{1+0.662}\times 160=2.50\ \text{cm}$$

第③层

$$e_{03}=0.649, e_{13}=0.633, \Delta e_3=0.016$$

$$s_3=\frac{\Delta e_3}{1+e_{03}}h_3=\frac{0.016}{1+0.649}\times 160=1.55\ \text{cm}$$

第④层

$$e_{04}=0.637, e_{14}=0.628, \Delta e_4=0.0089$$

$$s_4=\frac{\Delta e_4}{1+e_{04}}h_4=\frac{0.0089}{1+0.637}\times 160=0.87\ \text{cm}$$

(6)计算 s

$$s=\sum s_i=3.53+2.50+1.55+0.87=8.45\ \text{cm}$$

【例题 3-2】　墙下条形基础宽度为 2.0 m,传至地面的荷载为 100 kN/m,基础埋置深度为 1.2 m,地下水位在基底以下 0.6 m,如图 3-12 所示,地基土的室内压缩试验 p-e 数据见表 3-3,用分层总和法求基础中点的沉降量。

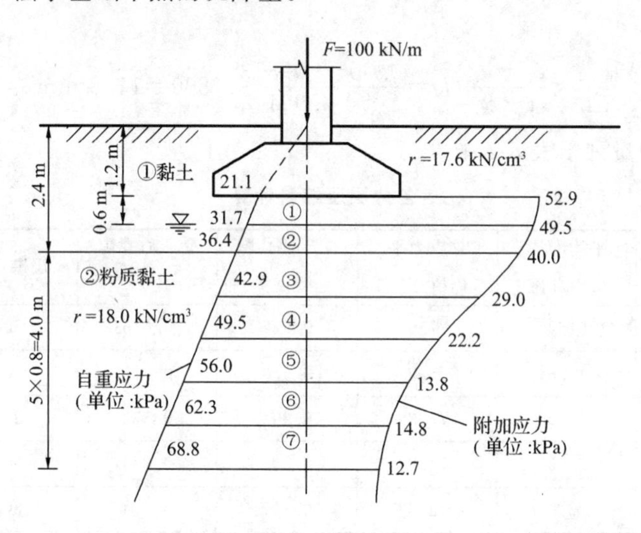

图 3-12　例题 3-2 图

表 3-3　　地基土的室内压缩试验 p-e 数据

p	0	50	100	200	300
黏土 e	0.651	0.625	0.608	0.587	0.570
粉质黏土 e	0.978	0.889	0.855	0.809	0.773

解 (1)地基分层

考虑分层厚度不超过 $0.4b=0.8$ m 以及地下水位，基底以下厚 1.2 m 的黏土层分成两层，层厚均为 0.6 m，其下粉质黏土层分层厚度均取为 0.8 m。

(2)计算自重应力

计算分层处的自重应力，地下水位以下取有效重度进行计算。

计算各分层上下界面处自重应力的平均值，作为该分层受压前所受侧限竖向应力 p_{1i}，各分层点的自重应力值及各分层的平均自重应力值如图 3-12 所示。

(3)计算竖向附加应力

基底平均附加应力为

$$p_0=\frac{100+20\times1.0\times1.2\times2.0}{2.0\times1.0}-1.2\times17.6=52.9\ \text{kPa}$$

查条形基础竖向附加应力系数表，可得竖向附加应力系数及计算各分层点的竖向附加应力，并计算各分层上下界面处附加应力的平均值。

(4)计算总应力

将各分层自重应力平均值和附加应力平均值之和作为该分层受压后的总应力 p_{2i}。

(5)确定压缩层深度

一般可按 $\sigma_z/\sigma_c=0.2$ 来确定压缩层深度，在 $z=4.4$ m 处，$\sigma_z/\sigma_c=14.8\div62.3=0.238>0.2$，在 $z=5.2$ m 处，$\sigma_z/\sigma_c=12.7\div68.8=0.185<0.2$，所以压缩层深度可取为基底以下 5.2 m。

(6)计算各分层的压缩量

如第③层

$$\Delta s_3=\frac{e_{1i}-e_{2i}}{1+e_{1i}}H_i=\frac{0.901-0.873}{1+0.901}\times800=11.8\ \text{mm}$$

各分层的压缩量列于表 3-4 中。

表 3-4　各分层压缩量计算

层号	平均自重应力/kPa	平均附加应力/kPa	总应力平均值/kPa	受压前孔隙比 e_{1i}	受压后孔隙比 e_{2i}	层厚/mm	压缩量/mm
①	26.4	51.2	77.6	0.637	0.616	600	7.7
②	34.1	44.8	78.9	0.633	0.615	600	6.6
③	39.7	34.5	74.2	0.901	0.873	800	11.8
④	46.2	25.6	71.8	0.896	0.874	800	9.3
⑤	52.8	20.0	72.8	0.887	0.874	800	5.5
⑥	59.3	16.3	75.6	0.883	0.872	800	4.7
⑦	65.7	13.8	79.4	0.878	0.869	800	3.8

(7)计算基础平均最终沉降量

$$s=\sum_{i=1}^{7}s_i=7.7+6.6+11.8+9.3+5.5+4.7+3.8=49.4\ \text{mm}$$

第五节　饱和黏性土地基沉降与时间的关系

饱和黏性土地基在建筑物荷载作用下要经过相当长时间才能达到最终沉降。为了建筑物的安全与正常使用，对于一些重要或特殊的建筑物应在工程实践和分析研究中掌握沉降与时间关系的规律性，这是因为较快的沉降速率对于建筑物有较大的危害。例如，在第四纪一般黏性土地区，一般的四、五层以上的民用建筑物的允许沉降量仅 10 cm左右，沉降量超过此值就容易产生裂缝；而沿海软土地区，沉降的固结过程很慢，建筑物能够适应于地基的变形。因此，类似建筑物的允许沉降量可达 20 cm 甚至更大。

碎石土和砂土的压缩性小而渗透性大，在受荷后固结稳定所需的时间很短，可以认为在外荷载施加完毕时，其固结变形就已经基本完成。饱和黏性土与粉土地基在建筑物荷载作用下需要经过相当长时间才能达到最终沉降，例如厚的饱和软黏土层，其固结变形需要几年甚至几十年才能完成。因此，工程中一般只考虑黏性土和粉土的变形与时间的关系。

一、饱和土的有效应力原理

作用于饱和土体内某截面上总的正应力 σ 由两部分组成：一部分为孔隙水压力 u，它沿着各个方向均匀作用于土颗粒上，其中由孔隙水自重引起的称为静水压力，由附加应力引起的称为超静孔隙水压力（通常简称为孔隙水压力）；另一部分为有效应力 σ'，它作用于土的骨架（土颗粒）上，其中由土颗粒自重引起的即土的自重应力，由附加应力引起的称为附加有效应力。饱和土中总应力与孔隙水压力、有效应力之间存在如下关系

$$\sigma=\sigma'+u \tag{3-18}$$

上式称为饱和土的有效应力公式，加上有效应力在土中的作用，可以进一步表述成如下的有效应力原理：

(1)饱和土体内任一平面上受到的总应力等于有效应力加孔隙水压力之和；

(2)土的强度的变化和变形只取决于土中有效应力的变化。

二、太沙基的一维固结理论

太沙基(K. Terzaghi，1925)一维固结理论可用于求解一维有侧限应力状态下，饱和黏性土地基受外荷载作用发生渗流固结过程中任意时刻的土骨架及孔隙水的应力分担量，如大面积均布荷载下薄压缩层地基的渗流固结等。

(一)基本假设

(1)土是均质的、完全饱和的；

(2)土颗粒和水是不可压缩的；

(3)土层的压缩和土中水的渗流只沿竖向发生，是单向(一维)的；

(4)土中水的渗流服从达西定律，且土的渗透系数 k 和压缩系数 a 在渗流过程中保持不变；

(5)外荷载是一次瞬时施加的。

饱和黏性土的一维固结过程可参见图 3-13。

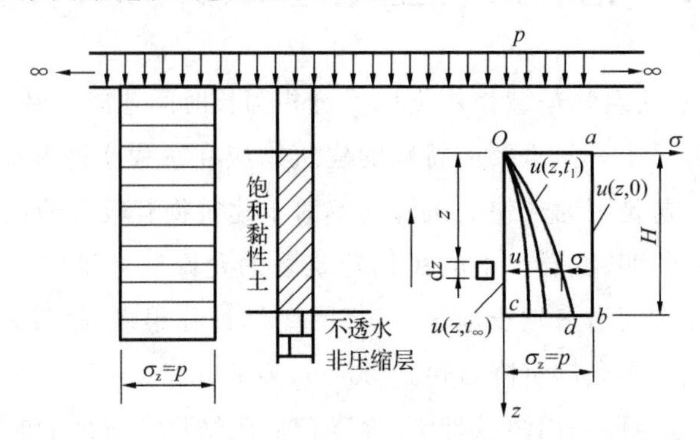

图 3-13　饱和黏性土的一维固结

(二)一维固结微分方程

太沙基一维固结微分方程可表示为

$$\frac{\partial u}{\partial t}=C_{\mathrm{v}}\frac{\partial^2 u}{\partial^2 z} \tag{3-19}$$

式中　C_{v}——土的竖向固结系数,$\mathrm{cm^2/s}$,其值为

$$C_{\mathrm{v}}=\frac{k(1+e_0)}{a\gamma_{\mathrm{w}}}=\frac{kE_{\mathrm{s}}}{\gamma_{\mathrm{w}}} \tag{3-20}$$

上述固结微分方程可以根据土层渗流固结的初始条件与边界条件求出其特解,当附加应力 σ_z 沿土层均匀分布时,孔隙水压力 $u(z,t)$ 的解答如下

$$u(z,t)=\frac{4}{\pi}\sigma_z\sum_{m=1}^{\infty}\frac{1}{m}\exp\left(-\frac{m^2\pi^2}{4}T_{\mathrm{v}}\right)\sin\frac{m\pi z}{2H} \tag{3-21}$$

式中　m——正奇数(1,3,5,…);

T_{v}——竖向固结时间因数,即

$$T_{\mathrm{v}}=\frac{C_{\mathrm{v}}t}{H^2} \tag{3-22}$$

其中　H——孔隙水的最大渗径,单面排水条件下为土层厚度,双面排水条件下为土层厚度的一半。

三、一维固结的初始条件与边界条件

(一)单面排水土层中的初始条件与边界条件

当初始孔隙水压力沿深度为线性分布时,定义土层边界应力比为

$$\alpha=\frac{p_1}{p_2} \tag{3-23}$$

式中　p_1——排水面边界处应力;

p_2——不排水面边界处应力。

单面排水的边界条件见表 3-4。

表 3-4　　单面排水的边界条件

序　号	时　间	坐　标	条　件
1	$t=0$	$0\leqslant z\leqslant H$	$u=p_2[1+(\alpha-1)\frac{H-z}{H}]$
2	$0<t\leqslant\infty$	$z=0$	$v=0$
3	$0\leqslant t\leqslant\infty$	$z=H$	$\frac{\partial u}{\partial t}=0$
4	$t=\infty$	$0\leqslant z\leqslant H$	$v=0$

(二)双面排水土层中的初始条件与边界条件

当初始孔隙水压力沿深度为线性分布时，定义土层边界应力比为

$$\alpha=\frac{p_1}{p_2} \tag{3-24}$$

式中　p_1——上边界处应力；

p_2——下边界处应力。

双面排水的边界条件见表 3-5。

表 3-5　　双面排水的边界条件

序　号	时　间	坐　标	条　件
1	$t=0$	$0\leqslant z\leqslant H$	$u=p_2[1+(\alpha-1)\frac{H-z}{H}]$
2	$0<t\leqslant\infty$	$z=0$	$v=0$
3	$0\leqslant t\leqslant\infty$	$z=H$	$v=0$

四、固结度

(一)固结度基本概念

土层在固结过程中，t 时刻土层各点土骨架承担的有效应力图面积与起始超孔隙水压力(或附加应力)图面积之比，称为 t 时刻土层的固结度，用 U_t 表示，即

$$U_t=\frac{\text{有效应力图面积}}{\text{起始超孔隙水压力图面积}}=1-\frac{t\text{时刻超孔隙水压力图面积}}{\text{起始超孔隙水压力图面积}} \tag{3-25}$$

由于土层的变形取决于土中有效应力，故土层的固结度又可表述为土层在固结过程中任一时刻的压缩量 s_t 与最终压缩量 s_c 之比，即

$$U_t=\frac{s_t}{s_c} \tag{3-26}$$

(二)固结度的计算

当地基受连续均布荷载作用时，起始超孔隙水压力 u 沿深度为矩形分布，此时固结度 U_t 可由下式计算

$$U_t=1-\frac{8}{\pi^2}\sum_{m=1}^{\infty}\frac{1}{m^2}\exp\left(-\frac{m^2\pi^2}{4}T_v\right) \tag{3-27}$$

式中　m——正奇数(1,3,5,…)。

当起始超孔隙水压力 u 沿深度为一般的线性分布时，在单面排水条件下，固结度 U_t 可由下式近似计算

$$U_t=1-\frac{32\left(\frac{\pi}{2}\alpha-\alpha+1\right)}{\pi^3(1+\alpha)}\exp\left(-\frac{\pi^2}{4}T_v\right) \tag{3-28}$$

式中　α——排水面边界处应力 p_1 与不排水面边界处应力 p_2 的比值，即 $\alpha=p_1/p_2$。

(三)固结度计算的工程应用

在地基固结分析中,通常有两类问题:一是已知土层固结条件时,可求出某一时间对应的固结度,从而计算出相应的地基沉降量 s_t;二是推算达到某一固结度(或某一沉降量 s_t)所需的时间 t。具体的分析计算方法可参见例题 3-3。

【例题 3-3】 在厚 10 m 的饱和黏土层表面瞬时大面积均匀堆载 $p_0=150$ kPa,如图 3-14 所示。若干年后,用测压管测得土层中 A、B、C、D、E 五点的孔隙水压力分别为 51.6 kPa、94.2 kPa、133.8 kPa、170.4 kPa、198.0 kPa,已知土层的压缩模量 E_s 为 5.5 MPa,渗透系数 k 为 5.14×10^{-8} cm/s。

(1)试估算此时黏土层的固结度,并计算此黏土层已固结了几年;

(2)再经过 5 年,则该黏土层的固结度将达到多少,黏土层 5 年间产生了多大的压缩量?

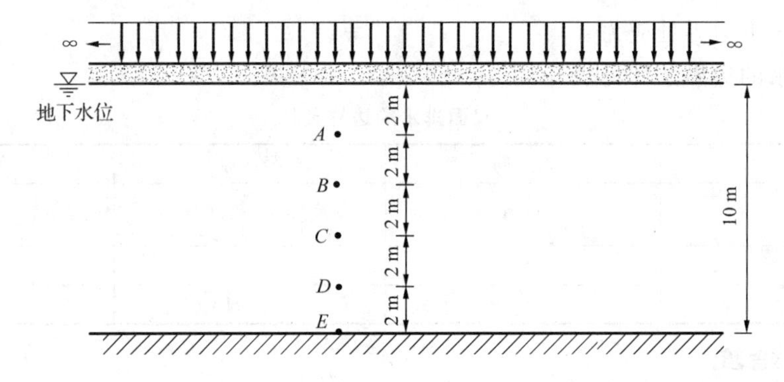

图 3-14 例题 3-3 图

解 (1)用测压管测得的孔隙水压力值包括静止孔隙水压力和超孔隙水压力,扣除静止孔隙水压力后,A、B、C、D、E 五点的超孔隙水压力分别为 32.0 kPa、55.0 kPa、75.0 kPa、92.0 kPa、100.0 kPa,计算此超孔隙水压力图的应力面积近似为 608 kPa·m。

起始超孔隙水压力(或最终有效附加应力)图的面积为 $150\times10=1\,500$ kPa·m。此时的固结度为

$$U_t=1-\frac{608}{1\,500}=59.5\%$$

因 $\alpha=1.0$,查相关表得 $T_v=0.29$。

黏土层的竖向固结系数

$$C_v=\frac{k(1+e_0)}{a\gamma_w}=\frac{kE_s}{\gamma_w}=\frac{5.14\times10^{-8}\times5\,500\times100}{9.8}=2.88\times10^{-3}\ \text{cm}^2/\text{s}=0.9\times10^5\ \text{cm}^2/\text{年}$$

由于是单面排水,则由竖向固结时间因数

$$T_v=\frac{C_v t}{H^2}=\frac{0.9\times10^5\times t}{1\,000^2}=0.29$$

得 $t=3.22$ 年,即此黏土层已固结了 3.22 年。

(2)再经过 5 年,则竖向固结时间因数为

$$T_v=\frac{C_v t}{H^2}=\frac{0.9\times10^5\times(3.22+5)}{1\,000^2}=0.74$$

查相关表得$U_t=0.861$，即该黏土层的固结度达到86.1%。在整个固结过程中，黏土层的最终压缩量为

$$\frac{p_0 H}{E_s}=\frac{150\times 1\ 000}{5\ 500}=27.3\ \text{cm}$$

因此这5年间黏土层产生的压缩量为(86.1%－59.5%)×27.3＝7.26 cm。

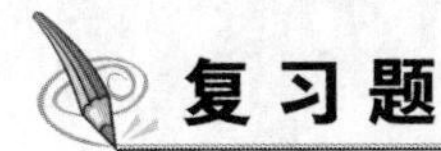

复习题

3-1　说明黏性土压缩性的主要特点，并讨论分层总和法计算黏性土地基的沉降量时，可以模拟哪些特点。进一步分析计算的误差及改进措施。

3-2　太沙基一维固结理论的假定主要有哪些?

3-3　已知甲、乙两条形基础如图3-15所示。$H_1=H_2$，$N_2=2N_1$。分析如何调整两基础的H和B值，使两基础的沉降量相接近，尽量多的提出可能的调整方案，说明理由，并从经济性、施工方便性等角度对这些方案进行比较。

3-4　土在侧限压缩条件下的应力-应变关系有些什么特征?为什么在这种条件下压应力再大也不会发生剪切破坏?

3-5　沉降计算中认为自重产生的沉降已经完成，为什么还要在计算沉降时计算地基的自重应力?

3-6　设土样厚3 cm，在100～200 kPa压力段内的压缩系数$a_v=2\times10^{-4}$，当压力为100 kPa时，$e=0.7$。

求：(1)土样的无侧向膨胀变形模量；

(2)土样压力由100 kPa加到200 kPa时，土样的压缩量s。

3-7　已知：某正常固结黏土层附加应力分布如图3-16所示，双面排水土层的$C_c=0.1$，$C_v=0.000\ 9\ \text{cm}^2/\text{s}$，$\gamma_{sat}=20\ \text{kN/m}^3$，$e_0=0.8$。

求：(1)按一层土计算地表的最终沉降量；

(2)8 d后土的孔隙比为多少?

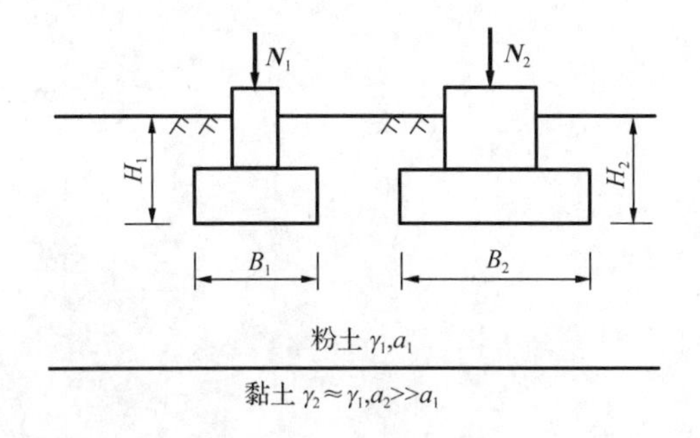

图3-15　复习题3-3图

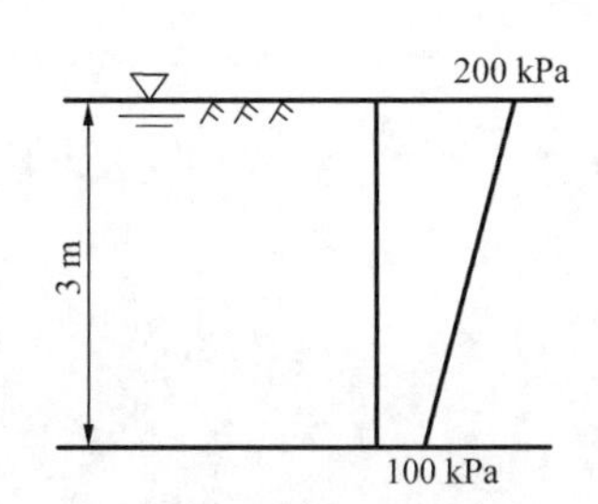

图3-16　复习题3-7图

3-8 如图 3-17 所示，在中砂层内地下水位由距地面 2 m 下降到距地面 20 m 的黏土顶面，从而引起软黏土层的压缩(原中砂层内的水下密度值变成水上密度值)。在黏土层的中点 A 取土样，试样厚 2 cm，试验得到压缩指数 $C_c=0.2$，初始孔隙比 $e_0=1.0$，土颗粒相对密度为 2.7。对试样进行双面排水固结试验，结果表明，在 10 min 时达到稳定压缩量的一半。

求：(1)按一层计算软黏土层的最终压缩量；

(2)计算水位下降 1 年(365 d)后软黏土层的平均固结度及压缩量。

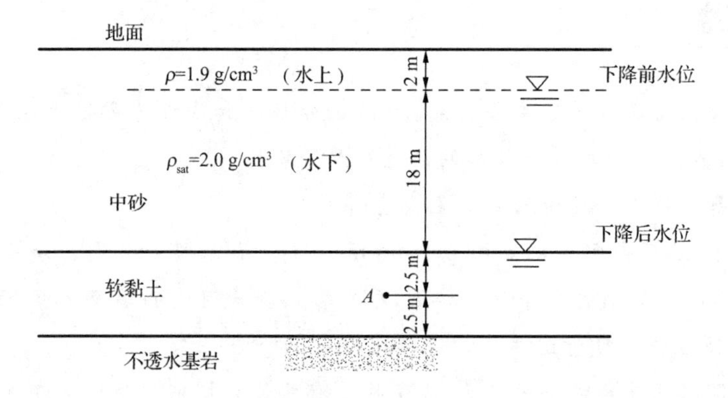

图 3-17 复习题 3-8 图

3-9 如图 3-18 所示，已知某土层受无限大均布荷载 $p=60$ kPa，土层厚 2 m，在其中点取样得到先期固结压力为 $p_c=10$ kPa，土层的压缩指数 $C_c=0.108$，固结系数 $C_v=3.4\times10^{-4}\ \mathrm{cm^2/s}$，饱和容重为 20 kN/m³，$e_0=0.8$。

求：(1)按一层计算土层固结的最终沉降量 s_∞；

(2)土层固结度 $U=0.7$ 时所需的时间和沉降量。

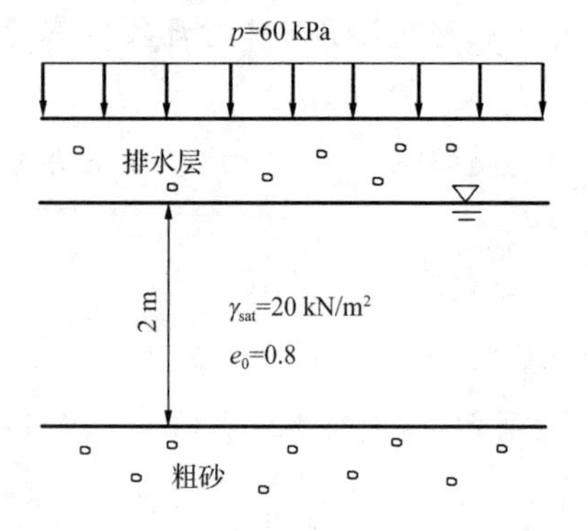

图 3-18 复习题 3-9 图

土的抗剪强度与地基承载力

第一节 概 述

一、地基强度的意义

为了保证土木工程的安全与正常使用，除了必须防止地基的有害变形外，还必须保证地基强度足以承受上部结构的荷载。为了了解地基土在受荷以后破坏的过程，用荷载试验(试验内容见第三章第三节)对地基的破坏模式进行研究。

根据各级荷载及其相应的相对稳定沉降量，可得荷载与沉降量关系曲线，即 p-s 曲线，如图 4-1 所示。从 p-s 曲线的特征可以了解不同性质土体在荷载作用下的地基破坏机理。曲线 a 在开始阶段呈直线关系，但当荷载增大到某个极限值以后沉降量急剧增大，呈脆性破坏的特征；曲线 b 在开始阶段也呈直线关系，到某个极限值以后虽然随着荷载增大，沉降量增大较快，但不出现急剧增大的特征；曲线 c 在整个沉降发展的过程不出现明显的拐弯点，沉降量对压力的变化率也没有明显的变化。这三种曲线代表三种不同的地基破坏特征。

(一)整体剪切破坏

整体剪切破坏是一种在荷载作用下地基形成连续滑动面的地基破坏模式，如图 4-2(a)所示。它的特征是：当基础上荷载较小时，基础下形成一个三角形压密区Ⅰ，这时 p-s 曲线呈直线关系(见图 4-1 中曲线 a)。随着荷载增加，压密区向两侧挤压，土中产生塑性区，塑性区先在基础边缘产生，然后逐步扩大形成塑性区Ⅱ、Ⅲ。这时，基础的沉降量增长率较前一阶段增大，故 p-s 曲线呈曲线状。当荷载达到最大值后，土中形成连续滑动面，并延伸到地面，土从基础两侧挤出并隆起，基础沉降量急剧增加，整个地基失稳破坏。这时，p-s 曲线上出现明显的转折点。

(二)局部剪切破坏

局部剪切破坏是一种在荷载作用下地基某一范围内形成剪切破坏区的地基破坏模式，如图 4-2(b)所示。其破坏特征是，随着荷载的增大，地基中也产生压密区Ⅰ和塑性区Ⅱ，但塑性区仅仅限制在地基某一范围内，土中滑动面并不延伸到地面，基础两侧土体有部分隆起，但不会出现明显的倾斜和倒塌。其 p-s 曲线也有一个转折点，但不像整体剪切破坏那么明显。在转折点后，其沉降量增长率虽较前一阶段大，但不像整体剪切破坏那样急剧增加，如图 4-1 中曲线 b 所示。局部剪切破坏介于整体剪切破坏和冲剪破坏之间。

(三)冲剪破坏

冲剪破坏是指在荷载作用下地基土体发生垂直剪切破坏,使基础产生较大沉降量的一种地基破坏模式,也称刺入剪切破坏,如图 4-2(c)所示。其特征是:随着荷载的增加,基础下面的土层发生压缩变形,基础随之下沉并在基础周围附近土体发生竖向剪切破坏,破坏时基础好像"刺入"土中,不出现明显的破坏区和滑动面。从冲剪破坏的 p-s 曲线看,沉降量随着荷载的增大而不断增加,但 p-s 曲线上没有明显的转折点,如图 4-1 中曲线 c 所示。

地基的剪切破坏模式,除了与地基土的性质有关外,还同基础埋置深度、加荷速度等因素有关。在密砂和坚硬黏性土地基中,一般会出现整体剪切破坏,但当基础埋置很深时,在很大荷载作用下也会产生压缩变形,出现冲剪破坏;而在压缩性比较大的松砂和软黏土地基中,当加荷速度较慢时,会产生压缩变形而出现冲剪破坏,但当加荷很快时,由于土体不能产生压缩变形,所以可能发生整体剪切破坏。若基础埋置深度较大,则无论是砂土还是黏性土地基,最常见的地基的破坏模式是局部剪切破坏。

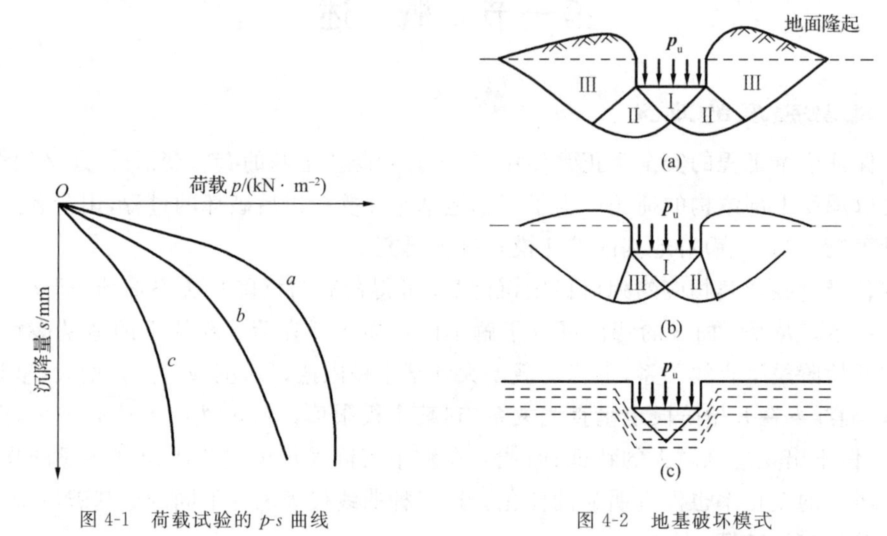

图 4-1 荷载试验的 p-s 曲线

图 4-2 地基破坏模式

由此可见,为了土木工程的安全可靠,要求地基必须同时满足下列两个条件:

(1)地基变形条件:包括地基的沉降量、沉降差、倾斜与局部倾斜都不超过相关规范规定的地基变形允许值。

(2)地基强度条件:在上部荷载作用下,确保地基的稳定性,不发生地基剪切或滑动破坏。

这两个条件中,地基变形条件在前面章节中已阐述过。本章着重介绍地基强度问题。工程实践和室内试验都证实了土是由于受剪而产生破坏的,剪切破坏是土体强度破坏的重要特征。因此,土的强度问题实质上就是土的抗剪强度问题。

二、地基强度的应用

在工程实践中,与土的强度有关的工程问题,主要有以下三类:

(1)土作为建筑物地基的承载力问题。当上部荷载较小,地基处于压密阶段或地基中塑性变形区很小时,地基是稳定的。当上部荷载很大,地基中的塑性变形区越来越大,最后连成一片时,地基发生整体滑动,即强度破坏,这种情况下地基是不稳定的。本章将进行详细介绍。

(2)土作为材料构成的土工构筑物的稳定性问题。

天然构筑物:自然界天然形成的山坡、河岸、海滨等。

人工构筑物：人类活动造成的构筑物，如土坝、路基、基坑等。

(3)土作为工程构筑物的环境的问题，即土压力问题。当边坡较陡不能保持稳定或场地不允许采用平缓边坡时，可以修筑挡土墙来保持力的平衡，如挡土墙、地下结构等。作用在墙面上的力称为土压力，关于土压力的计算见第六章。研究土的强度问题包括：了解抗剪强度的来源、影响因素、测试方法和指标的取值；研究土的极限平衡理论和极限平衡条件；掌握地基受力状况和确定地基承载力的途径。

第二节　土的强度理论与强度指标

一、抗剪强度的库仑定律

多数学者认为：土体发生剪切破坏时，将沿着其内部某一曲面(滑动面)产生相对滑动，而该滑动面上的剪应力就等于土的抗剪强度。法国的库仑(Coulomb)通过一系列土的抗剪强度实验，于 1776 年提出了土的抗剪强度规律：无黏性土的抗剪强度 τ_f 与作用在剪切滑动面上的法向压力 σ 成正比，比例系数为内摩擦因数；黏性土的抗剪强度 τ_f 比无黏性土的抗剪强度增加了土的黏聚力 c。即

无黏性土
$$\tau_f=\sigma\tan\varphi \tag{4-1}$$

黏性土
$$\tau_f=c+\sigma\tan\varphi \tag{4-2}$$

式中　τ_f——土的抗剪强度，kPa；

σ——剪切滑动面上的法向应力，kPa；

φ——土的内摩擦角，(°)；

c——土的黏聚力，kPa。

式(4-1)和式(4-2)统称为库仑公式或库仑定律，c 又称为抗剪强度指标。库仑公式在 σ-τ_f 坐标系中为一条直线，如图 4-3 所示。从式(4-1)可以看出，无黏性土(如砂土)的 $c=0$，因而式(4-1)是式(4-2)的一个特例。从库仑公式可以看出，无黏性土的抗剪强度与作用在剪切滑动面上的法向应力成正比，其本质是由于土粒之间的滑动摩擦以及凹凸面间的镶嵌作用产生的摩阻力，其大小决定于土粒的表面粗糙度、土的密实程度以及颗粒级配等因素。黏性土的抗剪强度由两部分组成：一部分是摩擦力，与法向应力成正比；另一部分是土粒间的黏聚力，它是由黏性土颗粒之间的胶结作用和静电引力效应等因素引起的。库仑公式在研究土的抗剪强度与作用在剪切滑动面上的法向应力的关系时，并未涉及土的三相性、多孔性的分散颗粒集合体的有效应力问题。长期的实验研究指出：土的抗剪强度不仅与土的性质有关，还与实验时的排水条件、剪切速率、应力状态和应力历史等许多因素有关，其中最重要的是实验时的排水条件。根据太沙基(Terzaghi)有效应力概念，土体内的剪应力仅能由土的骨架承担。因此，土的抗剪强度应表示为剪切破坏面上的法向有效应力的函数，库仑公式应修改为

无黏性土
$$\tau_f=\sigma'\tan\varphi' \tag{4-3}$$

黏性土
$$\tau_f=c'+\sigma'\tan\varphi' \tag{4-4}$$

式中　σ'——剪切破坏面上的法向有效应力，kPa；

φ'——土的有效内摩擦角，(°)；

c'——土的有效黏聚力，kPa。

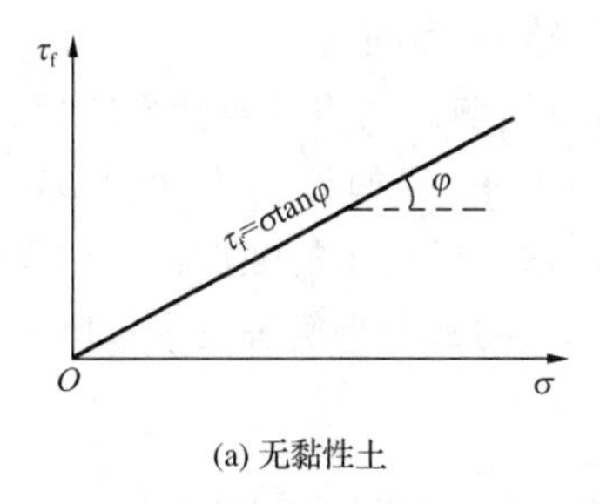

(a) 无黏性土

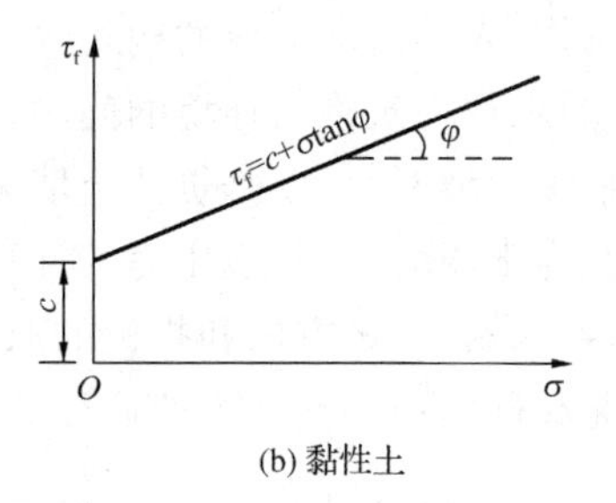

(b) 黏性土

图 4-3　法向应力与抗剪强度之间的关系

因此，土的抗剪强度有两种表达方法，一种是以总应力表示剪切破坏面上的法向应力，抗剪强度表达式即库仑公式，称为抗剪强度总应力法；另一种则以有效应力表示剪切破坏面上的法向应力，其表达式为式(4-3)，称为抗剪强度有效应力法。实验研究表明，土的抗剪强度取决于土粒间的有效应力，然而，由库仑公式建立的概念在应用上比较方便，被应用于许多土工问题的分析方法中。

二、莫尔-库仑强度理论

1910 年，莫尔(Mohr)提出材料的破坏是剪切破坏，当任一平面上的剪应力等于材料的抗剪强度时该点就发生破坏，并提出在破坏面上的剪应力，即抗剪强度 τ_f 是该面上法向应力的函数，即

$$\tau_f=f(\sigma) \tag{4-5}$$

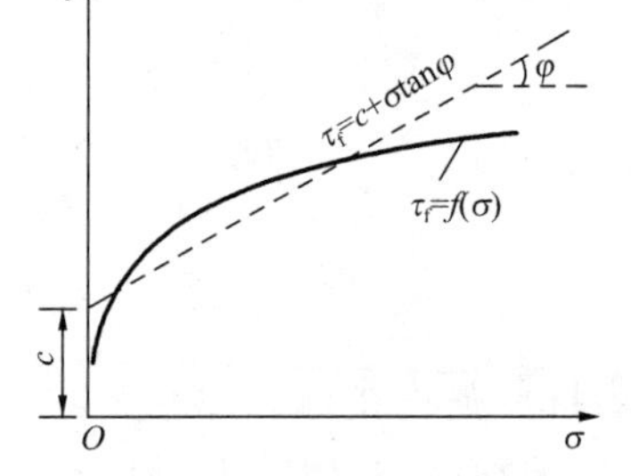

图 4-4　莫尔破坏包线

这个函数定义的曲线称为莫尔破坏包线，或称为抗剪强度包线，如图 4-4 中实线所示。莫尔破坏包线表示材料受到不同应力作用达到极限状态时，剪切破坏面上法向应力 σ 与剪应力 τ_f 的关系。土的莫尔破坏包线通常可以近似地用直线代替，如图 4-4 中虚线所示，该直线方程就是库仑公式表达的方程。由库仑公式表示莫尔破坏包线的强度理论，称为莫尔-库仑强度理论。

三、土的极限平衡条件

当土体中任意一点在某一平面上发生剪切破坏时，该点即处于极限平衡状态，根据莫尔-库仑强度理论，可得到土体中一点的剪切破坏条件，即土的极限平衡条件。下面仅考虑平面问题来建立土的极限平衡条件，并引用材料力学中有关表达一点应力状态的应力圆方法。

如图 4-5 所示，在土体中取一单元体，设作用在该单元体上的两个主应力为 σ_1 和 σ_3($\sigma_1>\sigma_3$)，在单元体内与大主应力 σ_1 作用平面成任意角 α 的 mn 平面上有正应力 σ 和剪应力 τ。σ-τ 坐标系中，以 D 为圆心，($\sigma_1-\sigma_3$)为直径作一圆，DC 逆时针旋转 2α 与圆周交于 A 点。可以证明，A 点的横坐标即斜面 mn 上的正应力 σ，纵坐标即剪应力 τ。这样，莫尔应力圆就可以表示土体中一点的应力状态，圆周上各点的坐标就表示该点在相应平面上的正应力和剪应力大小。即

$$\begin{cases}\sigma=\dfrac{1}{2}(\sigma_1+\sigma_3)+\dfrac{1}{2}(\sigma_1-\sigma_3)\cos(2\alpha)\\ \tau=\dfrac{1}{2}(\sigma_1-\sigma_3)\sin(2\alpha)\end{cases} \tag{4-6}$$

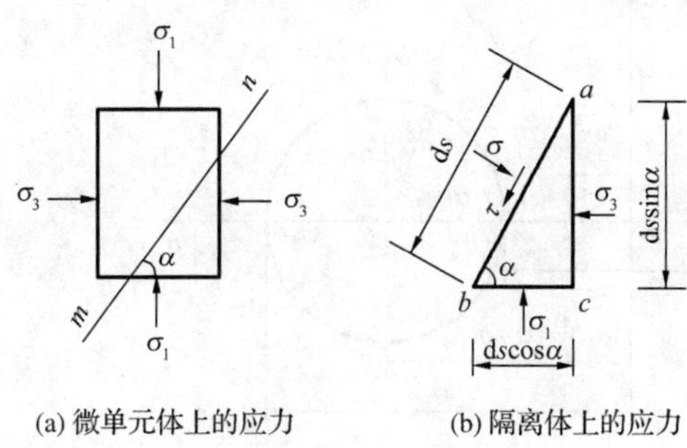

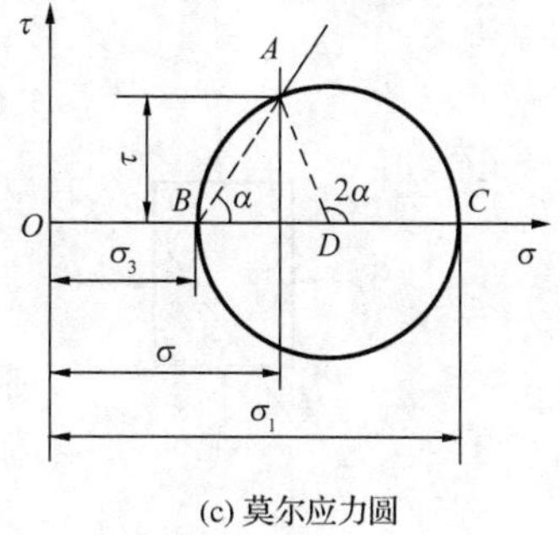

(a) 微单元体上的应力　(b) 隔离体上的应力　(c) 莫尔应力圆

图 4-5　土体中任意点的应力

如果给定了土的抗剪强度参数 φ 和 c 以及土中某点的应力状态，则可将莫尔破坏包线与莫尔应力圆画在同一张坐标图上，如图 4-6 所示。它们之间的关系有以下三种情况：

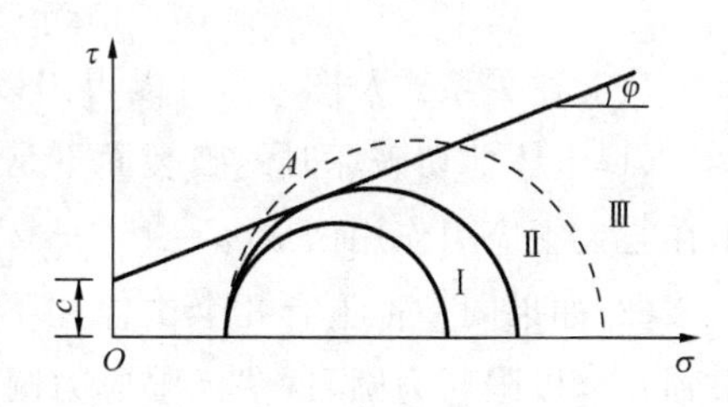

图 4-6　莫尔应力圆与莫尔破坏包线之间的关系

1. 整个莫尔应力圆位于莫尔破坏包线的下方(图4-6 中圆Ⅰ)

这说明该点在任何平面上的剪应力都小于土所能发挥的抗剪强度($\tau<\tau_f$)。因此，该点不会发生剪切破坏。

2. 莫尔应力圆与莫尔破坏包线相切(图 4-6 中圆Ⅱ)

该切点为 A，说明在 A 所代表的平面上，剪应力正好等于抗剪强度($\tau=\tau_f$)，该点就处于极限平衡状态。圆Ⅱ称为极限应力圆。根据极限应力圆与莫尔破坏包线之间的关系，可建立土的极限平衡条件。

3. 莫尔应力圆与莫尔破坏包线相割(图 4-6 中圆Ⅲ)

这说明 A 点早已破坏。实际上圆Ⅲ所代表的应力状态是不可能存在的，因为任何方向的剪应力都不可能超过土的抗剪强度(不存在 $\tau>\tau_f$ 的情况)。

根据上述第二种情况，即莫尔应力圆与莫尔破坏包线相切的土体极限平衡状态，可推导出黏性土的极限平衡条件计算公式。设土体中某点剪切破坏时的破裂面与大主应力 σ_1 作用平面成 α_f 角，如图 4-7(a)所示。该点处于极限平衡状态的莫尔应力圆如图 4-7(b)所示，将莫尔破坏包线延长与轴交于 R 点，由直角三角形 ARD 可知

$$\sin\varphi=\frac{\overline{AD}}{\overline{RD}}=\frac{(\sigma_1-\sigma_3)/2}{c\cot\varphi+(\sigma_1+\sigma_3)/2} \tag{4-7}$$

化简并通过三角函数间的变换关系，可得到极限平衡条件为

$$\sigma_1=\sigma_3\tan^2(45°+\varphi/2)+2c\tan(45°+\varphi/2) \tag{4-8a}$$

$$\sigma_3=\sigma_1\tan^2(45°-\varphi/2)-2c\tan(45°-\varphi/2) \tag{4-8b}$$

对于无黏性土($c=0$)，其极限平衡条件为

$$\sigma_1=\sigma_3\tan^2(45°+\varphi/2) \tag{4-8c}$$

$$\sigma_3=\sigma_1\tan^2(45°-\varphi/2) \tag{4-8d}$$

由直角三角形 ARD 外角与内角的关系可得 $2\alpha_f=90°+\varphi$，即

$$\alpha_f=45°+\varphi/2 \tag{4-9}$$

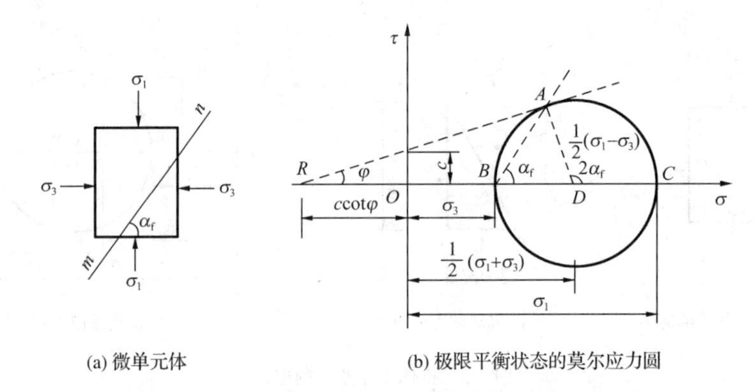

(a) 微单元体　　　　(b) 极限平衡状态的莫尔应力圆

图 4-7　土体中一点达极限平衡状态时的莫尔应力圆

从上述关系式及图 4-7 可以得出以下结论：

(1)土体剪切破坏时的破裂面不是发生在最大剪应力 τ_{max} 的作用面($\alpha=45°$)上，而是发生在与大主应力作用面成 $\alpha_f=45°+\varphi/2$ 的平面上。

(2)如果同一种土有几个试样在不同的大、小主应力组合下受剪破坏，则在 σ-τ 图上可得到几个极限应力圆，这些极限应力圆的公切线就是其莫尔破坏包线，这条包线实际上是一条曲线，但在实用上常作直线处理，以简化分析。

(3)土体受力状态判定。由实测最小主应力 σ_3 及式(4-8a)可推求土体处于极限状态时所能承受的最大主应力 σ_{1f}；同理，由实测 σ_1 及式(4-8b)可推求土体处于极限平衡状态时所能承受的最小主应力 σ_{3f}。

①当 $\sigma_{1f}>\sigma_1$ 或 $\sigma_{3f}<\sigma_3$ 时，表示达到极限平衡状态要求的大主应力大于实测状态的大主应力，或实测状态的小主应力大于维持极限平衡状态所需要的小主应力。此时，土体处于稳定状态。

②当 $\sigma_{1f}=\sigma_1$ 或 $\sigma_{3f}=\sigma_3$ 时，土体处于极限平衡状态。

③当 $\sigma_{1f}<\sigma_1$ 或 $\sigma_{3f}>\sigma_3$ 时，土体处于失稳状态。

式(4-8)及式(4-9)是验算土体中某点是否达到极限平衡状态的基本表达式，这些表达式很有用，如在土压力、地基承载力等的计算中均需用到。

【例题 4-1】 设某土样承受主应力 $\sigma_1=300$ kPa，$\sigma_3=110$ kPa，土的抗剪强度指标 $c=20$ kPa，$\varphi=26°$，试判断该土体处于什么状态。

解　由式(4-8b)可得土体处于极限平衡状态而最大主应力为 σ_1 时所对应的最小主应力为

$$\sigma_{3f}=\sigma_1\tan^2(45°-\varphi/2)-2c\tan(45°-\varphi/2)=300\times\tan^2 32°-2\times20\times\tan32°=92\ \text{kPa}$$

由于 $\sigma_{3f}<\sigma_3$，故可判定该土体处于稳定状态。

或由式(4-8a)可得土体处于极限平衡状态而最小主应力为 σ_3 时所对应的最大主应力为 $\sigma_{1f}=346$ kPa。

由于 $\sigma_{1f}>\sigma_1$，故可判定该土体处于稳定状态。

第三节　抗剪强度指标的确定

土的抗剪强度试验有多种，在试验室内常用的有直接剪切试验、三轴压缩试验和无侧限抗压强度试验，在原位测试的有十字板剪切试验、大型直接剪切试验等。本节着重介绍几种常用的抗剪强度试验。

一、直接剪切试验

直接剪切仪分为应变控制式和应力控制式两种，前者是等速推动试样产生位移，测定相应的剪应力，后者则是对试件分级施加水平剪应力测定相应的位移。

我国普遍采用的是应变控制式直接剪切仪，如图 4-8 所示。

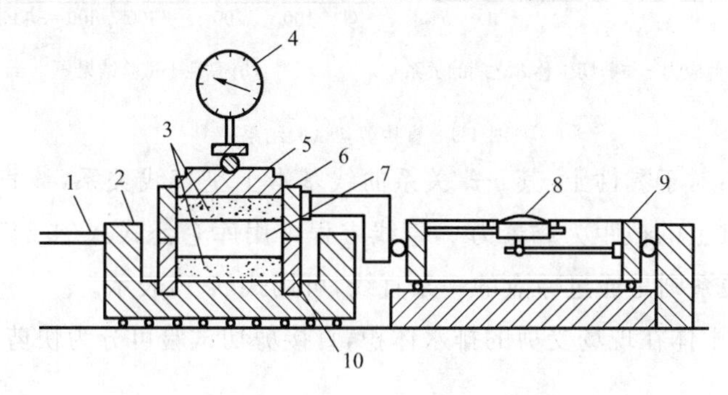

图 4-8　应变控制式直接剪切仪

1—轮轴；2—底座；3—透水石；4—量表；5—加压活塞；6—上盒；7—试样；8—量表；9—量力环；10—下盒

该仪器的主要部件由固定的上盒和活动的下盒组成，试样放在上、下盒内上、下两块透水石之间。试验时，由杠杆系统通过加压活塞和上透水石对试件施加某一垂直压力 $\sigma=N/F$（F 为试样的截面积），然后等速转动手轮对下盒施加水平推力，使试样在上、下盒之间的水平接触面上产生剪切变形，直至破坏，剪应力的大小可借助与上盒接触的量力环的变形值计算确定。在剪切过程中，随着上、下盒相对剪切变形的发展，试样中的抗剪强度逐渐发挥出来，直到剪应力等于土的抗剪强度时，试样剪切破坏，故试样的抗剪强度可用剪切破坏时的剪应力来量度。

试样在剪切过程中剪应力 τ 与剪切位移 δ 之间的关系如图 4-9(a)所示。当曲线出现峰值时，取峰值剪应力作为该级法向应力 σ 下的抗剪强度 τ_f；当曲线无峰值时，可取剪切位移 $\delta=4$ mm 时所对应的剪应力作为该级法向应力 σ 下的抗剪强度 τ_f。

对同一种土至少取 4 个重度和含水量相同的试样，分别在不同法向压力 σ 下剪切破坏，一般可取垂直压力为 100 kPa、200 kPa、300 kPa、400 kPa，将试验结果绘制成如图 4-9(b)所示的抗剪强度 τ_f 和法向压力 σ 之间的关系。直接剪切试验的剪切位移及剪应力计算公式如下

$$\delta=n\Delta l-R \tag{4-10}$$

$$\tau=(CR/A_0)\times 10 \tag{4-11}$$

式中　δ——剪切位移，0.01 mm；

Δl——手轮转一圈的位移量，一般情况下 $\Delta l=20\times 0.01$ mm；

n——手轮转动的圈数；

R——量表读数，0.01 mm；

τ——试样的剪切力，kPa；

C——量力环率定系数，N/0.01 mm；

A_0——试样的初始断面积，cm^2，若环刀内径为 6.18 cm，则 $A_0=30\ cm^2$。

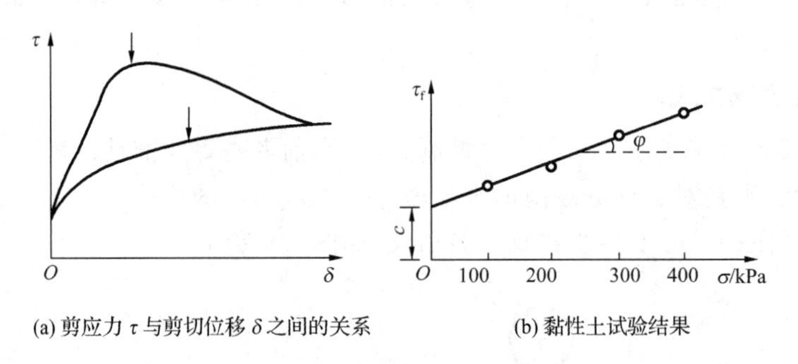

(a) 剪应力 τ 与剪切位移 δ 之间的关系

(b) 黏性土试验结果

图 4-9 直接剪切试验结果

试验结果表明：对于黏性土，其 σ-τ_f 关系曲线基本上呈直线关系，该直线与横轴的夹角为内摩擦角，在纵轴上的截距为黏聚力 c，直线方程可用库仑公式式(4-2)表示；对于无黏性土，σ 与 τ_f 之间的关系则是通过原点的一条直线，可用式(4-1)表示。

为了近似模拟土体在现场受剪的排水体积，直接剪切试验可分为快剪、固结快剪和慢剪三种方法：

1. 快剪试验

对试样施加竖向压力 σ 后，立即快速施加水平剪应力使试样剪切破坏。由于剪切的速度很快，对于渗透系数比较低的土，可以认为试样在这一短暂时间内没有排水固结。得到的抗剪强度指标用 c_q、φ_q 表示。

2. 固结快剪试验

对试样施加竖向压力 σ 后，允许试样充分排水，待固结稳定后，再快速施加水平剪应力使试样剪切破坏。其抗剪强度指标用 c_{cq}、φ_{cq} 表示。

3. 慢剪试验

对试样施加竖向压力 σ 后，允许试样充分排水，待固结稳定后，以缓慢的速率施加水平剪应力使试样剪切破坏，使试样在受剪过程中一直充分排水和产生体积变形。得到的抗剪强度指标用 c_s、φ_s 表示。

直接剪切仪是目前室内土的抗剪强度最基本的测定仪器，具有构造简单、操作方便等优点。但它存在若干缺点，主要有：

(1)剪切面限定在上、下盒之间的平面，而不是沿试样最薄弱的面剪切破坏。

(2)剪切面上剪应力分布不均匀，试样剪切破坏时先从边缘开始，在边缘发生应力集中现象，且竖向荷载会发生偏转。

(3)在剪切过程中，试样剪切面逐渐缩小，而在计算抗剪强度时却是按试样的原截面积计算的。

(4)试验时不能严格控制排水条件,不能量测孔隙水压力,在进行不排水剪切时,试件仍有可能排水,特别是对于饱和黏性土,由于它的抗剪强度受排水条件的影响显著,故不排水试验结果不够理想。

(5)试验时,上、下盒之间的缝隙中易嵌入砂粒,使试验结果偏大。

二、三轴压缩试验

三轴压缩试验是测定土抗剪强度的一种较为完善的方法。三轴压缩仪由压力室、轴向加荷系统、施加周围压力系统、孔隙水压力量测系统等组成,如图 4-10 所示。压力室是三轴压缩仪的主要组成部分,它是一个由金属上盖、底座和透明有机玻璃圆筒组成的密闭容器。

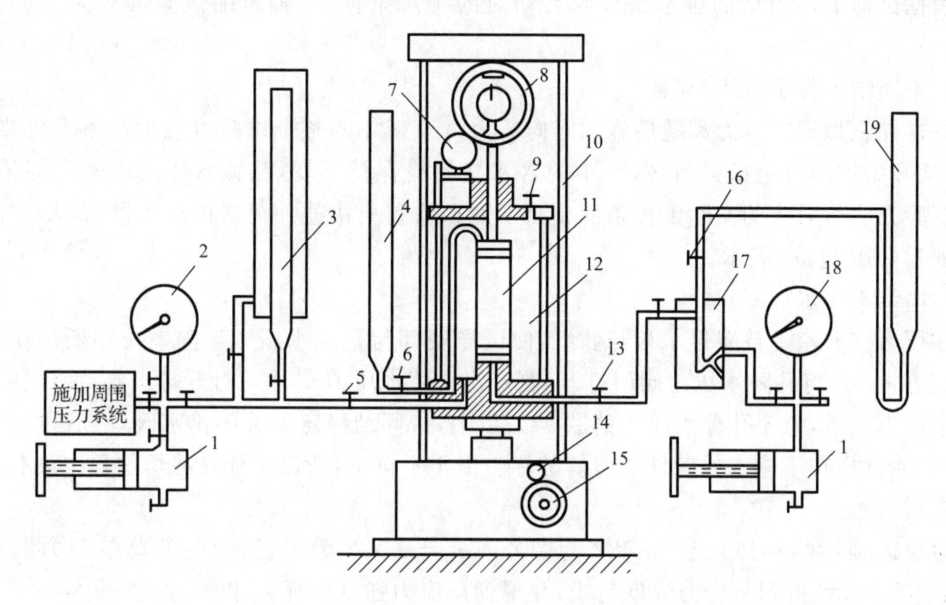

图 4-10　三轴压缩仪

1—调压筒;2—周围压力表;3—体变管;4—排水管;5—周围压力阀;6—排水阀;7—变形量表;8—量力环;9—排气阀;10—轴向加压设备;11—试样;12—压力室;13—孔隙水压力阀;14—离合器;15—手轮;16—量管阀;17—零位指示器;18—孔隙水压力表;19—量管

常规试验方法的主要步骤如下:将土切成圆柱体套在橡胶膜内,放在密封的压力室中,然后向压力室内注入液压或气压,使试件在各向受到周围压力 σ_3,并使该周围压力在整个试验过程中保持不变,这时试件内各向的三个主应力都相等,因此不产生剪应力,如图 4-11(a)所示。然后再通过轴向加荷系统对试件施加竖向压力,当水平向主应力保持不变,而竖向主应力逐渐增大时,试件终因受剪而破坏,如图 4-11(b)所示。设剪切破坏时由轴向加荷系统加在试件上的竖向压应力为 $\Delta\sigma_1$,则试件上的大主应力为 $\sigma_1=\sigma_3+\Delta\sigma_1$,小主应力为 σ_3。以 $\sigma_1-\sigma_3$ 为直径可画出一个极限应力圆,如图 4-11(c)所示。

用同一种土的若干个试件(三个以上)分别在不同的周围压力 σ_3 下进行试验,可得一组极限应力圆。根据莫尔-库仑强度理论,作一条公切线,该直线与横坐标的夹角为土的内摩擦角,在纵轴上的截距为黏聚力 c,如图 4-12 所示。

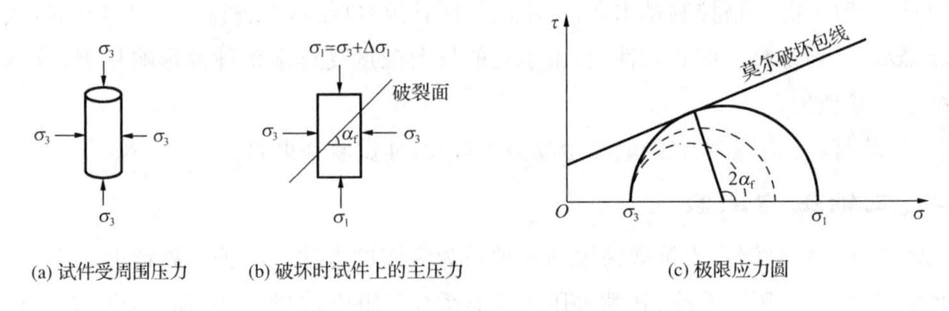

(a) 试件受周围压力　(b) 破坏时试件上的主压力　(c) 极限应力圆

图 4-11　三轴压缩试验原理

根据试样剪切固结的排水条件和剪切时的排水条件，三轴压缩试验可分为三种试验方法：

1. 不固结不排水(UU)试验

试样在施加周围压力和随后施加竖向压力直至剪坏的整个试验过程中都不允许排水，这样，从开始加压直至试样剪坏，土中的含水量始终保持不变，孔隙水压力也不可能消散。这种试验方法所对应的实际工程条件相当于饱和软黏土快速加荷时的应力状况，得到的抗剪强度指标用 c_u、φ_u 表示。

2. 固结不排水(CU)试验

在压力室底座上放置透水板与滤纸，使试样底部与孔隙水压力量测系统相通。在施加周围压力 σ_3 后，将孔隙水压力阀门打开，测定出孔隙水压力 u，然后打开排水阀，使试样中的孔隙水压力消散，直至孔隙水压力消散 95%以上，待固结稳定后关闭排水阀，然后再施加竖向压力，使试样在不排水的条件下剪切破坏。由于不排水，所以试样在剪切过程中没有任何体积变形。

总应力强度指标以 $(\sigma_{1f}+\sigma_3)/2$ 为圆心，$(\sigma_{1f}-\sigma_3)/2$ 为半径，绘制的莫尔应力圆如图 4-13中实线所示，得到总应力强度包线，并得到总应力强度指标 c_{cu} 和 φ_{cu}。

如用有效应力法表示，其有效大主应力为 $\sigma_1'=\sigma_1-u$，有效小主应力为 $\sigma_3'=\sigma_3-u$，以 $(\sigma_{1f}'+\sigma_3')/2$ 为圆心，$(\sigma_{1f}'-\sigma_3')/2$ 为半径绘制有效破损应力圆。同组试样不同 σ_3' 的有效应力圆公切线即有效应力强度包线，如图 4-13 中虚线所示，并得到有效应力强度指标 c' 和 φ'。

固结不排水试验是经常要做的工程试验，它适用的实际工程条件常常是一般正常固结土层在工程竣工或在使用阶段受到大量、快速的活荷载或新增加的荷载的作用时所对应的受力情况。

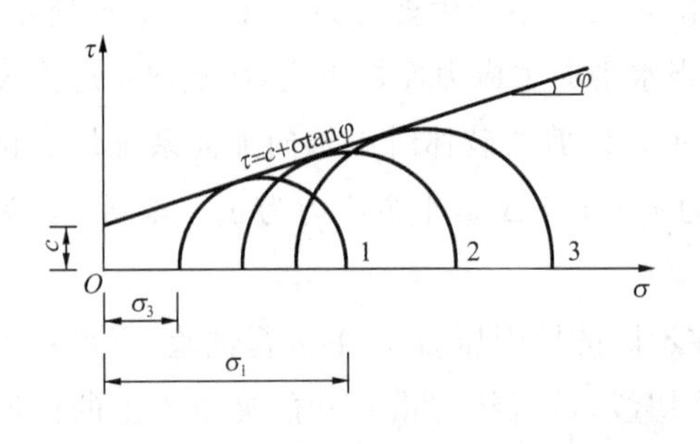

图 4-12　三轴压缩试验莫尔破坏包线

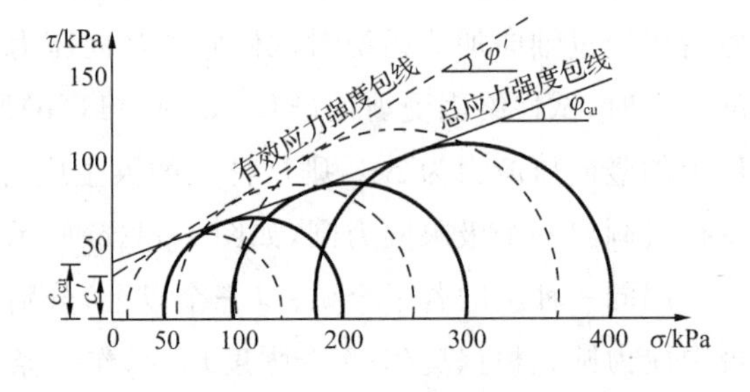

图 4-13　三轴压缩试验强度包线

3.固结排水(CD)试验

在施加周围压力 σ_3 时允许排水固结，待固结稳定后，再在排水条件下施加竖向压力直至试件剪切破坏，得到的抗剪强度指标用 c_d、φ_d 表示。

三轴压缩试验的优点是能够控制排水条件以及可以量测试样中孔隙水压力的变化。此外，三轴压缩试验中试件的应力状态也比较明确，剪切破坏时的破裂面在试件的最弱处，不像直接剪切仪那样限定在上、下盒之间。三轴压缩仪还可用以测定土的其他力学性质，如土的弹性模量。一般来说，三轴压缩试验的结果还是比较可靠的。常规三轴压缩试验的主要缺点是试样所受的力是轴对称的，也即试件所受的三个主应力中，有两个是相等的，但在工程实际中土体的受力情况并非属于这类轴对称的情况，真三轴压缩仪可在不同的三个主应力($\sigma_1 \neq \sigma_2 \neq \sigma_3$)作用下进行试验。

【例题 4-2】 某饱和黏土在三轴压缩仪中进行固结不排水试验，压力室的压力 $\sigma_3 = 210$ kPa，得有效应力抗剪强度参数 $c' = 22$ kPa，$\varphi' = 20°$，破坏时测得孔隙水压力 $u = 50$ kPa，试求破坏时轴向增加的压力。

解 采用有效应力法有

$$\sigma_3' = \sigma_3 - u = 210 - 50 = 160 \text{ kPa}$$

$$\sigma_1' = \sigma_3 \tan(45° + \varphi'/2) + 2c' \tan(45° + \varphi'/2) = 389.2 \text{ kPa}$$

轴向增加压力

$$\sigma_1' - \sigma_3' = 389.2 - 160 = 229.2 \text{ kPa}$$

三、无侧限抗压强度试验

无侧限抗压强度试验实际上是三轴压缩试验的一种特殊情况，即周围压力 $\sigma_3 = 0$ 的三轴不排水试验，所以又称单轴试验。无侧限抗压强度试验所使用的无侧限压力仪如图 4-14(a)所示，但现在也常利用三轴压缩仪做该种试验。试验时，在不加任何侧向压力情况下，对圆柱体试样施加轴向压力，直至试样剪切破坏为止。

试样破坏时的轴向压力 q_u 称为无侧限抗压强度。

由于周围压力不能变化，因而根据试验结果，只能作一个极限应力圆，难以得到莫尔破坏包线，如图 4-14(b)所示。饱和黏性土的三轴不固结不排水试验结果表明，其莫尔破坏包线为一条水平线，即 $\varphi_u = 0$。这样，如果仅为了测定饱和黏性土的不排水抗剪强度，就可用构造比较简单的无侧限压力仪代替三轴压缩仪，由无侧限抗压强度试验所得的极限应力圆的水平切线就是莫尔破坏包线，即有

$$\tau_f = c_u = q_u/2 \tag{4-12}$$

式中 τ_f——土的不排水抗剪强度，kPa；

c_u——土的黏聚力，kPa；

q_u——无侧限抗压强度，kPa。

利用无侧限抗压强度试验可以测定饱和黏性土的灵敏度 S_t。土的灵敏度是以原状土的强度与同一种土经重塑后(完全扰动但含水量不变)的强度之比来表示的，即

$$S_t = q_u/q_0 \tag{4-13}$$

式中 q_u——原状土的无侧限抗压强度，kPa；

q_0——重塑土的无侧限抗压强度，kPa。

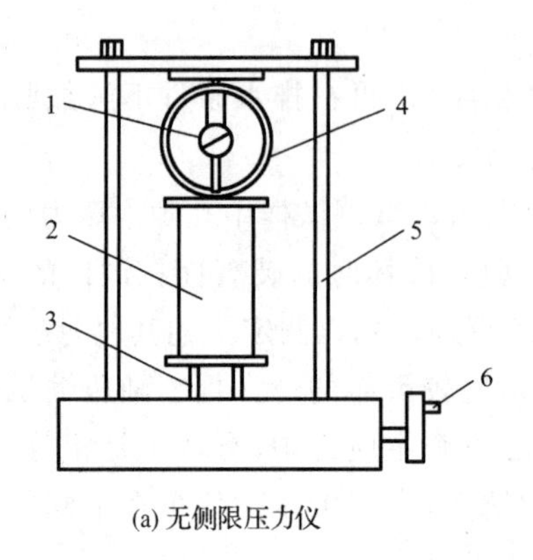

(a) 无侧限压力仪

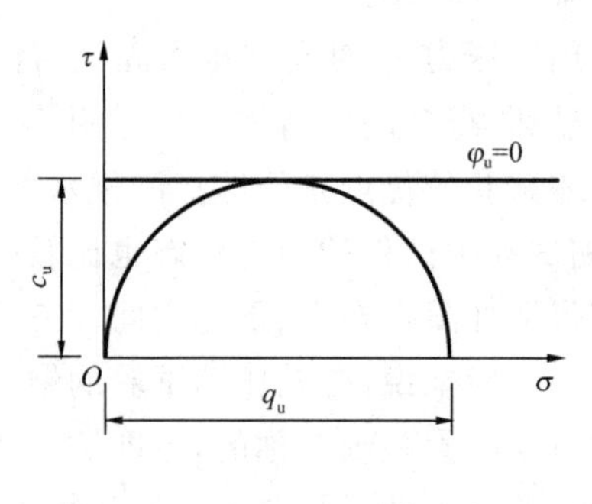

(b) 无侧限抗压强度试验结果

图 4-14　无侧限抗压强度试验

1—百分表；2—试样；3—升降螺杆；4—量力环；5—加压框架；6—手轮

根据灵敏度的大小，可将饱和黏性土分为：一般黏性土（$2<S_t\leqslant 4$）、灵敏性黏性土（$4<S_t\leqslant 8$）和特别灵敏性黏性土（$S_t>8$）三类。土的灵敏度越高，其结构性越强，受扰动后土的强度降低就越多。黏性土受扰动而强度降低的性质，一般来说对工程建设是不利的，如在基坑开挖过程中，因施工可能造成土的扰动而使地基强度降低。

第四节　十字板剪切试验

前面介绍的三种试验方法都是室内测定土的抗剪强度的方法，这些试验方法都要求事先取得原状试样，但由于试样在采取、运送、保存和制备等过程中不可避免地受到扰动，土的含水量也难以保持天然状态，特别是对于高灵敏度的黏性土，因此，室内试验结果对土的实际情况的反映就会受到不同程度的影响。原位测试时的排水条件、受力状态与土所处的天然状态比较接近。在抗剪强度的原位测试方法中，国内广泛应用的是十字板剪切试验，这种试验方法适合于在现场测定饱和黏性土的原位不排水抗剪强度，特别适用于均匀饱和软黏土。

十字板剪力仪如图 4-15 所示。试验时，先把套管打到要求测试的深度以上 750 mm，并将套管内的土清除，然后通过套管将安装在钻杆下的十字板压入土中至测试的深度。由地面上的扭力装置对钻杆施加扭矩，使埋在土中的十字板扭转，直至土体剪切破坏，破坏面为十字板旋转所形成的圆柱面。设土体剪切破坏时所施加的扭矩为 $M_{\max}$，则它应该与剪切破坏圆柱面（包括侧面和上、下面）上土的抗剪强度所产生的抵抗力矩相等，即

$$M_1=2\int_0^{D/2}\tau_H\cdot 2\pi r\cdot \mathrm{d}r\cdot r=\frac{\pi D^3}{6}\tau_H$$

$$M_2=\pi DH\cdot\frac{D}{2}\cdot\tau_V=\frac{\pi D^2 H}{2}\tau_V$$

$$M_{\max}=M_1+M_2=\frac{\pi D^3}{6}\tau_H+\frac{\pi D^2 H}{2}\tau_V \tag{4-14}$$

式中　$M_{\max}$——剪切破坏时的扭矩，kN·m；

τ_V、τ_H——剪切破坏时圆柱体侧面和上、下面土的抗剪强度，kPa；

D、H——十字板的直径和高度，m。

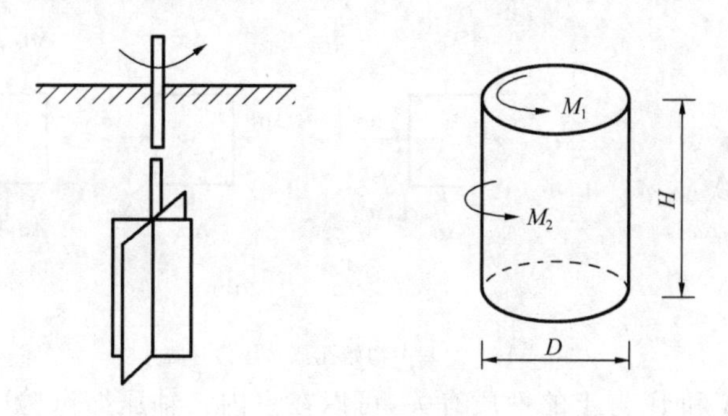

图 4-15　十字板剪力仪

天然状态的土体是各向异性的，$\tau_V \neq \tau_H$，但实用上为了简化计算，假定土体为各向同性体，即

$$\tau_V = \tau_H = \tau_f$$

则式(4-14)可写成

$$\tau_f = \frac{2M_{max}}{\pi D^2 (H + D/3)} \tag{4-15}$$

式中　τ_f——在现场由十字板测定的土的抗剪强度，kPa。

通常认为十字板剪切试验为不排水剪切试验。因此，其试验结果与无侧限抗压强度试验结果接近。饱和软土不排水剪切 $u=0$，则

$$\tau_f = q_u / 2 \tag{4-16}$$

十字板剪切试验直接在现场进行试验，不必取试样，故土体所受的扰动较小，被认为是比较能反映土体原位强度的测试方法，在软弱黏性土的工程勘察中得到了广泛应用。但如果在软土层中夹有薄层粉砂，测试结果可能失真或偏高。

用有效应力法对饱和土体进行强度计算和稳定分析时，需估计外荷载作用下土体中产生的孔隙水压力。英国人斯肯普顿(Skempton，1954)首先提出了孔隙压力系数的概念，用以表示孔隙水压力的发展和变化，他认为土中的孔隙水压力不仅是由于法向应力产生的，而且剪应力的作用也会产生新的孔隙水压力增量。根据三轴压缩试验结果，引用孔隙压力系数 A 和 B，建立了轴对称应力状态下土中孔隙压力与大、小主应力之间的关系。

图 4-16 所示为单元土体中孔隙压力的发展。图 4-16(a)表示在地基表面瞬时施加一分布荷载，在地基中某点 M 产生附加应力增量 $\Delta\sigma_1$ 和 $\Delta\sigma_3$(不考虑 $\Delta\sigma_2$ 的影响)。图 4-16(b)是试样在室内三轴压缩试验模拟 M 点的应力发生的情况。M 点瞬时(不排水条件)承受 $\Delta\sigma_1$ 和 $\Delta\sigma_3$ 的应力条件，可以分解为两个过程：①增加周围均匀压力 $\Delta\sigma_3$；②轴向增加偏应力 $\Delta\sigma_1 - \Delta\sigma_3$。因此，$M$ 点产生的孔隙水压力 Δu 等于 $\Delta\sigma_3$ 引起的孔隙水压力 Δu_1 和由($\Delta\sigma_1 - \Delta\sigma_3$)引起的 Δu_2 之和。

令 $B = \Delta u_1 / \Delta\sigma_3$，$BA = \Delta u_2 (\Delta\sigma_1 - \Delta\sigma_3)$，则 M 点的孔隙水压力 Δu 为

$$\Delta u = B\Delta\sigma_3 + BA(\Delta\sigma_1 - \Delta\sigma_3) \tag{4-17}$$

或者写成一般的全量表达式

$$u = B\sigma_3 + BA(\sigma_1 - \sigma_3) \tag{4-18}$$

式中　A、B——不同应力条件下的孔隙压力系数。

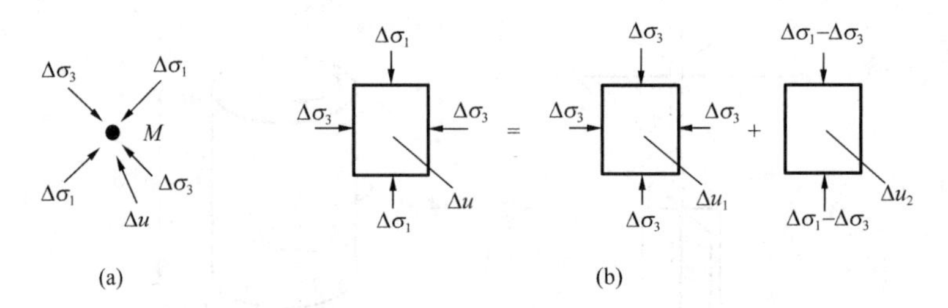

图 4-16　地基中初始孔隙水压力计算

孔隙压力系数 A 和 B 与土的性质有关，可以在室内三轴压缩试验中测定。知道了这两个参数的大小，通过应力分析，应用式(4-17)就可估计出地基中各点的孔隙水压力的数值。

试验表明，孔隙压力系数 B 与土的饱和度有关，当土完全饱和时，孔隙水是不可压缩的，根据有效应力原理得到，$B=1$；当土是干燥时，孔隙中的空气的压缩系数无穷大，得到 $B=0$，所以 B 的变化范围为 0～1。

孔隙压力系数 A 表示在偏应力增量作用下的孔隙压力系数，它随偏应力增加呈非线性变化，高压缩性土的 A 值比较大。它的变化范围比较复杂，可参考表 4-1 的数值。超固结黏性土在偏应力作用下将发生体积膨胀，孔隙水压力 Δu_2 可能很小甚至会出现负值；欠固结土或结构性很强、灵敏度很高的土，在偏应力作用下发生体积收缩，产生附加应力，孔隙水压力 Δu_2 会很大，甚至大于所施加的剪应力。因此，A 值可以小于零，也可以大于 1。

表 4-1　　**孔隙压力系数**

试样(饱和)	A(用于计算沉降量)	试样(饱和)	A_f(用于计算土体破坏)
很松的细砂	2～3	特别灵敏性黏性土	>1
灵敏性黏性土	1.5～2.5	正常固结黏性土	0.5～1
正常固结黏性土	0.7～1.3	超固结黏性土	0.25～0.5
轻度超固结黏性土	0.3～0.7	严重超固结黏性土	0～0.25
严重超固结黏性土	−0.5～0		

对于 A 值很高的土，应特别注意由于扰动或其他因素引发很高的孔隙水压力而造成工程事故。

在实际工程中更关心的是土体在剪损时的孔隙压力系数 A_f，故常在试验中监测试样剪坏时的孔隙水压力 u_f，相应的强度值为 $(\sigma_1-\sigma_3)_f$，所以对于饱和土可得

$$A_f=\frac{u_f}{(\sigma_1-\sigma_3)_f} \tag{4-19}$$

【例题 4-3】　某无黏性土饱和试样进行固结排水试验，测得 $c'=0$，$\varphi'=31°$，如果对同一试样进行固结不排水试验，施加的周围压力 $\sigma_3=200$ kPa，试样破坏时的轴向偏应力 $(\sigma_1-\sigma_3)_f=180$ kPa。试求破坏时的孔隙水压力 u_f 和孔隙压力系数 A_f。

解　破坏时，$\sigma_1=180+200=380$ kPa，$\sigma_3=200$ kPa。

$$\frac{\sigma'_1}{\sigma'_3}=\tan^2\left(45°+\frac{\varphi'}{2}\right)=3.124$$

由式(4-8a)有

$$\sigma'_1-\sigma'_3=(\sigma_1-\sigma_3)_f=180\ \text{kPa}$$

联立求解以上二式，可得有效大、小主应力 $\sigma_1'=264.8\ \text{kPa}$，$\sigma_3'=84.7\ \text{kPa}$。破坏时的孔隙水压力

$$u_f=\sigma_3-\sigma_3'=200-84.7=115.3\ \text{kPa}$$

饱和土的孔隙压力系数 $B=1$，由式(4-19)得破坏时的孔隙压力系数

$$A_f=\frac{u_f}{(\sigma_1-\sigma_3)_f}=\frac{115.3}{180}=0.64$$

此题亦可用作图法解得。

第五节　影响抗剪强度指标的因素

土的抗剪强度受到多种因素影响，归纳起来，主要是土的性质（如土的颗粒组成、含水量、原始密度、黏性土触变性等）和应力历史（如前期固结压力等）两个方面。

一、土的颗粒组成

（一）矿物成分

砂土中石英矿物含量多，内摩擦角 φ 大；云母矿物含量多，内摩擦角 φ 小。对黏性土而言，不同的黏土矿物具有不同的晶格构造，它们的稳定性、亲水性和胶体特性也各不相同，因而对黏性土的抗剪强度（主要是对内聚力）产生显著的影响。一般来说，黏性土的抗剪强度随着黏粒和黏土矿物含量的增加而增大。

（二）土的颗粒形状、大小和级配

一般来说，土的颗粒越粗、形状越不规则、表面越粗糙，则其内摩擦角 φ 越大，因而其抗剪强度也越高。土的级配良好，内摩擦角 φ 大；土粒均匀，内摩擦角 φ 小。

二、含水量的影响

含水量的增高一般将使土的抗剪强度降低。这种影响主要表现在两方面：一是水分在较粗颗粒之间起润滑作用，使摩阻力降低；二是黏性土颗粒表面结合水膜的增厚使原始内聚力减小。但试验研究表明，砂土在干燥状态时的内摩擦角 φ 值与饱和状态时的内摩擦角 φ 值差别很小（仅差1°～2°），即含水量对砂土的抗剪强度 τ 的影响是很小的。而对黏性土来说，含水量对抗剪强度有重大影响。

图 4-17 所示为黏性土在相同的法向应力 σ 强度下的不排水抗剪强度随含水量的增高而急剧下降的情况。通常在雨后容易出现山体滑坡，其主要原因就是雨水渗入，使山坡土中含水量 w 增加，降低了土的抗剪强度，从而导致山坡失稳滑动。

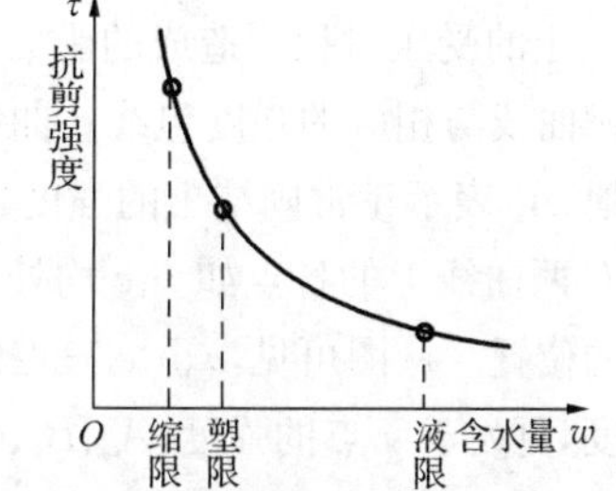

图 4-17　含水量对黏性土强度的影响

三、原始密度的影响

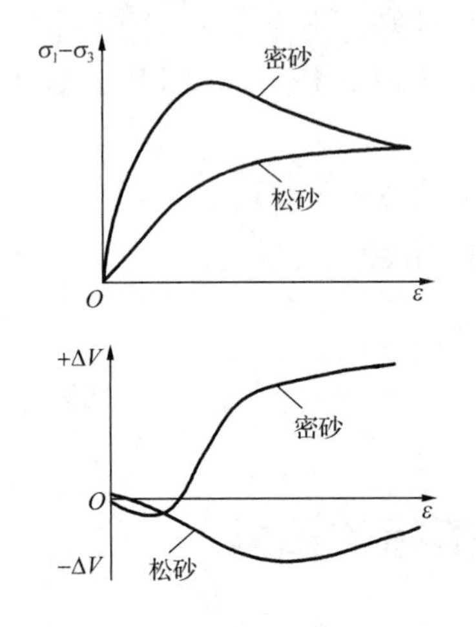

图 4-18 砂土受剪时应力-应变-体积变化关系

一般来说，土的原始密度越大，其抗剪强度就越高。对于粗颗粒土（如砂土）来说，密度越大则颗粒之间的咬合作用越强，因而摩阻力就越大；对于细颗粒土（黏性土）来说，密度越大意味着颗粒之间的距离越小，水膜越薄，因而原始内聚力也就越大。

图 4-18 表示不同密实程度的同一种砂土在相同周围压力 σ_3 下受剪时的应力-应变关系及体积变化。从图中可见，密砂的剪应力随着剪应变的增加而很快增大到某个峰值，而后逐渐减小一些，最后趋于某一稳定的终值，其体积变化开始时稍有减小，随后不断增加（呈剪胀性）；而松砂的剪应力随着剪应变的增加则较缓慢地逐渐增大并趋于某一最大值，不出现峰值，其体积在受剪时相应减小（呈剪缩性）。所以，在实际允许较小剪应变的条件下，密砂的抗剪强度显然大于松砂。

四、黏性土触变性的影响

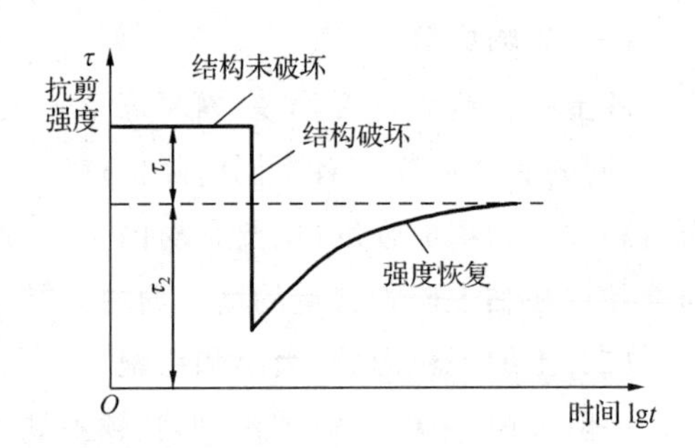

图 4-19 黏性土触变过程中抗剪强度与时间关系

黏性土的强度会因受扰动而削弱，但经过静置又可得到一定程度的恢复，黏性土的这一特性称为触变性，如图 4-19 所示。由于黏性土具有触变性，故在黏性土地基中进行钻探取样时，若土样受到明显的扰动，则试样就不能反映其天然强度，土的灵敏度愈大，这种影响就愈显著；又如在灵敏度较高的黏性土地基中开挖基坑，地基土也会因施工扰动而发生强度削弱。黏性土的触变性对强度的影响是应值得注意的。另一方面，当扰动停止后，黏性土的强度又会随时间而逐渐增长。如在黏性土中进行打桩时，桩侧土因受到扰动而导致强度降低，但在停止打桩以后，土的强度则逐渐恢复，桩的承载力也随之逐渐增加，这种现象是土的触变性影响的表现。这种土未经处理不能作为动力基础。

五、土的应力历史的影响

土的受压过程所造成的受力历史状态对土体强度的试验结果也有影响。图 4-20 为不同的压缩曲线与相应的强度包线。曲线 A、B、C 分别为初始压缩曲线、卸荷曲线以及再压缩曲线；相应地，A_s 表示正常固结土的强度包线，B_s、C_s 均为超固结土的强度包线。对于卸荷点 a' 来说，B 和 C 两曲线上的各点如 b、c 均处于超固结状态，它们的强度值将分别在 B_s 和 C_s 曲线上找到对应的位置。从图可见，a、b、c 三点的垂直压力 p 相同，但因应力历史不同，b 点的强度大于 c 点的强度，更大于 a 点的强度，A_s、B_s、C_s 三曲线的强度参数 c、φ 值也各不相同。

在实用上，常把 B_s、C_s 统一用一根直线 $\overline{a'b'}$ 代表卸荷-再压缩过程的强度包线，如图 4-20(b)所示。对于正常固结土，其自重压力 p_0 等于前期固结压力 p_c，因此，在室内试验中，

当所加压力 $p>p_c$ 时，强度包线就是 A_s，其延长线可能通过坐标原点；而当 $p<p_c$ 时，土则处于超固结状态，强度包线属于卸荷-再压缩曲线所对应的直线$\overline{a'b'}$，它可能是一条不通过坐标原点的直线。

所以，考虑了应力历史影响的强度包线实际上应是两条直线组成的折线所构成，其间有一个转折点，如图 4-21 中的虚线①、②以及 c 点所示，c 点所对应的竖向压力是前期固结压力。由此可见，通常用直线来表示的强度包线只是一种近似的结果。因此，在测试土的抗剪强度时，对第一个试样所施加的固结压力宜大于前期固结压力 p_c。

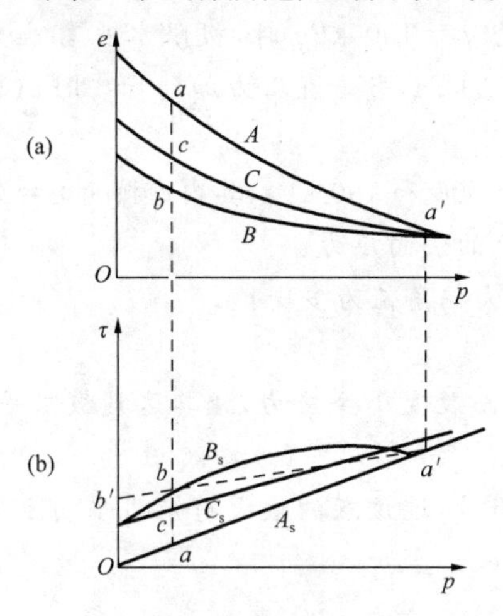

图 4-20　应力历史对土体强度的影响

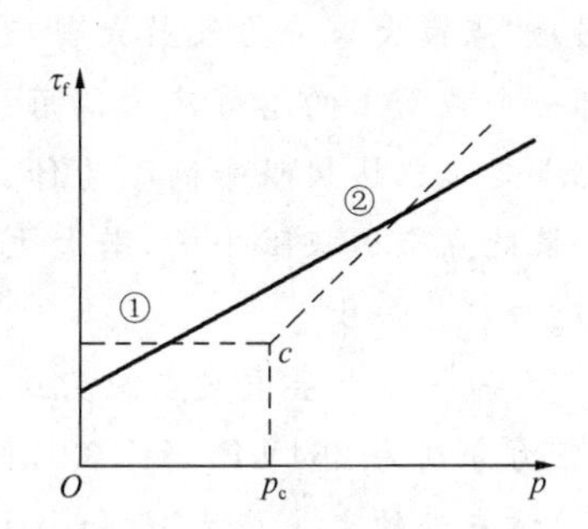

图 4-21　实际强度包线与简化强度包线

复习题

4-1　(1)简述三轴固结不排水试验的主要步骤；

(2)说明试验过程中需量测哪些数据；

(3)由量测到的数据可以整理出土的哪种强度指标？

4-2　从正常固结黏土层地基中一定深度下取土进行三轴固结不排水试验，得到的强度包线 $c>0$ 还是 $c=0$，为什么？

4-3　十字板剪切试验测得的抗剪强度相当于试验室用什么试验方法测量的抗剪强度？土中一点应力达到极限平衡时其大小主应力与土体强度指标 c、φ 间满足的关系是什么？

4-4　在确定土的强度参数指标时，主要有三轴压缩试验和直接剪切试验两大类，而且这两类试验存在着对应关系。试分别针对砂土和黏性土，分析各类三轴压缩试验和直接剪切试验的对应关系是否成立及理由，并指出各种试验分别主要得到哪种强度指标。

4-5　为什么同一土层现场十字板剪切试验测得的抗剪强度一般随深度而增加？

4-6　根据强度理论解释正常固结土在侧限压缩条件下不会发生剪切破坏的原因。

4-7　进行一种黏土的三轴固结不排水试验。在围压 $\sigma_3=200$ kPa 时，测得破坏时 $\sigma_1-\sigma_3=200$ kPa；在围压 $\sigma_3=50$ kPa 时，测得破坏时 $\sigma_1-\sigma_3=100$ kPa。求其固结不排水强度指标 c_{cu} 和 φ_{cu}。

4-8　当一土样遭受一组压力(σ_1,σ_3)作用时，土样正好达到极限平衡。如果此时，在大小主应力方向同时增加压力 $\Delta\sigma$，则土的应力状态如何？若同时减小 $\Delta\sigma$，情况又将如何？

4-9　设有一干砂样置入剪切盒中进行直接剪切试验，剪切盒断面积为 60 cm^2，在砂样上作用一垂直荷载 900 N，然后作水平剪切，当水平推力达 300 N 时，砂样开始被剪破。试求当垂直荷载为 1 800 N 时，应使用多大的水平推力，砂样才能被剪坏？该砂样的内摩擦角为多大？并求此时的大小主应力和方向。

4-10　设有一含水量较低的黏性土土样作单轴压缩试验，当压力加到 90 kPa 时，黏性土土样开始破坏，并呈现破裂面，此面与竖直线呈 35°角。试求其内摩擦角 φ 及黏聚力 c。

4-11　某土样作直接剪切试验，测得垂直压力 $p=100$ kPa 时，极限水平剪应力 $\tau_f=75$ kPa。以同样土样去作三轴压缩试验，液压为 200 kPa，当垂直压力加到 550 kPa(包括液压)时，土样被剪坏。求该土样的 φ 和 c 值。

4-12　设砂土地基中一点的大小主应力分别为 500 和 180 kPa，其内摩擦角 $\varphi=36°$。

求：(1)该点最大剪应力及最大剪应力作用面上的法向应力。

(2)哪一个截面上的总剪应力偏角最大？其最大偏角值为多少？

(3)此点是否已达极限平衡？为什么？

(4)如果此点未达极限平衡，若大主应力不变，而改变小主应力，使其达到极限平衡，这时的小主应力应为多少？

4-13　已知一砂土层中某点应力达到极限平衡时，过该点的最大剪应力平面上的法向应力和剪应力分别为 264 kPa 和 132 kPa。

求：(1)该点处的大主应力 σ_1 和小主应力 σ_3；

(2)过该点的剪切破坏面上的法向应力 σ_f 和剪应力 τ_f；

(3)该砂土内摩擦角；

(4)剪切破坏面与大主应力作用面的交角 α。

4-14　现对一扰动过的软黏土进行三轴固结不排水试验，测得不同围压 σ_3 下，在剪破时的压力差和孔隙水压力见表 4-2。

求：(1)土的有效应力强度指标 c、φ' 和总应力强度指标 c_{cu}、φ_{cu}；

(2)当围压为 250 kPa 时，破坏的压力差为多少？其孔隙压力是多少？

表 4-2　　围压与压力差和孔隙水压的关系

围压 σ_3/kPa	剪破时	
	$(\sigma_1-\sigma_3)_f$/kPa	u_f/kPa
150	117	110
350	242	227
750	468	455

4-15　对饱和黏性土土样进行三轴固结不排水试验，围压 σ_3 为 200 kPa，剪坏时的压力差 $(\sigma_1-\sigma_3)_f=350$ kPa，破坏时的孔隙水压 $u_f=100$ kPa，破坏面与水平面夹角 $\varphi=60°$。

求：(1)剪裂面上的有效法向压力 σ_f 和剪应力 τ_f；

(2)最大剪应力 τ_{max} 和方向。

天然地基容许承载力

第一节　概　述

一、地基承载力及地基容许承载力的概念

地基承载力是指地基承受荷载的能力。地基的承载力分为地基极限承载力和地基容许承载力。地基濒临破坏时的承载力称为地基极限承载力；有足够的安全度保证地基不破坏，且能保证建筑物的沉降量不超过容许值的承载力称为地基容许承载力。地基设计采用正常使用极限状态，所选用的地基承载力为地基承载力容许值。

二、影响地基承载力的几种因素

影响地基承载力的主要因素如下。

(1)地基土的堆积年代：地基土的成岩过程是和堆积年代密切相关的。在天然状态下，地基土的堆积年代愈久，成岩作用程度愈高，其承载力也较大；反之，则较小。

(2)地基土的成因：不同成因的土具有不同的承载力。对同一类土，一般地说，冲积、洪积成因的土的承载力要比坡积成因的土大一些。

(3)土的物理力学性质：地基土的物理力学性质指标是影响承载力高低的直接因素。不同物理力学性质的土，具有不同的承载能力。

(4)地下水：土的重度大小对承载力有一定的影响，当土受到地下水的浮托作用时，土的重度就要减小，承载力也就降低。

(5)建筑物性质：建筑物的结构形式、整体刚度以及使用要求不同，则对容许沉降量的要求也不同，因而对承载力的选取也应有所不同。

(6)建筑物基础：基础尺寸及埋深大小对承载力也有影响。

三、地基土的变形阶段

一般来说，地基土在建筑物荷载作用下产生的变形，可分为三个阶段，如图 5-1 所示。

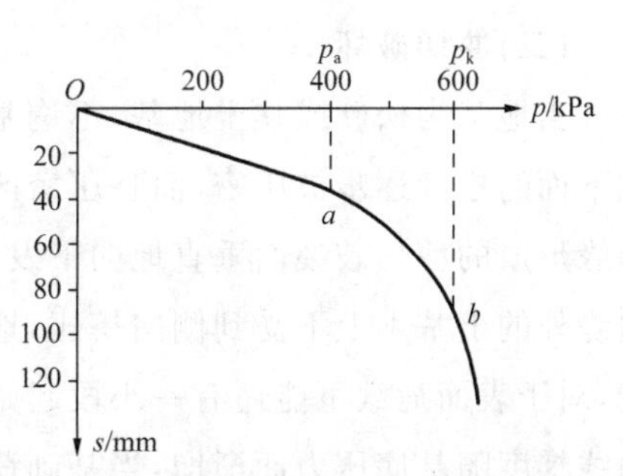

图 5-1　建筑物荷载与地基变形的关系

第一阶段是地基土的压密阶段，相当于 p-s 曲线上的 Oa 段。荷载与变形的关系基本上是线性变形关系，在这一阶段中，地基主要是压缩变形(即土

内孔隙减小、土粒靠拢挤紧)。

第二阶段是局部剪切阶段,相当于 p-s 曲线上的 ab 段,荷载与变形的关系已是曲线关系。由于荷载逐步增大,地基内除了压缩变形外,基础边缘区应力达到极限平衡状态,土体开始发生剪切破坏,形成塑性变形区。因此这一阶段的变形是压缩和局部地区的塑性变形两者所组成。

第三阶段是破坏阶段,相当于 p-s 曲线上的 b 点以后部分。当荷载继续增大,地基内塑性变形区不断扩大,最后形成滑动面,地基土或向一侧滑动、或向四周隆起,建筑物遭到破坏。p-s 曲线则表现为曲率急剧增大。

四、地基的破坏形态

地基破坏的形态是多种多样的,根据土的性质、基础的埋深、荷载增加速度等因素而异,大体上可分成三种形态。

(一)整体剪切破坏

整体剪切破坏的 p-s 曲线如图 5-2(a)所示,当荷载较小时,其荷载-沉降量曲线基本上为一直线段,属于线性变形阶段,如图 5-2(a)中的 Oa 段。当基底压力达到 p_a 时,基底边缘处首先达到极限平衡并开始产生塑性变形,相应的荷载 p_a 称为临塑荷载。随着荷载的增加,塑性变形区域从边缘处逐步扩大,塑性区以外仍然是弹性区,整个地基处于弹塑性混合状态。同时,随着荷载增加,地基沉降量不断增加,反映在 p-s 曲线上,为一曲线段,如图 5-2(a)中的 ak 段。当基底压力达到某一特定值 p_k 时,基底剪切破坏面与地面连通,形成一弧形滑动面,地基土沿此滑动面从基底一侧或两侧大量挤出,整个地基将失去稳定性,发生破坏。这种破坏称为整体剪切破坏,相对应的 p_k 称为极限荷载。当地基为密实的砂土、硬黏性土,地基基础埋置很浅时,常发生整体剪切破坏。

(二)局部剪切破坏

局部剪切破坏是介于整体剪切破坏和冲切破坏之间的一种破坏形式。随着荷载的增加,剪切破坏区从基础边缘开始,发展到地基内部某一区域,如图 5-2(b)中的实线区域所示,但不延伸到地面,基础四周地面虽有隆起迹象,但不会出现明显的倾斜和倒塌。相应的 p-s 曲线如图 5-2(b)所示,拐点后的沉降量增长率较前段大。中等密实的砂土地基常常发生局部剪切破坏。

(三)冲切破坏

当地基为松砂或软土地基,不论基础是置于地表或具有一定埋深,随着荷载的增加,基础下面的松砂逐步被压密,而且压密区逐渐向深层扩展,基础也随之切入土中,因此在基础边缘形成的剪切破裂面垂直地向下发展,如图 5-2(c)所示。基底压力很少向四周传播,基础边缘外的土基本上不受到侧向挤压,地面不会产生隆起现象。图 5-2(c)中的荷载-沉降量曲线,对于表面荷载可能还有一小段起始直线段,但在基础有一定埋深时,一开始就是曲线段。曲线梯度随基底压力而渐增,当基础荷载-沉降量曲线的平均下沉梯度接近常数且出现不规则的下沉时,压力可当作极限压力 p_k,随后的曲线将是不光滑的曲线。

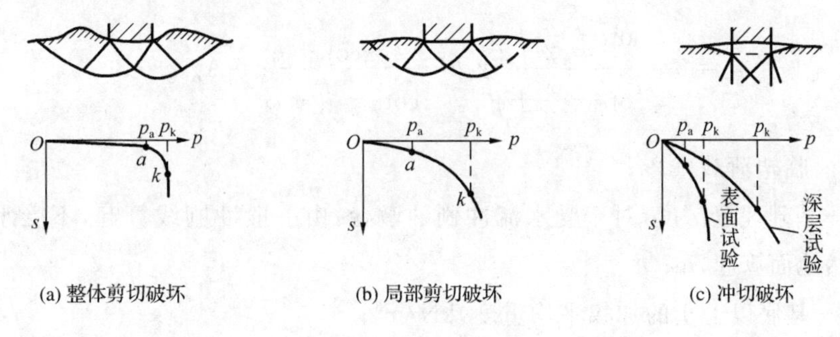

图 5-2　地基破坏形态

从荷载-沉降量曲线可知，当基底压力达到 p_k 时，其下沉量将比其他两种破坏形态更大。

以上三种破坏状态，除第一种在理论上有较多的研究外，第二种和第三种在理论上没有定量的阐述，在定性上也研究得不完善。因此，建筑物地基很少选择建在松砂或其他松散结构的土层上，所以第三种破坏在工程中很少遇到，可不予研究。但第二种破坏状态在天然地基中是常出现的，为建筑设计需要，往往近似地当作第一种破坏状态看待，再补充一些经验修正。

关于第一种破坏状态，由于土的多相性和各向不均匀性，基底形状又很不规则，给理论工作带来很大困难，目前只好作些简化计算。

第二节　根据理论公式确定地基承载力

建筑物荷载通过基础传给地基。地基承受荷载的能力有一定的限度，超过这个限度，地基就可能由于变形过大或强度不足而影响建筑物使用甚至引起建筑物破坏。设计时必须同时满足地基变形和稳定这两个条件的要求。满足强度与变形条件下地基单位面积能承担的压力为地基容许承载力。

确定地基承载力的方法有理论公式、原位测试和按《公路桥涵地基与基础设计规范》确定等。本节将简要介绍计算地基临塑荷载、临界荷载和极限荷载的理论公式。

一、地基临塑荷载的理论公式简介

临塑荷载是指地基土中将要而尚未出现塑性变形区时的基底压力。其计算公式可根据土中应力计算的弹性理论和土体极限平衡条件导出。

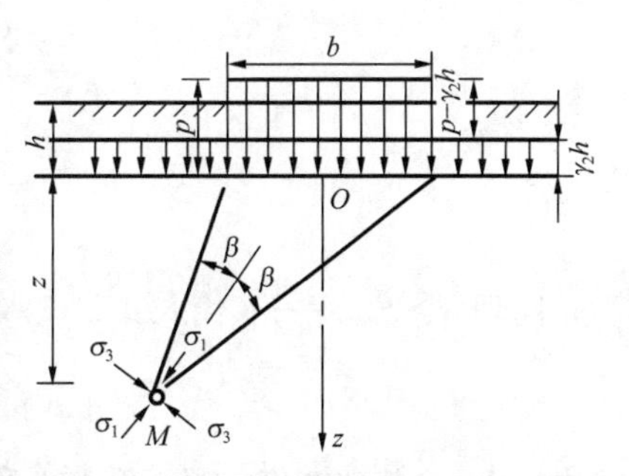

图 5-3　浅埋条形基础临塑荷载的计算图式

设地表作用一均布条形荷载 p，如图 5-3 所示，设基础埋深为 h，基底以上土的加权平均重度为 γ_2，基底至基底下深度 z 处土的加权平均容重为 γ_1。在条形均布荷载作用下，地基的临塑荷载即基础底面地基土塑性变形深度为零时承受的荷载。其计算公式为

$$p_a=p=\frac{\cot\varphi+\frac{\pi}{2}+\varphi}{\cot\varphi-\frac{\pi}{2}+\varphi}\gamma_2 h+\frac{\pi\cot\varphi}{\cot\varphi-\frac{\pi}{2}+\varphi}c=A\gamma_2 h+Bc \tag{5-1}$$

式中　p_a——临塑荷载，kPa；

h——基础埋置深度，对于受水流冲刷的墩台，由一般冲刷线算起，不受水流冲刷的墩台，由天然地面算起，m；

γ_2——基底以上土的加权平均重度，kN/m^3；

A、B——承载力系数，$A=\frac{\cot\varphi+\frac{\pi}{2}+\varphi}{\cot\varphi-\frac{\pi}{2}+\varphi}$，$B=\frac{\pi\cot\varphi}{\cot\varphi-\frac{\pi}{2}+\varphi}$；

c——地基土的黏聚力，kPa；

φ——地基土的内摩擦角，rad。

【例题5-1】　某条形基础宽5 m，基础埋深1.2 m，地基土重度$\gamma=18.0\ kN/m^3$，$\varphi=22°$，$c=15.0\ kPa$。试计算该地基的临塑荷载p_a。

解　由式(5-1)可求得临塑荷载p_a为

$$p_a=\frac{\cot22°+\frac{\pi}{2}+22°\times\pi\div180°}{\cot22°-\frac{\pi}{2}+22°\times\pi\div180°}\times18.0\times1.2+\frac{\pi\cot22°}{\cot22°-\frac{\pi}{2}+22°\times\pi\div180°}\times15.0=165\ kPa$$

二、地基临界荷载的理论公式简介

采用临塑荷载p_a作为地基承载力是偏于保守的。实践证明，当地基发生局部剪裂时，只要塑性区范围不超出某一限度，就不会影响建筑物的安全和使用。因此，有人建议将塑性区的最大深度z_{max}达到基础宽度b的1/3或1/4时，相应的基底应力(分别以$p_{1/3}$和$p_{1/4}$表示)作为地基承载力，并称之为临界荷载。其中$p_{1/3}$作为偏心受压基础的地基承载力，$p_{1/4}$作为中心受压基础的地基承载力。

令$z_{max}=\frac{1}{3}b$代入式(5-1)，可得临界荷载$p_{1/3}$的理论公式

$$p_{1/3}=\frac{\pi(\gamma_2 h+\frac{1}{3}\gamma_1 b+c\cot\varphi)}{\cot\varphi-\frac{\pi}{2}+\varphi}+\gamma_2 h$$

$$=N_{1/3}\gamma_1 b+A\gamma_2 h+Bc \tag{5-2}$$

同理，令$z_{max}=\frac{1}{4}b$代入式(5-1)，可得临界荷载$p_{1/4}$的理论公式

$$p_{1/4}=N_{1/4}\gamma_1 b+A\gamma_2 h+Bc \tag{5-3}$$

式中　b——基础宽度，对矩形基础采用短边长度，对圆形基础取$b=\sqrt{F}$，其中F为圆形基础底面积，m^2；

$N_{1/3}$、$N_{1/4}$——承载力系数，即

$$N_{1/3}=\frac{\pi}{3(\cot\varphi-\frac{\pi}{2}+\varphi)},\ N_{1/4}=\frac{\pi}{4(\cot\varphi-\frac{\pi}{2}+\varphi)}$$

三、地基极限荷载的理论公式简介

求解地基极限荷载 p_k 的方法，一般是通过基础模型试验，研究地基破坏时滑动面的形状，并简化为假定的滑动面，然后假设简化滑动面上各点都达到极限平衡，取滑动面所包围的滑动体作隔离体，根据静力平衡条件求出极限荷载。由于简化假定的滑动面形状不同，就可求得不同的极限荷载理论公式。将地基的极限荷载除以安全系数，即得出地基承载力。

下面介绍两个使用较普遍的极限荷载理论公式。

（一）勃朗特-卡柯公式

勃朗特-卡柯公式是按浅埋条形基础承受中心荷载的条件建立的，并假设：

（1）基底是光滑的，即认为基础底面与土之间没有摩擦力。

（2）埋深 h 范围内土的抗剪强度略去不计，这一部分土被看作是作用在基底水平面上的超载 $q=\gamma_2 h$（γ_2 为基底以上土的加权平均重度）。

（3）滑动面的形状如图 5-4 所示，滑动土体分成三个滑动区。基础下面为三角形主动区Ⅰ，其滑动面 AC 和 BC 与水平面的夹角为 $45°+\frac{\varphi}{2}$。由于主动区Ⅰ的向下位移，把邻近的土挤向两侧，因此在基础两外侧形成三角形被动区Ⅲ，被动区的滑动面 AE、ED（或 BE'、$E'D'$）与水平面的夹角为 $45°-\frac{\varphi}{2}$。在滑动区Ⅰ、Ⅲ之间为过渡的扇形滑动区Ⅱ，并假定Ⅱ的底部滑动面形状为对数螺旋线，扇形夹角为 90°。

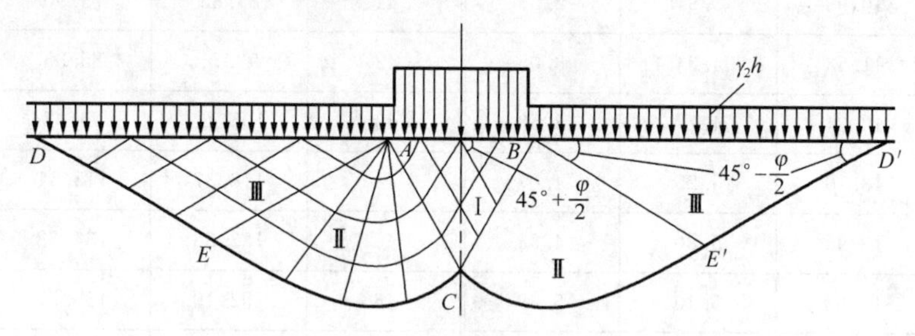

图 5-4　用勃朗特-卡柯公式求极限荷载的计算图式

根据上述条件和假设，经过推导得出极限荷载的理论公式为

$$p_k=cN_c+qN_q+\frac{1}{2}\gamma_1 bN_\gamma \tag{5-4}$$

式中　p_k——极限荷载，kPa；

c——基底土的黏聚力，kPa；

q——基础两侧基底水平面上的超载，$q=\gamma_2 h$，kPa；

b——基础宽度，m；

γ_1——基底土的重度，kN/m^3；

N_c、N_q、N_γ——承载力系数，可查表 5-1。

表 5-1　　勃朗特-卡柯公式的承载力系数

φ/(°)	N_c	N_q	N_γ	φ/(°)	N_c	N_q	N_γ
0	5.14	1.00	0.00	26	22.25	11.85	12.54
1	5.38	1.09	0.07	27	23.94	13.20	14.47
2	5.53	1.20	0.15	28	25.80	14.72	15.72
3	5.90	1.31	0.24	29	27.85	15.44	19.34
4	5.19	1.43	0.34	30	30.14	18.40	22.40
5	5.49	1.57	0.45	31	32.57	20.03	25.99
6	5.81	1.72	0.57	32	35.49	23.18	30.22
7	7.15	1.88	0.71	33	38.54	25.09	35.19
8	7.53	2.05	0.85	34	42.15	29.44	41.05
9	7.92	2.25	1.03	35	45.12	33.30	48.03
10	8.35	2.47	1.22	36	50.59	37.75	55.31
11	8.80	2.71	1.44	37	55.53	42.92	55.19
12	9.28	2.97	1.59	38	51.35	28.93	78.03
13	9.81	3.25	1.97	39	57.87	55.98	92.25
14	10.37	3.59	2.29	40	75.31	54.20	109.41
15	10.98	3.94	2.55	41	83.85	73.90	130.22
16	11.53	4.34	3.05	42	93.71	85.38	155.55
17	12.34	4.77	3.53	43	105.11	99.02	185.54
18	13.10	5.25	4.07	44	118.37	115.31	224.54
19	13.93	5.80	4.58	45	133.88	134.88	271.75
20	14.83	5.40	5.39	46	152.10	158.57	330.85
21	15.82	7.07	5.20	47	173.54	187.21	403.57
22	15.88	7.82	7.13	48	199.25	222.81	495.01
23	18.05	8.55	8.20	49	229.93	255.51	513.15
24	19.32	9.50	9.44	50	255.89	319.07	752.89
25	20.72	10.55	10.88				

式(5-4)仅适用于条形基础。对于其他形状的基础，可将式(5-4)乘以一些经验修正系数。因此，对于几种不同形状基础的极限荷载，可用如下的一般计算公式

$$p_k = S_c c N_c + S_q q N_q + \frac{1}{2} S_\gamma \gamma_1 b N_\gamma \tag{5-5}$$

式中　S_c、S_q、S_γ——基础形状修正系数，其值可按基础形状查表 5-2。

表 5-2　　勃朗特-卡柯公式的基础形状修正系数

基础形状	S_c	S_q	S_γ
条形	1.00	1.00	1.00
圆形和正方形	$1+N_q/N_\gamma$	$1+\tan\varphi$	0.50
矩形(长边 a、短边 b)	$1+(b/a)(N_q/N_\gamma)$	$1+\frac{b}{a}\tan\varphi$	$1-0.4\frac{b}{a}$

(二)太沙基公式

太沙基公式也是按浅埋条形基础承受中心荷载的条件建立的,但假设基底是粗糙的,基底与土之间的摩阻力阻止了基底处剪切位移,因此基底以下的土不发生破坏而处于弹性平衡状态。基础两侧基底平面以上的土被看作为超载 $q=\gamma_2 h$。假定滑动土体分为三区,如图 5-5 所示:Ⅰ区为基础下方的楔形弹性压密区,由于基底与土之间有很大的摩擦力,此区的土不发生剪切位移而处于压密状态,AC 及 BC 与基底的夹角为 φ;Ⅱ区的滑动面 $CE(CE')$ 是对数螺旋线,C 点处两对数螺旋线的切线相互垂直,$E(E')$ 点处对数螺旋线的切线与水平线的夹角为$(45°-\frac{\varphi}{2})$;Ⅲ区的滑动面 $ED(E'D')$ 与水平线的夹角为$(45°-\frac{\varphi}{2})$,三角形 AED $(BE'D')$为等腰三角形。

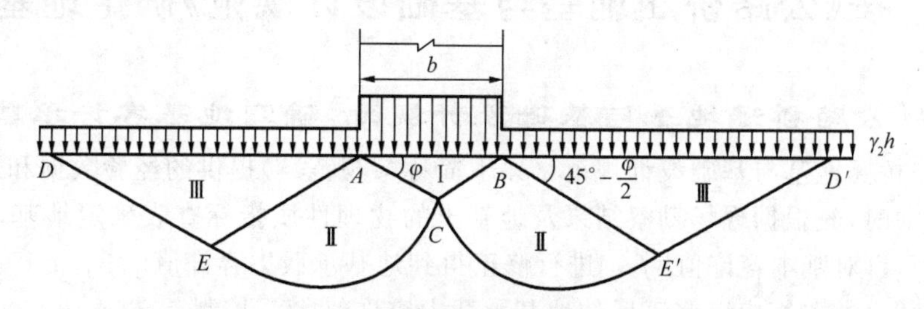

图 5-5　用太沙基公式求极限荷载的计算图式

根据上述条件和假设,经过推导得出极限荷载的理论公式为

$$p_k=cN_c+qN_q+\frac{1}{2}\gamma_1 bN_\gamma \tag{5-6}$$

式中　N_c、N_q、N_γ——无量纲的承载力系数,仅与土的内摩擦角有关,可由图 5-6 实线查得,N_c 也可按 $N_c=(N_q-1)\cot\varphi$ 计算求得,N_q 也可按 $N_q=\tan^2\left(45°+\frac{\varphi}{2}\right)\exp(\pi\tan\varphi)$ 计算求得。

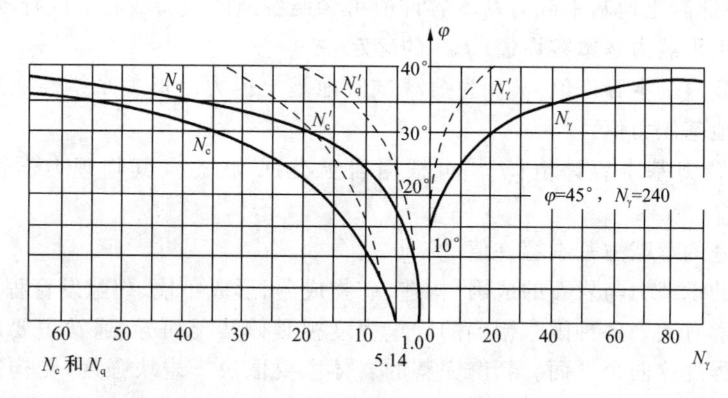

图 5-6　太沙基公式的承载力系数曲线

式(5-6)适用于条形荷载下的整体剪切破坏(地基土密实砂土和坚硬黏土)。对于局部剪切破坏(软黏土和松砂),太沙基建议采用经验方法调整抗剪强度指标 c 和 φ,即以 $c'=2c/3$,$\varphi'=\arctan(2/3\tan\varphi)$ 代替式(5-6)的 c 和 φ,按式(5-7)计算极限荷载

$$p_k=\frac{1}{2}\gamma_1 bN_\gamma'+\frac{2}{3}cN_c'+qN_q' \tag{5-7}$$

式中 N_γ'、N_c' 和 N_q'——局部剪切破坏时的承载力系数,可从图5-6中的虚线查出。

对于正方形和圆形基础,太沙基根据经验建议采用下列公式计算:

圆形基础(R 为基础半径)

$$p_k=0.6\gamma_1 RN_\gamma+1.2cN_c+qN_q \tag{5-8}$$

正方形基础($b=a$,为正方形基础的边长)

$$p_k=0.4\gamma_1 bN_\gamma+1.2cN_c+qN_q \tag{5-9}$$

对于矩形基础($a\times b$),可按 a/b 值在条形基础($a/b>10$)与正方形基础 $a/b=1$ 之间以内插法求得。若地基为软黏土或松砂,将发生局部剪切破坏。此时,式(5-8)、式(5-9)中的承载力系数均应改为 N_γ'、N_c' 和 N_q'。

第三节 按《公路桥涵地基与基础设计规范》确定地基承载力

一、按《公路桥涵地基与基础设计规范》确定地基容许承载力

按《公路桥涵地基与基础设计规范》(以下简称"《规范》")提供的经验数据和经验公式确定地基承载力时,先根据现场勘察结果及地基土的物理性质指标查表确定地基承载力基本容许值[f_{a0}],再对基本容许值[f_{a0}]进行修正得到地基承载力容许值[f_a]。

地基承载力的验算应以修正后的地基承载力容许值[f_a]控制。

(一)规定

(1)地基承载力基本容许值应首先考虑由荷载试验或其他原位测试取得,其值不应大于地基极限承载力的二分之一。

对于小桥、涵洞,当受现场条件限制或荷载试验和原位测试确有困难时,也可按照有关规定采用。

(2)地基承载力基本容许值尚应根据基底埋深、基础宽度及地基土的类别进行修正。

(3)软土地基承载力容许值可按本节(四)的规定进行确定。

(4)其他特殊岩土地基承载力基本容许值可参照各地区经验或相应的标准确定。

(二)地基土承载力基本容许值[f_{a0}]的确定

地基土承载力基本容许值[f_{a0}]为荷载试验地基土压力变形关系线性变形段内不超过比例界限点的地基压力值。

地基土承载力基本容许值[f_{a0}]可根据岩土类别、状态及其物理力学特性指标查表确定。

1.岩石地基的承载力基本容许值[f_{a0}]

岩石地基的承载力与岩石的成因、构造、矿物成分、形成年代、裂隙发育程度和水对岩石浸湿影响等因素有关。各种因素影响的轻重程度视具体情况而异,通常主要取决于岩块强度和岩体破碎程度这两个方面。新鲜完整的岩体主要取决于岩块强度,受构造作用和风化作用的岩体岩块强度低,破碎性增加,承载力不仅与强度有关,而且与破碎程度有关。因此,

《规范》根据这两个方面的指标提供了岩石地基的承载力基本容许值表，见表5-3。

表 5-3　　岩石地基的承载力基本容许值$[f_{a0}]$　　kPa

坚硬程度 \ 节理发育程度 $[f_{a0}]$	节理不发育	节理发育	节理很发育
坚硬岩、较硬岩	>3 000	3 000～2 000	2 000～1 500
较软岩	3 000～1 500	1 500～1 000	1 000～800
软岩	1 200～1 000	1 000～800	800～500
极软岩	500～400	400～300	300～200

2. 碎石土地基的承载力基本容许值$[f_{a0}]$

碎石土地基的承载力和颗粒大小、含量、密实程度、成因、岩性和充填物性质等因素有关。碎石土是根据颗粒大小和含量定名的。另据试验资料的统计分析，在影响碎石土承载力的诸因素中，密实程度是一个具有共性的因素。因此，《规范》根据碎石土的名称和密实程度确定其地基承载力基本容许值，见表5-4。

表 5-4　　碎石土地基的承载力基本容许值$[f_{a0}]$　　kPa

土名 \ 密实程度 $[f_{a0}]$	密实	中密	稍密	松散
卵石	1 200～1 000	1 000～550	550～500	500～300
碎石	1 000～800	800～550	550～400	400～200
圆砾	800～600	600～400	400～300	300～200
角砾	700～500	500～400	400～300	300～200

注：1. 由硬质岩组成，填充砂土者取高值；由软质岩组成，填充黏性土者取低值。

2. 半胶结的碎石土，可按密实的同类土的$[f_{a0}]$值提高10%～30%。

3. 松散的碎石土在天然河床中很少遇见，需特别注意鉴定。

4. 漂石、块石的$[f_{a0}]$值可参考卵石、碎石适当提高。

3. 砂土地基的承载力基本容许值$[f_{a0}]$

砂土地基的承载力基本容许值可根据土的密实程度和水位情况按表5-5确定。

表 5-5　　砂土地基的承载力基本容许值$[f_{a0}]$　　kPa

土名及水位情况 \ 密实程度 $[f_{a0}]$		密实	中密	稍密	松散
砾砂、粗砂	与湿度无关	550	430	370	200
中砂	与湿度无关	450	370	330	150
细砂	水上	350	270	230	100
	水下	300	210	190	—
粉砂	水上	300	210	190	—
	水下	200	110	90	—

4. 粉土地基的承载力基本容许值$[f_{a0}]$

粉土地基的承载力基本容许值可根据天然孔隙比e和天然含水量w，按表5-6确定。

表 5-6　粉土地基的承载力基本容许值$[f_{a0}]$

e \ $[f_{a0}]$/kPa \ w/%	10	15	20	25	30	35
0.5	400	380	355	—	—	—
0.6	300	290	280	270	—	—
0.7	250	235	225	215	205	—
0.8	200	190	180	170	155	—
0.9	160	150	145	140	130	125

5.黏性土地基的承载力基本容许值$[f_{a0}]$

黏性土的类型很多,形成年代不同、沉积形式不同,地基土的承载力也不同。黏性土常常按老黏性、一般黏性土、新近沉积黏性土三种不同种类确定地基承载力基本容许值。

(1)老黏性土地基的承载力基本容许值$[f_{a0}]$

老黏性土地基的承载力基本容许值可根据压缩模量E_s按表5-7确定地基承载力基本容许值。

表 5-7　老黏性土地基的承载力基本容许值$[f_{a0}]$

E_s/MPa	10	15	20	25	30	35	40
$[f_{a0}]$/kPa	380	430	470	510	550	580	620

注:当老黏性土$E_s<10$ MPa时,承载力基本容许值按一般黏性土由表5-8确定。

(2)一般黏性土地基的承载力基本容许值$[f_{a0}]$

《规范》提供的一般冲积、洪积黏性土地基的承载力基本容许值表,是以我国各地大量的荷载试验资料为依据编制的,见表5-8。制表时选用液性指数I_L和孔隙比e作为确定承载力基本容许值的指标。

表 5-8　一般黏性土地基的承载力基本容许值$[f_{a0}]$

I_L \ $[f_{a0}]$/kPa \ e	0.5	0.6	0.7	0.8	0.9	1.0	1.1
0	450	420	400	380	320	250	—
0.1	440	410	370	330	280	230	—
0.2	430	400	360	300	250	220	160
0.3	420	380	330	280	240	210	150
0.4	400	360	310	260	220	190	140
0.5	380	340	290	240	210	170	130
0.6	350	310	270	230	190	160	120
0.7	310	280	240	210	180	150	110
0.8	270	250	220	180	160	140	100
0.9	240	220	190	160	140	120	90
1.0	220	200	170	150	130	110	—
1.1	—	180	160	140	120	—	—
1.2	—	—	150	130	100	—	—

注:1.土中含有粒径大于2 mm的颗粒质量超过总质量30%以上者,$[f_{a0}]$可适当提高。

2.当$e<0.5$时,取$e=0.5$;当$I_L<0$时,取$I_L=0$。此外,超过表列范围的一般黏性土,$[f_{a0}]=55.22E_s^{0.57}$。

(3)新近沉积黏性土地基的承载力基本容许值$[f_{a0}]$

新近沉积黏性土地基可根据液性指数 I_L 和天然孔隙比 e 按表 5-9 确定承载力基本容许值$[f_{a0}]$。

表 5-9　新近沉积黏性土地基的承载力基本容许值 $[f_{a0}]$

e \ $[f_{a0}]$/kPa \ I_L	≤0.25	0.75	1.25
≤0.8	140	120	100
0.9	130	110	90
1.0	120	100	80
1.1	110	90	—

(三)地基土承载力容许值$[f_a]$的确定

按表 5-3～表 5-9 确定地基承载力基本容许值后，需按式(5-10)对地基承载力基本容许值进行宽度、深度修正，修正后为地基土承载力容许值$[f_a]$。当基础位于水中不透水地层上时，$[f_a]$按平均常水位至一般冲刷线的水深每米再增大 10 kPa。

$$[f_a]=[f_{a0}]+k_1\gamma_1(b-2)+k_2\gamma_2(h-3) \tag{5-10}$$

式中　$[f_a]$——修正后的地基承载力容许值，kPa。

b——基础底面的最小边宽，m，当 $b<2$ m 时，取 $b=2$ m；当 $b>10$ m 时，取 $b=10$ m。

h——基础底面的埋置深度，m。自天然地面算起。有水流冲刷时的墩台，由一般冲刷线算起。当 $h<3$ m 时，取 $h=3$ m；当 $h/b>4$ 时，取 $h=4b$。

γ_1——基底持力层土的天然重度，kN/m³。如持力层在水面以下，且为透水者(如碎石土、砂土等)，应采用浮重度。

γ_2——基底以上土层的加权平均重度，kN/m³。换算时如持力层在水面以下，且为透水者，在基底以上水中部分土(不论其是否透水)的重度应采用浮重度；如持力层为不透水者，则基底以上水中部分土(不论其是否透水)的重度应采用饱和重度。

k_1、k_2——基底宽度、深度修正系数，根据基底持力层土的类别按表 5-10 确定。

表 5-10　基底宽度、深度修正系数

<table>
<tr><th rowspan="3">系数 \ 土类</th><th colspan="4">黏性土</th><th>粉土</th><th colspan="4">碎石土</th></tr>
<tr><th rowspan="2">老黏性土</th><th colspan="2">一般黏性土</th><th>新近沉积黏性土</th><th>—</th><th colspan="2">碎石、圆砾、角砾</th><th colspan="2">卵石</th></tr>
<tr><th>$I_L\geq0.5$</th><th>$I_L<0.5$</th><th>—</th><th>—</th><th>中密</th><th>密实</th><th>中密</th><th>密实</th></tr>
<tr><td>k_1</td><td>0</td><td>0</td><td>0</td><td>0</td><td>0</td><td>3.0</td><td>4.0</td><td>3.0</td><td>4.0</td></tr>
<tr><td>k_2</td><td>2.5</td><td>1.5</td><td>2.5</td><td>1.0</td><td>1.5</td><td>5.0</td><td>6.0</td><td>6.0</td><td>10.0</td></tr>
</table>

<table>
<tr><th rowspan="3">系数 \ 土类</th><th colspan="8">砂土</th></tr>
<tr><th colspan="2">粉砂</th><th colspan="2">细砂</th><th colspan="2">中砂</th><th colspan="2">砾砂、粗砂</th></tr>
<tr><th>中密</th><th>密实</th><th>中密</th><th>密实</th><th>中密</th><th>密实</th><th>中密</th><th>密实</th></tr>
<tr><td>k_1</td><td>1.0</td><td>1.2</td><td>1.5</td><td>2.0</td><td>2.0</td><td>3.0</td><td>3.0</td><td>4.0</td></tr>
<tr><td>k_2</td><td>2.0</td><td>2.5</td><td>3.0</td><td>4.0</td><td>4.0</td><td>5.5</td><td>5.0</td><td>6.0</td></tr>
</table>

注：1. 对于稍密和松散状态的砂、碎石土，k_1、k_2 值可采用表列中密值的 50%。

2. 强风化和全风化的岩石，可参照所风化成的相应土类取值；其他状态下的岩石不修正。

由式(5-10)可看出，地基承载力容许值$[f_a]$由三部分组成：

(1)地基承载力基本容许值$[f_{a0}]$由地基土的物理性质确定，可从表5-3～表5-9查得。

(2)$k_1\gamma_1(b-2)$是基础宽度$b>2$ m时地基承载力的增加值。由图5-7可以看出，当地基承受压力发生挤出破坏时，$b>2$ m的基础所挤出土体的体积和重量都比$b=2$ m时大，挤出所遇的阻力也增加。因此，基础愈宽，挤出就愈困难，地基承载力就比$b=2$ m时有所增加。增加值与基础宽度的增大值$(b-2)$、反映基底挤出土体重量的重度γ_1和反映基底土抗剪强度的系数k_1三者有关。

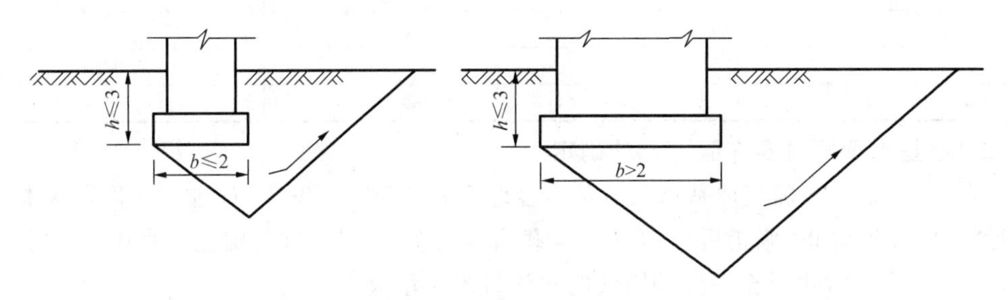

图5-7　基础宽度不同时对地基承载力的影响示意图(单位：m)

(3)$k_2\gamma_2(h-3)$是基础底面埋置深度$h>3$ m时地基容许承载力的增加值。由图5-8可以看出，当$h>3$ m时，相当于在$h=3$ m的基础周围地面上有$\gamma_2(h-3)$的超载作用，基底下的滑动土体在挤出过程中，要增加克服超载作用的阻力，所以地基承载力有所增加。系数k_2与基底挤出土的抗剪强度有关。

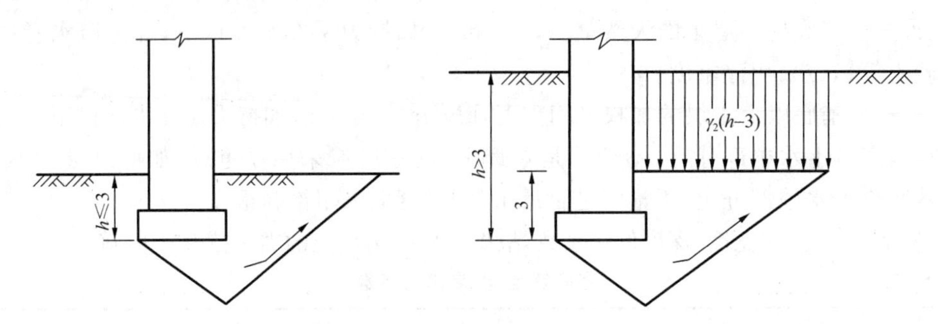

图5-8　基础埋深不同时对地基承载力的影响示意图(单位：m)

式(5-10)是根据浅基础的地基强度理论概念建立的，它只有在$h/b\leqslant4$时才适用。从公式还可看出，b值越大强度增加也越多。但若b过大，地基压力的影响深度也相应增加，沉降量也增大，不均匀沉降发生的几率也越大。为了避免沉降量过大及不均匀沉降，《规范》规定，当$b>10$ m用式(5-10)计算$[f_a]$时，应取$b=10$ m。

(四)软土地基的承载力容许值$[f_a]$

为了保证桥涵建筑物的安全和正常使用，软土地基的容许承载力必须同时满足稳定与变形两个方面的要求。经排水固结方法处理的软土地基承载力基本容许值应通过荷载试验或其他原位测试方法确定。而考虑了复合地基效应的软土地基处理工程，应通过荷载试验确定。未经处理的软土地基承载力通过下面的规定确定。

(1)软土地基承载力基本容许值$[f_{a0}]$应由荷载试验或其他原位测试取得。荷载试验和原位测试确有困难时，对于中小桥、涵洞基底未进行处理的软土地基承载力容许值$[f_a]$可采用以下两种方法确定：

①研究发现，饱和软黏土的天然含水量与强度存在唯一关系。根据原状土天然含水量w，按表5-11确定地基承载力基本容许值$[f_{a0}]$，然后按下式计算修正后的地基承载力容许值$[f_a]$

$$[f_a]=[f_{a0}]+\gamma_2 h \tag{5-11}$$

表5-11　　软土地基承载力基本容许值$[f_{a0}]$

天然含水量w/%	35	40	45	50	55	55	75
$[f_{a0}]$/kPa	100	90	80	70	60	50	40

②根据原状土强度指标由式(5-12)、式(5-13)确定软土地基承载力容许值$[f_a]$

$$[f_a]=\frac{5.14}{m}k_p c_u+\gamma_2 h \tag{5-12}$$

$$k_p=\left(1+0.2\frac{b}{l}\right)\left(1-\frac{0.4H}{blc_u}\right) \tag{5-13}$$

式中　$[f_a]$——地基容许承载力，kPa；

m——抗力修正系数，可视软土的灵敏度及基础长宽比等因素取$m=1.5\sim2.5$；

c_u——地基土快剪(不排水抗剪)强度标准值，kPa；

k_p——系数；

H——由作用(标准值)引起的水平力，kN；

b——基础宽度，m，有偏心作用时，取$b-2e_b$；

l——垂直于b边的基础长度，有偏心作用时，取$l-2e_l$；

e_b、e_l——偏心作用在宽度和长度方向的偏心距；

γ_2、h——与式(5-10)的γ_2、h意义相同。

(2)经排水固结方法处理的软土地基，其承载力基本容许值$[f_{a0}]$应通过荷载试验或其他原位测试方法确定；经复合地基方法处理的软土地基，其承载力基本容许值应通过荷载试验确定，然后按式(5-11)计算修正后的软土地基承载力容许值$[f_a]$。

式(5-11)实际上是式(5-10)的简捷实用公式，即式(5-10)中取$k_1=0$，$k_2=1$的情况。

最后应指出，软土地基上的桥涵建筑物，常常由地基变形条件控制设计。因此，《规范》规定，对这类建筑物除应验算地基强度外，一般还应再验算地基沉降量。

(五)根据受荷阶段确定地基承载力容许值

地基承载力容许值$[f_a]$应根据地基受荷阶段及受荷情况，乘以下列规定的抗力系数γ_R。

1.使用阶段

(1)当地基承受短期效应组合或偶然效应组合作用时，可取$\gamma_R=1.25$；但对承载力容许值$[f_a]<150$ kPa的地基，应取$\gamma_R=1.0$。

(2)当地基承受的作用短期效应组合仅包括结构自重、预加力、土重、土侧压力、汽车和人群效应时，应取$\gamma_R=1.0$。

(3)当基础建于经多年压实未遭破坏的旧桥基(岩石旧桥基除外)上时，不论地基承受的作用情况如何，抗力系数均可取$\gamma_R=1.5$；对于$[f_a]<150$ kPa的地基，可取$\gamma_R=1.25$。

(4)基础建于岩石旧桥基上，应取$\gamma_R=1.0$。

2. 施工阶段

(1)地基在施工荷载作用下,可取 $\gamma_R=1.25$。

(2)当墩台施工期间承受单向推力时,可取 $\gamma_R=1.5$。

【例题 5-2】 某工地取一般黏性土土样进行室内试验,测得天然重度 $\gamma=18.7\ \text{kN/m}^3$,含水量 $w=22.2\%$,土粒重度 $\gamma_s=26.8\ \text{kN/m}^3$,$w_L=32\%$,$w_P=18\%$。试确定地基承载力基本值$[f_{a0}]$。

解 一般黏性土地基承载力基本值由孔隙比、液性指数确定:

孔隙比 $$e=\frac{G_s\gamma_w(1+w)}{\gamma}-1=\frac{2.68\times10\times(1+22.2\%)}{18.7}-1=0.75$$

液性指数 $$I_L=\frac{w-w_P}{w_L-w_P}=\frac{22.2\%-18\%}{32\%-18\%}=0.3$$

查表 5-8 并内插得$[f_{a0}]=305\ \text{kPa}$。

【例题 5-3】 现场取某砂样进行室内试验,测得粒径大于 0.25 mm 的颗粒含量超过全重的 50%,天然重度 $\gamma=19.4\ \text{kN/m}^3$,含水量 $w=12\%$,土粒重度 $\gamma_s=26.6\ \text{kN/m}^3$,$e_{max}=0.81$,$e_{min}=0.41$。试确定地基承载力基本值$[f_{a0}]$。

解 砂土粒径大于 0.25 mm 的颗粒含量超过全重的 50%,根据第一章土的颗粒分组知此砂为中砂。中砂地基承载力基本值由砂土类别、密实程度决定。

砂土孔隙比 $$e=\frac{G_s\gamma_w(1+w)}{\gamma}-1=\frac{26.6\times(1+12\%)}{19.4}-1=0.53$$

砂土相对密实程度 $$D_r=\frac{e_{max}-e}{e_{max}-e_{min}}=\frac{0.81-0.53}{0.81-0.41}=0.7$$

0.7>0.67,砂土处于密实状态。

查表 5-5,$[f_{a0}]=450\ \text{kPa}$。

二、地基强度验算

当地基土由不同工程性质的土层组成时,直接承受建筑物基础的土层称为持力层,其下各土层称为下卧层。如果下卧层的强度低于持力层时,将该下卧层称为软弱下卧层。

地基强度验算时,应同时对持力层与软弱下卧层的进行验算。当作用于持力层与软弱下卧层的应力均应小于其容许承载力时,地基强度才算满足要求。

(一)持力层强度的验算

持力层进行验算时要求作用于持力层上的接触应力应小于或等于持力层容许承载力,按下式进行验算:

中心受压基础 $$\sigma\leqslant[f_a] \tag{5-14}$$

偏心受压基础 $$\sigma_{max}\leqslant[f_a] \tag{5-15}$$

(二)软弱下卧层的验算

软弱下卧层进行验算时要求作用于软弱下卧层顶面的总应力应小于或等于软弱下卧层的容许承载力。求出软弱下卧层顶面与基础形心竖向轴线相交处的附加应力及自重应力。叠加后进行验算,如图 5-9 所示。

$$\sigma_{h+z}=\gamma_{h+z}(h+z)+\alpha(\sigma_h-\gamma_h h)\leqslant[f_a] \quad (5\text{-}16)$$

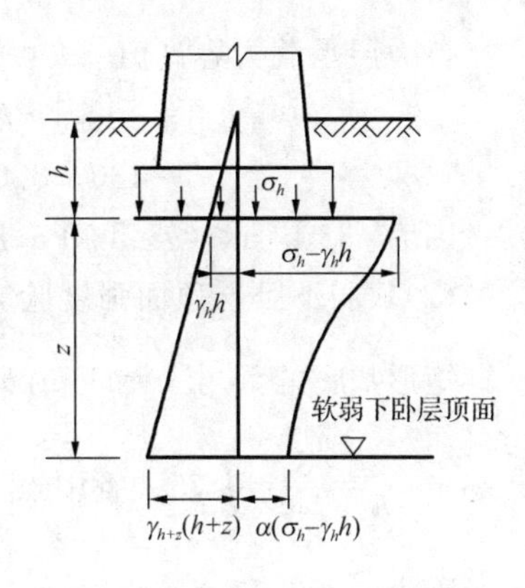

图 5-9 地基强度验算图

式中 σ_h——基底压应力，kPa。当$\frac{z}{b}>1$(或$\frac{z}{2r}>1$)时，σ_h采用基底平均压应力；当$\frac{z}{b}\leqslant1$(或$\frac{z}{2r}\leqslant1$)时，σ_h 按基底压应力图形采用距最大应力点$\frac{b}{4}\sim\frac{b}{3}$(或$\frac{r}{2}\sim\frac{2r}{3}$)处的压应力。其中，$b$ 为基础的宽度，r 为圆形基础的半径。

α——竖向附加应力系数，见第二章。

γ_{h+z}——软弱下卧层顶面以上$(h+z)$深度范围内各层土的换算重度，kN/m³。

γ_h——基底以上 h 深度范围内各层土的换算重度，kN/m³。

h——基底埋置深度，m。当基础受水流冲刷时，通常由一般冲刷线算起；当不受水流冲刷时，由天然地面算起；如位于挖方内，则由开挖后的地面算起。

z——自基底至软弱下卧层顶面的距离，m。

$[f_a]$——持力层、软弱下卧层的地基容许承载力，kPa。

【例题 5-4】 有一 4 m×6 m 的矩形基础，基底以上荷载(包括基础自重及基顶土重)P=8 000 kN，M=1 600 kN·m，基础埋深为 3 m，地基土资料如图 5-10 所示。试验算持力层及软弱下卧层的强度。

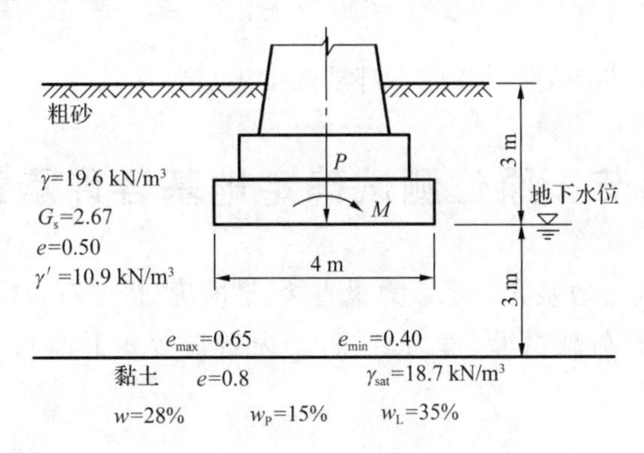

图 5-10 例题 5-4 地基、基础示意图

解 (1)持力层强度验算

作用于持力层上的基底压力

$$\sigma_{max}^{min}=\frac{P}{A}\pm\frac{M}{W}=\frac{8\ 000}{6\times4}\pm\frac{1\ 600}{\frac{1}{6}\times6\times4^2}=333\pm100\ \text{kPa}=\frac{433}{233}\ \text{kPa}$$

持力层的容许承载力的确定：

水位面下粗砂处于饱和状态，其相对密实程度

$$D_r=\frac{e_{max}-e}{e_{max}-e_{min}}=\frac{0.65-0.50}{0.65-0.40}=0.60$$

0.33<0.60<0.67，粗砂处于中密状态，查表 5-5，其承载力基本容许值$[f_{a0}]$=430 kPa。

持力层承载力容许值

$$[f_a]=[f_{a0}]+k_1\gamma_1(b-2)+k_2\gamma_2(h-3)$$
$$=430+3.0\times10.9\times(4-2)+5.0\times19.6\times(3-3)=495.4\ \text{kPa}$$

因为 433 kPa<495.4 kPa，所以持力层强度满足要求。

(2)软弱下卧层顶面强度验算

矩形基底的尺寸 $a=6$ m，$b=4$ m，$\frac{a}{b}=\frac{6}{4}=1.5$。软弱下卧层在基底以下 3 m，即 $z=3$ m，$\frac{z}{b}=\frac{3}{4}=0.75$。查中点下竖向附加应力系数表，得 $\alpha=0.582$。

因为$\frac{z}{b}=0.75<1$，所以

$$\sigma_h=233+0.75\times(433-233)=383\ \text{kPa}$$

$$\sigma=\gamma_{h+z}(h+z)+\alpha(\sigma_h-\gamma_h h)=19.6\times3+10.9\times3+10\times3+0.582\times(383-19.6\times3)=310\ \text{kPa}$$

软弱下卧层容许承载力的确定

$$I_L=\frac{w-w_P}{w_L-w_P}=\frac{28\%-15\%}{35\%-15\%}=0.65,\quad e=0.80$$

查表 5-8 并内插得$[f_{a0}]=220$ kPa。

持力层承载力容许值

$$[f_a]=[f_{a0}]+k_1\gamma_1(b-2)+k_2\gamma_2(h-3)=220+0+1.5\times\frac{19.6\times3+20.9\times3}{6}(6-3)=311\ \text{kPa}$$

因为 311 kPa>310 kPa，所以软弱下卧层强度满足要求。

第四节　原位测试确定地基容许承载力

现场原位测试是确定地基容许承载力最直接、最准确、最能符合实际情况的方法。目前常用的原位测试方法有荷载试验、静力触探、动力触探等。下面对这几种情况进行简要介绍。

一、荷载试验

荷载试验是在现场试坑中竖立荷载架，直接对地基土分级施加荷载，测定其在各级荷载作用下的沉降量。根据试验数据绘制荷载-沉降量曲线（*p-s* 曲线）及每级荷载作用下的沉降量-时间曲线（*s-t* 曲线），由此判定土的变形模量、地基承载力和土的变形特性等。

荷载试验根据建筑物性质、建筑荷载大小、基础埋置深度等因素分为浅层平板荷载试验与深层平板荷载试验。

(一)浅层平板荷载试验(见第三章第三节)

(二)深层平板荷载试验

深层平板荷载试验可用于确定深部地基及大直径桩桩端在承压板压力主要影响范围内土层的承载力。

深层平板荷载试验的承压板采用直径为 0.8 m 的刚性板，紧靠承压板周围外侧的土层高度不应小于 0.8 m。

加载装置如图5-11所示，加荷采用油压千斤顶分级加荷，加荷等级可按预估极限承载力的1/15～1/10分级施加。每级加荷后，第一个小时内按间隔10 min、10 min、10 min、15 min、15 min，以后为每隔半小时测读一次沉降量。当在连续两小时内沉降量小于0.1 mm时，则认为沉降已趋稳定，可加下一级荷载。

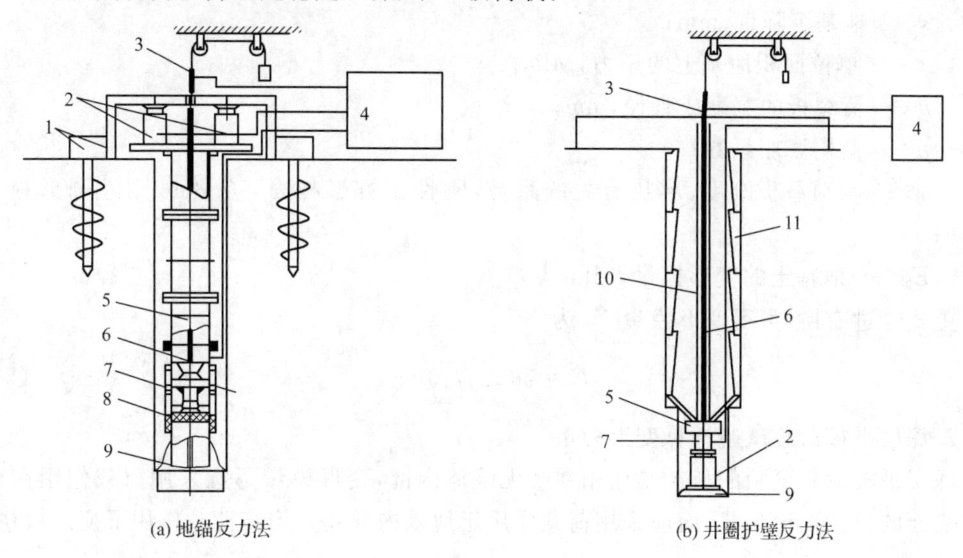

图5-11　深层平板加载装置

1—反力梁；2—油压千斤顶；3—位移传感器；4—检测仪；5—传力杆；6—位移杆；7—压力传感器；8—密封装置；9—承压板；10—塑料保温管；11—井圈护壁

当出现下列现象之一时，即可终止加载：

(1)沉降量 s 急骤增大，在荷载-沉降量(p-s)曲线上有可判定极限承载力的陡降段，且沉降量超过 $0.04d$(d 为承压板直径)。

(2)在某级荷载作用下，24 h内沉降速率不能达到稳定。

(3)本级沉降量大于前一级沉降量的5倍。

(4)当持力层土层坚硬，沉降量很小时，最大加载量不小于设计要求的2倍。

承载力基本容许值按下列规定取值：

(1)当 p-s 曲线上有比例界限时，取该比例界限所对应的荷载值。

(2)当满足终止加载条件前三条之一时，其对应的前一级荷载定为极限荷载；当该值小于对应比例界限的荷载值的2倍时，取极限荷载的一半。

(3)不能按上述两款要求确定时，可取 $s/d=0.01\sim0.015$ 所对应荷载值，但其值不应大于最大加载量的一半。

同一土层参加统计的试验点不应少于3点。当试验实测值的差值不超过其平均值的30%时，取此平均值作为该土层的地基承载力基本容许值。

(三)变形模量

在无侧向限制的条件下，土在受压变形时产生的竖向压应力 σ_z 与竖向应变 ε_z 的比值称为变形模量 E_0。

1.浅层平板荷载试验计算变形模量

从浅层平板荷载试验所得 p-s 曲线上可以看出，在一定荷载范围内，荷载 p 与其对应的

沉降量 s 呈线性关系，因而可以按均质各向同性半无限弹性体的弹性理论计算，均布面荷载作用下的地基沉降量公式为

$$s=\omega\frac{pb(1-\mu^2)}{E_0} \tag{5-17}$$

式中 s——地基沉降量，mm；

p——单位面积地基上的压力，MPa；

b——荷载板的宽度或直径，mm；

μ——侧向膨胀系数；

ω——与荷载板刚度、形状有关的系数，刚性正方形板 $\omega=0.886$，刚性圆形板 $\omega=0.786$；

E_0——地基土的变形模量，MPa。

上式经过变换，可得变形模量 E_0 为

$$E_0=\omega(1-\mu^2)b\frac{p}{s} \tag{5-18}$$

2. 深层平板荷载试验计算变形模量

深层平板荷载试验的荷载是作用在半无限体内部，变形模量不宜采用荷载作用在半无限体表面的弹性理论公式，而应采用荷载作用于地基内部垂直均布荷载作用下变形模量。

$$E_0=\omega\frac{pd}{s} \tag{5-19}$$

式中 ω——与试验深度和土类有关的系数，可查表 5-12。

表 5-12　深层平板荷载试验计算系数 ω

土类 / d/z	碎石土	砂土	粉土	粉质黏土	黏土
0.30	0.477	0.489	0.491	0.515	0.524
0.25	0.459	0.480	0.482	0.505	0.514
0.20	0.450	0.471	0.474	0.497	0.505
0.15	0.444	0.454	0.457	0.479	0.487
0.10	0.435	0.445	0.448	0.470	0.478
0.05	0.427	0.437	0.439	0.451	0.458
0.01	0.418	0.429	0.431	0.452	0.459

注：d/z 为承压板直径和承压板底面深度之比。

3. 变形模量与压缩模量的关系

变形模量与压缩模量在理论上有一定的关系。变形模量虽然可通过荷载试验来测定，但荷载试验历时长、费用大，而且还由于深层土的试验在技术上存在一定的困难，所以常常依靠室内试验取得的压缩模量资料来进行换算。

根据材料力学原理，E_0 与 E_s 之间的关系为

$$E_0=(1-\frac{2\mu^2}{1-\mu})E_s=\beta E_s \tag{5-20}$$

应当指出，上式所表示的 E_0 与 E_s 关系只是理论关系。实际上，由于现场荷载试验测

定 E_0 和室内压缩试验测定 E_s 时，均有些无法考虑的因素，使得上式不能准确反映 E_0 与 E_s 之间的关系。

【例题 5-5】 某建筑场地在稍密中砂中进行荷载试验，荷载板直径为 0.707 m×0.707 m，压力与沉降量关系见表 5-13，试求土的变形模量。

（土的侧向膨胀系数 μ=0.33，荷载板形状系数 ω=0.89）

表 5-13　　荷载与沉降量关系表

荷载	25	50	75	100	125	150	175	200	225	250	275
沉降量	0.88	1.75	2.55	3.53	4.41	5.30	5.13	7.25	8.00	10.54	15.80

解　从荷载与沉降量关系，可以看出，在荷载达到 175 kPa 以前，沉降量 s 与荷载 p 接近直线变形，在此直线段内任取一 p 值和与之对应的 s 值，代入式(5-18)中，取 p =125 kPa 时沉降量 s=4.41 mm 进行计算

$$E_0=\omega(1-\mu^2)b\,\frac{p}{s}=0.89\times(1-0.33^2)\times0.707\times\frac{0.125}{4.41}=15.9\ \text{MPa}$$

二、静力触探和动力触探

触探是将一种金属探头压入或打入（统称贯入）土层中，根据贯入时的阻力或贯入一定深度的锤击数来划分土层及确定其物理力学性质的一种工程地质勘探方法和原位测试手段。按贯入方式的不同，触探分为静力触探和动力触探。采用静力压入方式的称为静力触探，采用落锤打入方式的称为动力触探。显然，贯入阻力大或贯入一定深度需要的锤击数多，就说明土的抗剪强度高，地基承载力大，即贯入阻力或锤击数与地基承载力之间存在一定关系。

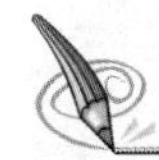

复习题

5-1　什么是地基土容许承载力基本值和容许值？有哪几种确定方法？各适用于何种条件？

5-2　影响地基承载力的主要因素有哪些？

5-3　什么是极限荷载、临塑荷载和塑性荷载？

5-4　为什么要验算软弱下卧层的强度？其具体要求是什么？

5-5　浅层平板荷载试验与深层平板荷载试验有何不同？根据试验结果如何确定承载力基本容许值？

5-6　某条形基础宽 2 m，埋深为 1.5 m，地基为粉质黏土，天然重度 γ=19.0 kN/m^3，内摩擦角 φ=16°，c=36 kPa。

(1)计算地基的临塑荷载；

(2)当 P=200 kPa 时，地基中是否存在塑性变形区？

5-7　有一条形基础宽 2.5 m，埋深为 1.5 m，地基土的天然重度 γ=19.0 kN/m^3，内摩擦角 φ=20°，c=18 kPa。

(1)计算该地基极限承载力；

(2)如果安全系数为 2.5，承载力容许值是多少？

5-8　某黏性土地基的土样试验数据见表 5-14。试确定其承载力基本值，并定出土的名称。

表 5-14　　复习题 5-8 表

土粒相对密度 G_s	土的密度 $\rho/(kN \cdot m^{-3})$	天然含水量 $w/\%$	液限 $w_L/\%$	塑限 $w_P/\%$
2.53	1.87	33.4	45	25.5

5-9　某砂土地基的土样试验数据和最大、最小孔隙比见表 5-15。试确定其承载力基本值。

表 5-15　　复习题 5-9 表

土粒相对密度 G_s	土的密度 $\rho/(kN \cdot m^{-3})$	天然含水量 $w/\%$	液限 $w_L/\%$	塑限 $w_P/\%$
2.54	1.95	25.0	45.0	27.0

5-10　某饱和土，孔隙比 $e=0.80$，土粒相对密度 $G_s=2.75$，液限 $w_L=31.0\%$，塑限 $w_P=25.5\%$。试确定其承载力基本值。

5-11　某桥墩基础为一矩形(长 8.0 m，宽 5.0 m)，基础埋深为 4.0 m，水位在至一般冲刷线为 3 m，基底与埋深范围内土样均为中密细砂，饱和重度为 10.2 kN/m³。试计算此细砂地层的承载力容许值。

第六章

土压力与土坡稳定

本章主要讲授土压力与土坡稳定的计算，重点介绍朗肯土压力理论、库仑土压力理论及其应用，另外还简单介绍土坡稳定的计算。

第一节 概 述

挡土墙是防止土体坍塌下滑的构筑物，在道路工程、铁路工程、房屋建筑、水利工程以及桥梁工程中应用甚为广泛。例如，支撑边坡土体和山区路基的边坡挡土墙、地下室外墙、桥台以及贮存粒料材料的挡土墙等，如图 6-1 所示。挡土墙的结构形式可分为重力式、悬臂式和扶壁式等。挡土墙通常用块石、砖、素混凝土及钢筋混凝土等材料建成。

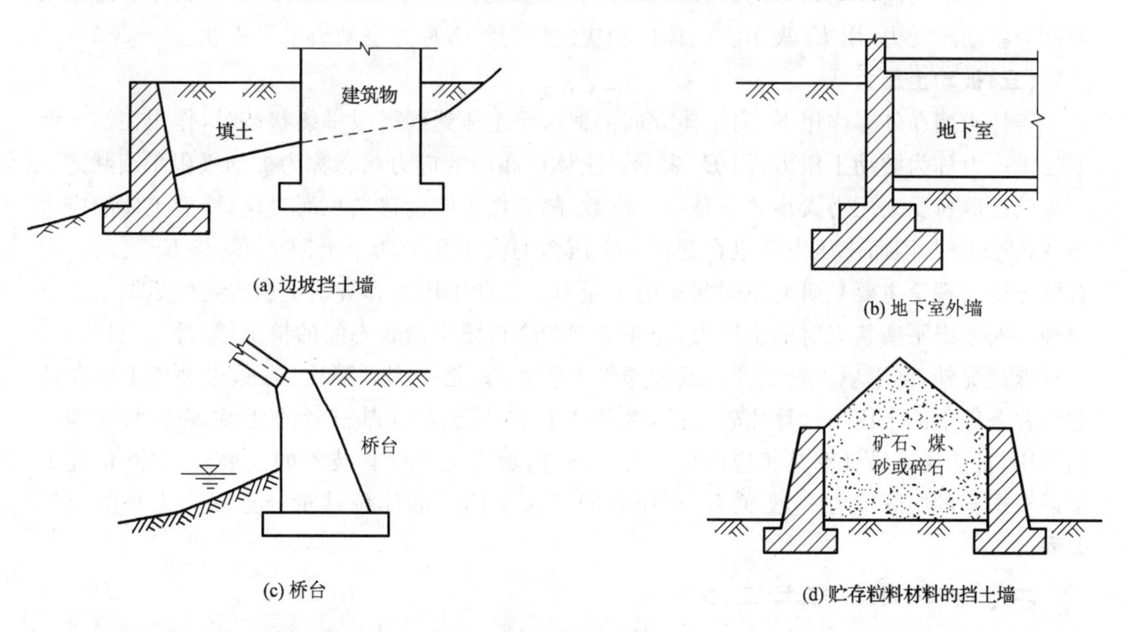

图 6-1 挡土墙的应用

土压力是指挡土墙背后填土因自重或外荷载作用对墙背产生的侧向压力。由于土压力是挡土墙的主要外荷载，因此，设计挡土墙时首先要确定土压力的性质、大小、方向和作用点。

土压力的计算是一个十分复杂的问题，它涉及填料、墙身以及地基三者之间的共同作

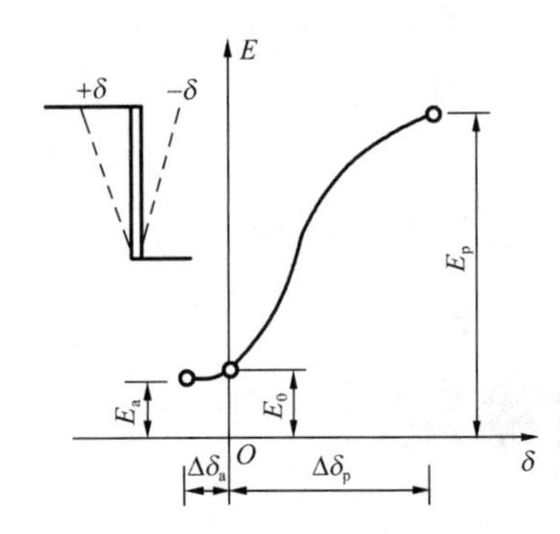

图 6-2　土压力与墙身位移的关系

用。土压力的性质和大小与墙身的位移、墙体高度、墙后填土的性质等有关。根据墙的位移方向和大小，作用在墙背上的土压力可分为主动土压力、静止土压力和被动土压力三种。其中主动土压力最小，被动土压力最大，静止土压力则介于上述两者之间。它们与墙身位移之间的关系如图 6-2 所示。

一般的挡土墙因其长度远大于高度，属于平面问题，故在计算土压力时可沿墙长度方向取每延米考虑。

一、墙体变位与土压力

挡土墙土压力的大小及其分布规律与墙体可能移动的方向和大小有很大关系。根据墙的移动情况和墙后土体所处的应力状态，作用在挡土墙上的土压力可分为以下三种。

(一)静止土压力

若挡土墙静止不动，墙后土体处于弹性平衡状态时，土对墙的压力称为静止土压力，用 E_0 表示。静止土压力可能存在于某些建筑物支撑着的土层中，如地下室外墙、地下水池侧壁。涵洞边墙和船闸边墙等都可近似视为受静止土压力作用。静止土压力可按直线变形体无侧向变形理论求出。

(二)主动土压力

若挡土墙向离开土体方向偏移至墙后土体达到极限平衡状态时，作用在墙背上的土压力称为主动土压力，用 E_a 表示。土体内相应的应力状态称为主动极限平衡状态。

(三)被动土压力

若挡土墙在外力作用下，向土体方向的偏移至土体达到极限平衡状态时，作用在挡土墙上的土压力称为被动土压力，用 E_p 表示。土体内相应的应力状态称为被动极限平衡状态。

挡土墙所受土压力大小并不是一个常数，随着挡土墙位移大小而变化，墙后土体的应力应变状态不同，因而土压力值也在变化。土压力的大小介于两个极限值 E_a 与 E_p 之间。现有的土压力理论主要是研究极限状态的土压力。主动土压力和被动土压力是墙后填土处于两种不同极限平衡状态时的土压力，至于介于两个极限平衡状态间的情况，除静止土压力这一特殊情况外，由于填土处于弹性或弹塑性平衡状态，是一个超静定问题，这种挡土墙在任意位移条件下的土压力计算比较复杂，涉及挡土墙、填土和地基三者的变形、强度特性和共同作用，目前还不易计算其相应的土压力。不过，随着土工计算技术的发展，在某些情况下可以根据土的实际应力-应变关系，利用有限元法来确定墙体位移量与土压力大小的定量关系。

二、墙体刚度与土压力

土压力是土与挡土墙之间相互作用的结果，它不仅与挡土墙的位移有关，而且还与墙体的刚度密切相关。

一般用砖、石或混凝土修建的挡土墙，依靠墙身自重抵抗或平衡墙后填土产生的土压力。这种墙常称为重力式挡土墙。由于其断面较大、刚度较大，在侧向土压力作用下可发生平移或转动，墙身基本不允许挠曲变形，故挠曲变形可以不计。这种挡土墙可视为刚性挡土墙，墙背受到的土压力一般近似沿墙高呈上小下大的三角形直线分布。

另外一类挡土墙自重轻、断面小、刚度小，如基坑工程中常用的板桩墙等轻型支挡。在土压力作用下这类挡土墙因自身刚度较小，会发生挠曲变形，从而明显地影响土压力的分布和大小。这类挡土墙称为柔性挡土墙，其墙后土压力不再是直线分布而是较复杂的曲线分布。

工程中有时还采用衬板支撑挡土墙。由于支撑系统的铺设是在基坑开挖过程中按照自上而下，边开挖、边铺衬板、边支撑的顺序分层进行，因此，作用于支撑系统上的土压力分布受施工过程和变位条件的影响，较为复杂。与前述两种挡土墙又有所不同，土压力沿支撑结构高度通常呈曲线分布。

三、界限位移

挡土墙的位移大小决定着墙后土体的应力状态和土压力的性质，界限位移是指墙后土体将要出现而未出现滑动面时挡土墙位移的临界值。显然，这个临界位移值对于确定墙后土体的应力状态、确定土压力分布及进行土压力计算都非常重要。根据大量的试验观测和研究可知，主动极限平衡状态和被动极限平衡状态的界限位移大小不同，后者比前者大得多，它们都与挡土墙的高度 H、土的类别和挡土墙位移形式及位移量有关，见表 6-1。由于达到被动极限平衡状态所需的界限位移量较大，而这样大的位移在工程上不允许发生。因此，设计时往往只按被动土压力值的某一百分数（如 30%～50%）来考虑。

表 6-1　　产生主、被动土压力所需位移量

土压力状态	土的类别	挡土墙位移形式	所需位移量
主　动	砂土	平　移 绕墙趾转动	$0.001H$ $0.001H$
	黏性土	平　移 绕墙趾转动	$0.004H$ $0.004H$
被　动	砂土	平　移 绕墙趾转动	$0.05H$ $>0.1H$

第二节　静止土压力

静止土压力是墙静止不动，墙后土体处于弹性平衡状态时作用于墙背的侧向压力。根据弹性半无限体的应力和变形理论，z 深度处的静止土压力强度 e_0 为

$$e_0 = K_0 \gamma z \tag{6-1}$$

式中　γ——土的重度；

K_0——静止土压力系数，可由泊松比来确定，$K_0=\frac{\mu}{1-\mu}$。

一般土的泊松比值，砂土可取 0.2～0.25，黏性土可取 0.25～0.40，其相应的 K_0 值为 0.25～0.67。对于理想刚体，$\mu=0$，$K_0=0$；对于液体，$\mu=0.5$，$K_0=1$。

静止土压力系数 K_0 也可在室内由三轴压缩仪或在现场由原位自钻式旁压仪等测试手段和方法得到。应该指出，目前测定 K_0 的设备和方法还不够完善，所得结果还不能令人满意。

在缺乏试验资料时，可按经验公式式(6-2)和式(6-3)估算 K_0 值：

砂土 $$K_0=1-\sin\varphi' \tag{6-2}$$

黏性土 $$K_0=0.95-\sin\varphi' \tag{6-3}$$

式中 φ'——土的有效内摩擦角。

在缺乏试验资料时，K_0 除可按式(6-2)和式(6-3)取值外，也可按表 6-2 取值。

表 6-2　　各种土的静止土压力系数

土壤名称	K_0	土壤名称	K_0
砾石、卵石	0.20	亚黏土	0.45
砂土	0.25	黏土	0.55
亚砂土	0.35		

由式(6-1)可知，在均质土中，静止土压力与计算深度呈三角形分布，对于高度为 H 的竖直挡土墙而言，取单位墙长，则作用在墙上静止土压力的合力值 E_0 为

$$E_0=\frac{1}{2}K_0\gamma H^2 \tag{6-4}$$

合力 E_0 的方向水平，作用点在距墙底 $H/3$ 高度处。

第三节　朗肯土压力理论

一、基本概念

朗肯土压力理论是从半无限土体的极限平衡应力状态出发，假定墙是刚性的，墙背竖直而光滑，即不考虑墙背与填土之间的摩擦力，墙后填土面为无限延伸的平面。墙背假想为这种半无限体中的一个竖直平面，现从墙后填土面以下任一深度 z 处 M 点取一单元土柱进行分析：

若土柱不发生位移，半无限土体处于弹性平衡时的应力状态，可用图 6-3(c)中应力圆 A_0 表示，此时应力圆 A_0 位于抗剪强度线以下。当土体由于某种原因(如开挖基坑、开挖路堑)在水平方向产生侧向膨胀而伸展时，图 6-3(a)中的 ab 平面移至 a_1b_1 位置，由于土体达到平衡的位移量不致引起土的重度发生改变。可以设想，土柱底面的应力 σ_z 保持不变，由于侧胀土体开始松弛，因而水平应力 σ_x 逐渐减小达到主动极限平衡时，土体开始沿着与水平面成$(45°+\frac{\varphi}{2})$角的滑动面向下滑动，此时 M 点的应力状态可用图 6-3(c)中的 A_a 应力圆表示，应力圆 A_a 与抗剪强度线相切，M 点的最大主应力 $\sigma_1=\sigma_z=\gamma z$，最小主应力 $\sigma_3=\sigma_x=e_a$。

同理，当土体在水平方向受挤而压缩时，图 6-3(b)中的 ab 平面移到 a_2b_2 的位置，σ_z 仍保持不变，σ_x 则由于土体被挤压而逐渐增大，达到被动极限平衡状态时，土体开始产生沿着与水平面成$(45°-\frac{\varphi}{2})$角的滑动面向上滑动，这时 M 点的应力状态可用图 6-3(c)中 A_p 应力圆表示，应力圆 A_p 与抗剪强度线相切，M 点的最大主应力 $\sigma_1=\sigma_x=e_p$，最小主应力 $\sigma_3=\sigma_z=\gamma z$。

朗肯土压力理论所求的土压力，就是指地面为平面的土中竖直面上的压力。朗肯认为：作用在竖直墙背上的土压力强度，就是达到极限平衡(主动或被动状态)的半无限土体中任

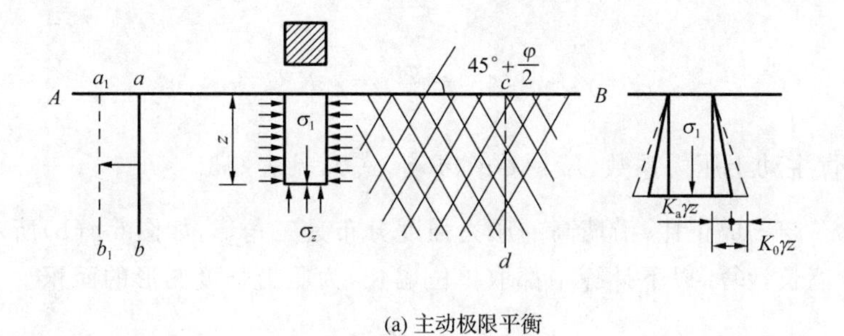

(a) 主动极限平衡

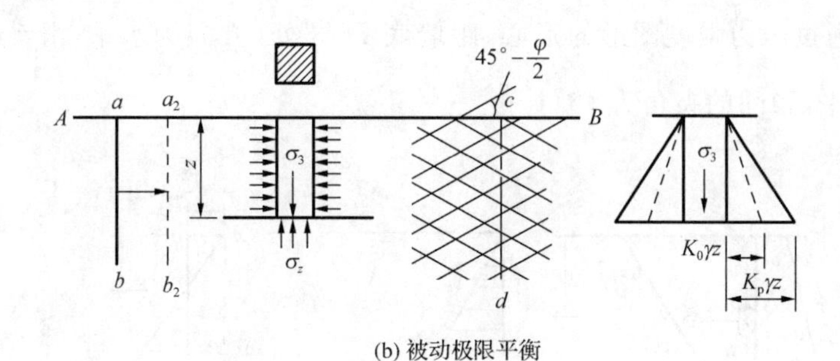

(b) 被动极限平衡

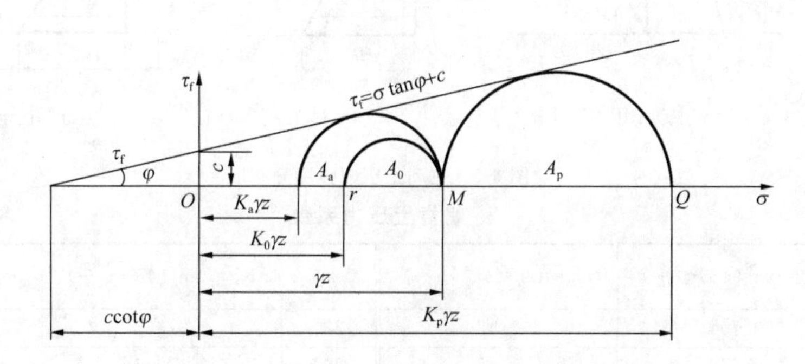

(c) 用应力圆表示朗肯极限平衡

图 6-3　半无限土体的朗肯极限平衡状态

一竖直截面上的应力。土压力的方向与地面平行。

二、简单情况下的土压力计算

简单情况是指墙背竖直(即墙背与竖直面的倾斜角 $\theta=0°$),填土面水平(即填土面与水平面的倾斜角 $\alpha=0°$),墙背光滑,不计墙背与土之间的摩擦力(即墙背与填土面之间的摩擦角 $\delta=0°$)。

(一)主动土压力

当挡土墙向前(离开填土)移动或转动达到主动极限平衡状态出现滑动面时,任一深度处所受竖直应力 γz 为最大主应力 σ_1,水平应力 σ_x 为最小主应力 σ_3,也就是该深度处作用在墙背上的主动土压力强度 e_a,如图 6-4(a)所示。

根据土的强度理论,当土体中某点处于极限平衡时,最大主应力与最小主应力之间的关系应满足如下各式。

1. 砂土

$$e_a = \gamma z \tan^2(45° - \frac{\varphi}{2}) = \gamma z K_a \tag{6-5}$$

式中　K_a——朗肯主动土压力系数，$K_a = \tan^2(45° - \frac{\varphi}{2})$，见表 6-3。

从上式可知 E_a 与 z 成正比，沿墙高的压力强度分布是三角形，如图 6-4(b)所示，其总主动土压力（取单位墙长计算，以下计算中都取单位墙长）为压力强度图形的面积。

$$E_a = \frac{1}{2}\gamma H^2 K_a \tag{6-6}$$

E_a 的作用点通过压力强度图形的形心，距墙底 $H/3$ 处，方向为水平，滑动面与最大主应力作用平面（水平面）间的夹角为 $45° + \frac{\varphi}{2}$。

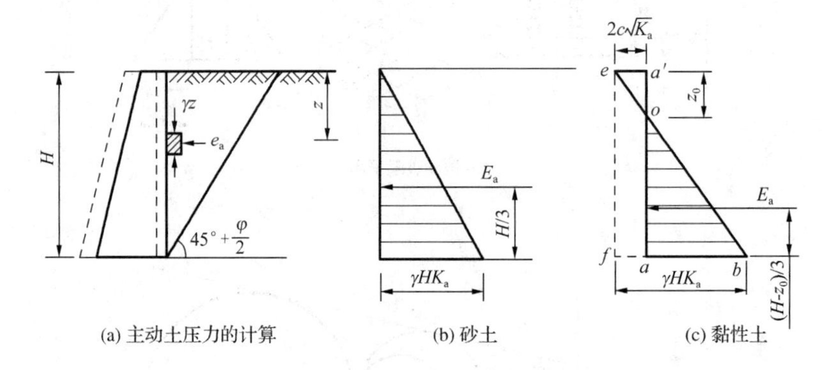

图 6-4　主动土压力强度分布图

表 6-3　　**朗肯土压力系数**

φ	$K_a = \tan^2(45° - \frac{\varphi}{2})$	$K_p = \tan^2(45° + \frac{\varphi}{2})$	φ	$K_a = \tan^2(45° - \frac{\varphi}{2})$	$K_p = \tan^2(45° + \frac{\varphi}{2})$
10°	0.704	1.42	28°	0.361	2.77
11°	0.679	1.47	29°	0.347	2.88
12°	0.656	1.52	30°	0.333	3.00
13°	0.632	1.57	31°	0.321	3.12
14°	0.610	1.64	32°	0.307	3.25
15°	0.588	1.69	33°	0.295	3.39
16°	0.568	1.76	34°	0.283	3.54
17°	0.548	1.82	35°	0.270	3.69
18°	0.528	1.89	36°	0.260	3.85
19°	0.508	1.96	37°	0.248	4.02
20°	0.490	2.04	38°	0.238	4.20
21°	0.472	2.12	39°	0.227	4.39
22°	0.455	2.20	40°	0.218	4.60
23°	0.438	2.28	41°	0.208	4.82
24°	0.421	2.37	42°	0.198	5.04
25°	0.406	2.46	43°	0.189	5.29
26°	0.391	2.56	44°	0.180	5.55
27°	0.376	2.66	45°	0.171	5.83

2. 黏性土

$$e_a=\gamma z\tan^2(45°-\frac{\varphi}{2})-2c\tan(45°-\frac{\varphi}{2})=\gamma zK_a-2c\sqrt{K_a} \tag{6-7}$$

式中 c——填土的黏聚力,kPa;

φ——填土的内摩擦角,(°),由试验确定。

从式(6-7)可知,黏性土的主动土压力强度由两部分组成:一部分是由土体自重引起的土压力强度 γzK_a,另一部分则是由黏聚力所引起的负(反向)土压力强度 $2c\sqrt{K_a}$,两部分叠加的结果如图 6-4(c)所示。从压力强度分布图中看到:$a'e$ 是负值,对墙背产生拉力,实际上是不存在的,即在 z_0 深度内没有土压力,$\gamma zK_a-2c\sqrt{K_a}=0$。

所以

$$z_0=\frac{2c}{\gamma\sqrt{K_a}} \tag{6-8}$$

这就是许多陡峭的黏性土坡不需支撑能直立不坍塌的原因。因此黏性土的土压力强度图形仅是 abo 部分。总主动土压力为

$$E_a=\frac{1}{2}(H-z_0)(\gamma HK_a-2c\sqrt{K_a}) \tag{6-9}$$

$$E_a=\frac{1}{2}\gamma H^2K_a-2cH\sqrt{K_a}+\frac{2c^2}{\gamma} \tag{6-10}$$

E_a 的作用点通过三角形分布图形 abo 的形心,即作用在离墙底$(H-z_0)/3$处。

(二)被动土压力

当挡土墙向后移动或转动,达到被动极限平衡状态出现滑动面时,则土中的竖向应力 γz 变为最小主应力 σ_3,而水平应力变为最大主应力也就是作用在墙背上的被动土压力强度 e_p,根据第五章土的极限平衡条件,可计算出最大主应力即被动土压力强度。如图 6-5(a)所示。

1. 砂土

$$e_p=\sigma_1=\gamma z\tan^2(45°+\frac{\varphi}{2})=\gamma zK_p \tag{6-11}$$

式中 K_p——朗肯被动土压力系数,$K_p=\tan^2(45°+\frac{\varphi}{2})$,见表 6-3,其土压力强度分布如图 6-5(b)所示,总被动土压力为

$$E_p=\frac{1}{2}\gamma H^2K_p \tag{6-12}$$

作用点距墙底 $H/3$ 处,方向水平,滑动面与最小主应力作用平面(水平面)呈$(45°-\frac{\varphi}{2})$角。

2. 黏性土

$$e_p=\gamma zK_p+2c\sqrt{K_p} \tag{6-13}$$

由式(6-13)可知,黏性土的被动土压力强度亦分别由土的自重和黏聚力两部分所引起的,叠加后的土压力强度为梯形分布,如图 6-5(c)所示。总被动土压力为

$$E_p=\frac{1}{2}\gamma H^2K_p+2cH\sqrt{K_p} \tag{6-14}$$

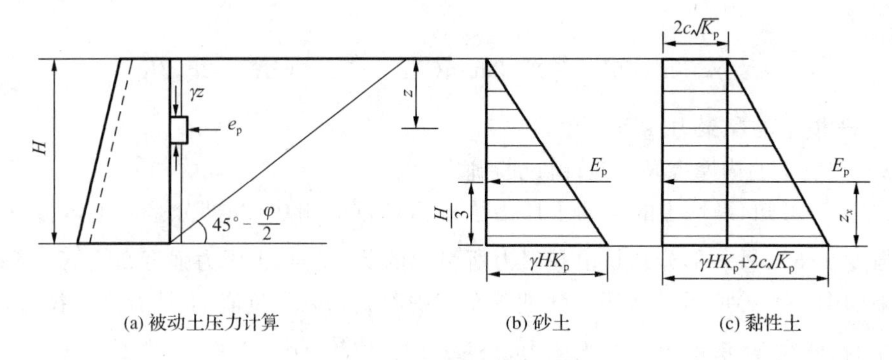

图 6-5 被动土压力强度分布图

合力作用点通过土压力强度分布图的形心在墙背上的投影点，距墙底的距离为

$$z_x=\frac{H}{3}\cdot\frac{\gamma HK_p+6c\sqrt{K_p}}{\gamma HK_p+4c\sqrt{K_p}} \tag{6-15}$$

方向水平，滑动面位置与水平面呈$(45°-\frac{\varphi}{2})$角。

【例题 6-1】 某挡土墙高 $H=5$ m，墙背光滑、竖直，填土面水平。墙后回填黏性土，其物理力学性质指标为：$\gamma=18$ kN/m³，$c=15$ kPa，$\varphi=22°$，$\delta=0°$。试求主动、被动土压力强度及总压力的大小、方向、作用点位置及土压力强度分布图。

解 按 $\varphi=22°$由表 6-3 查得：$K_a=0.455$，$K_p=2.20$。

(1)计算主动土压力

不承受土压力的临界高度

$$z_0=\frac{2c}{\gamma\sqrt{K_a}}=\frac{2\times15}{18\times\sqrt{0.455}}=2.47\text{ m}$$

墙底处的土压力强度

$$e_a=\gamma HK_a-2c\sqrt{K_a}=18\times5\times0.455-2\times15\times\sqrt{0.455}=20.7\text{ kPa}$$

单位墙长所受的土压力

$$E_a=\frac{1}{2}(H-z_0)(\gamma HK_a-2c\sqrt{K_a})=\frac{1}{2}\times(5-2.47)\times20.7=26.2\text{ kN/m}$$

单位长度上的总压力也可由式(6-10)计算求得(此处略)。

然后按比例绘制主动土压力强度分布图，如图 6-6(a)所示。

合力作用点距墙底的距离

$$z_x=\frac{H-z_0}{3}=\frac{5-2.47}{3}=0.84\text{ m}$$

(2)计算被动土压力

墙顶处土压力强度

$$e_{p顶}=\gamma zK_p+2c\sqrt{K_p}=2\times15\times\sqrt{2.20}=44.5\text{ kPa}$$

墙底处土压力强度

$$e_{p底}=\gamma HK_p+2c\sqrt{K_p}=18\times5\times2.20+2\times15\times\sqrt{2.20}=242.5\text{ kPa}$$

总被动土压力

$$E_p=\frac{1}{2}(44.5+242.5)\times 5=717.5\ \text{kN/m}$$

总被动土压力也可由式(6-14)求得(此处略)。

合力作用点距墙底的距离

$$z_x=\frac{E_{p1}\cdot\frac{H}{2}+E_{p2}\cdot\frac{H}{3}}{E_p}=\frac{44.5\times 5\times\frac{5}{2}+\frac{1}{2}\times(242.5-44.5)\times 5\times\frac{5}{3}}{717.5}=1.93\ \text{m}$$

合力作用点距墙底的距离也可用式(6-15)求得(此处略)。

方向:因为 $\delta=0°$,所以均为水平方向。被动土压力强度分布图如图 6-6(b)所示。

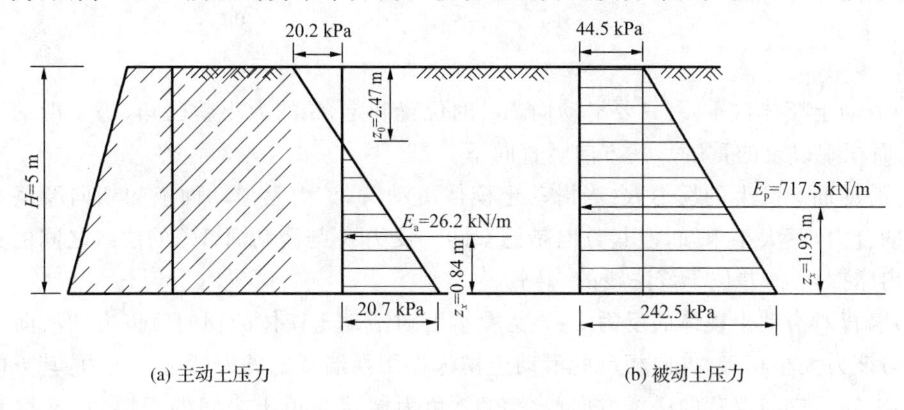

图 6-6　黏性土土压力计算

从例题可以算出,挡土墙处于主动平衡比处于被动平衡时所受的土压力要小得多。

第四节　库仑土压力理论

库仑土压力理论是库仑在 1773 年提出的计算土压力的一种经典理论。它是根据墙后土体所形成的滑动土楔体的静力平衡条件建立的土压力计算方法。由于它具有计算较简便、能适用于各种复杂情况且计算结果比较接近实际等优点,所以至今仍得到广泛应用。我国的土建类规范大多都规定,挡土墙、桥梁墩台所承受的土压力应按库仑土压力理论计算。

一、基本假设

库仑土压力理论的基本假设是挡土墙为刚性的,墙后填土为无黏性砂土。当墙身向前或向后偏移时,墙后滑动土楔体是沿着墙背和一个通过墙踵的平面发生滑动,滑动土楔体可视为刚体。

朗肯土压力理论是由应力的极限平衡来求解的,而库仑土压力理论是从挡土墙后填土中的滑动土楔体处于极限状态时的静力平衡条件出发,求解主动或被动土压力。应用库仑土压力理论可以计算无黏性土在各种情况时的土压力,如墙背倾斜、填土面也倾斜、墙背粗糙与填土间存在摩擦角等。

二、主动土压力

如图 6-7 所示,当墙向前移动或转动而使墙后土体沿某一滑动面 AC 发生破坏时,滑动土楔体 ABC 将沿着墙背 AB 和通过墙踵 A 点的滑动面 AC 向下向前滑动。在破坏的瞬间,

滑动土楔体 ABC 处于主动极限平衡状态。取 ABC 为隔离体,作用在其上的力有三个。

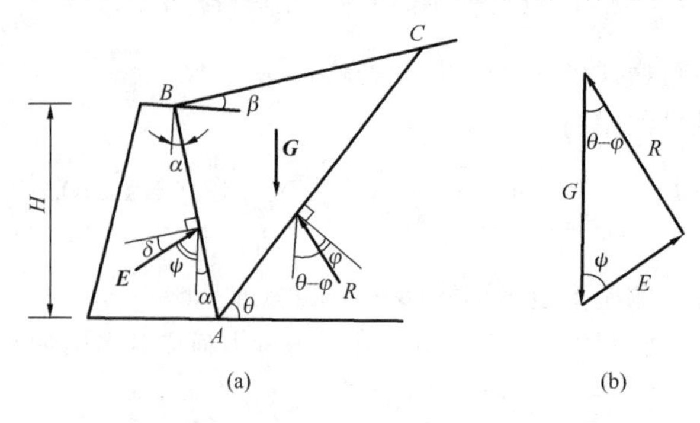

图 6-7　主动土压力计算图

(1)滑动土楔体自重 G:只要滑动面 AC 的位置确定,G 的大小就已知(等于滑动土楔体 ABC 的面积乘以土的重度),其方向竖直向下。

(2)滑动面 AC 上的反力 R:当滑动土楔体滑动时,该力是滑动面上的切向摩擦力和法向反力的合力,其大小未知,但其方向是已知的。反力 R 与滑动面 AC 的法线之间的夹角等于土的内摩擦角 φ,并位于该法线的一侧。

(3)墙背对滑动土楔体的反力 E:该力是墙背对滑动土楔体的切向摩擦力和法向反力的合力。与该力大小相等、方向相反的滑动土楔体作用在墙背上的力就是土压力,其方向为已知,大小未知。它与墙背的法线方向成 δ 角,δ 角为墙背与填土之间的摩擦角(又称为外摩擦角),滑动土体下滑时反力 E 的作用方向在法线的下侧。

滑动土楔体在以上三力作用下处于静力平衡状态,因此必构成一闭合的力矢三角形,如图 6-7(b)所示,按正弦定律可得

$$\frac{E}{G}=\frac{\sin(\theta-\varphi)}{\sin[180^\circ-(\theta-\varphi+\psi)]}=\frac{\sin(\theta-\varphi)}{\sin(\theta-\varphi+\psi)}$$

$$E=G\frac{\sin(\theta-\varphi)}{\sin(\theta-\varphi+\psi)} \tag{6-16}$$

式中
$$\psi=90^\circ-\alpha-\delta$$

上式中滑动面 AC 的倾角 θ 是未知的,取不同的 θ 值可绘出不同的滑动面,得出不同的 G 和 E 值。因此,E 是 θ 的函数。这里首先分析下面两种极端的情况:

(1)当 $\theta=\varphi$ 时,R 与 G 重合,$E=0$;

(2)当 $\theta=90^\circ+\alpha$ 时,滑动面 AC 与墙背重合,$E=0$。

因此,上述 θ 角都不能是真正的滑动面倾角。当 θ 在 $\varphi\sim(90^\circ+\alpha)$ 范围内变化时,墙背上的土压力将由零增至某一极值,然后再由该极值减小到零。这个极值即墙上的总主动土压力 E_a,其相应的 AC 面即墙后土体的滑动面,θ 称为滑动面倾角。显然,这样一个 θ 值是实际存在的。

根据上面分析,只有产生最大 E 值的滑动面才是产生库仑主动土压力的滑动面,即总主动土压力达到最大,按微分学求极值的方法,可由式(6-16)按 $\mathrm{d}E/\mathrm{d}\theta=0$ 的条件求得 E 为最大值(即主动土压力 E_a)时的 θ 角,即最危险的滑动面与水平面的夹角。将求极值得到的 θ 角代入式(6-16)中,即可得出作用于墙背上的主动土压力合力 E_a 的大小,整理后其表达式为

$$E_a=\frac{1}{2}\gamma H^2 K_a \tag{6-17}$$

式中 K_a——库仑主动土压力系数

$$K_a=\frac{\cos^2(\varphi-\alpha)}{\cos^2\alpha\cos(\alpha+\delta)\left[1+\sqrt{\frac{\sin(\varphi+\delta)\sin(\varphi-\beta)}{\cos(\alpha+\delta)\cos(\alpha-\beta)}}\right]^2} \tag{6-18}$$

γ——填土的重度；

φ——填土的内摩擦角；

α——墙背与竖直线之间的夹角，以竖直线为准，逆时针方向为正（俯斜），顺时针方向为负（仰斜）；

β——填土表面与水平面之间的夹角，水平面以上为正，水平面以下为负；

δ——墙背与填土之间的摩擦角，其值可由试验确定，无试验资料时，一般取为 $\left(\frac{1}{3}\sim\frac{2}{3}\right)\varphi$，也可参考表 6-4 中数值。

表 6-4　墙背与填土之间的摩擦角 δ

挡土墙情况	摩擦角 δ
墙背平滑、排水不良	$(0\sim0.33)\varphi$
墙背粗糙、排水良好	$(0.33\sim0.5)\varphi$
墙背很粗糙、排水良好	$(0.5\sim0.67)\varphi$
墙背与填土间不可能滑动	$(0.67\sim1.0)\varphi$

由式(6-18)可看出，随着土的内摩擦角 φ 和外摩擦角 δ 的增加以及墙背倾角 α 和填土面坡角 β 的减小，K_a 值相应减小，主动土压力随之减小。因此，在工程中注意压实填料，提高 φ 值和注意填土排水通畅，增大 δ 值，都将对减小作用在挡土墙上的主动土压力有积极作用。

当填土面水平，墙背直立和光滑（$\beta=0°$，$\alpha=0°$，$\delta=0°$）时，库仑主动土压力公式与朗肯主动土压力公式完全相同，说明朗肯土压力是库仑土压力的一个特例。在特定条件下，两种土压力理论所得结果一致。

由式(6-17)可知，主动土压力与墙高的平方成正比，为求得距墙顶任意深度 z 处的主动土压力强度 e_a，可将 E_a 对 z 取导数而得，即

$$e_a=\frac{\mathrm{d}E_a}{\mathrm{d}z}=\frac{\mathrm{d}\left(\frac{1}{2}\gamma z^2 K_a\right)}{\mathrm{d}z}=\gamma z K_a \tag{6-19}$$

由上式可知，主动土压力强度沿墙高呈三角形分布。主动土压力的作用点在离墙底 $H/3$ 处，方向与墙背法线的夹角为 δ。

三、被动土压力

当墙在外力作用下向后推挤填土，直至土体沿某一滑动面 AC 破坏时，滑动土楔体 ABC 沿墙背 AB 和滑动面 AC 向上滑动（图 6-8），在破坏的瞬间，滑动土楔体 ABC 处于被动极限平衡状态。取 ABC 为隔离体，考虑其上作用的力和静力平衡，按前述库仑主动土压力公式推导思路，采用类似方法可得库仑被动土压力公式。但要注意的是，作用在滑动土楔

体上的反力 E 和 R 的方向与求主动土压力时相反，都应位于法线的另一侧。另外，被动土压力与主动土压力不同之处是相应于土压力 E 为最小值时的滑动面才是真正的滑动面，因为这时滑动土楔体所受阻力最小，最容易被向上推出。

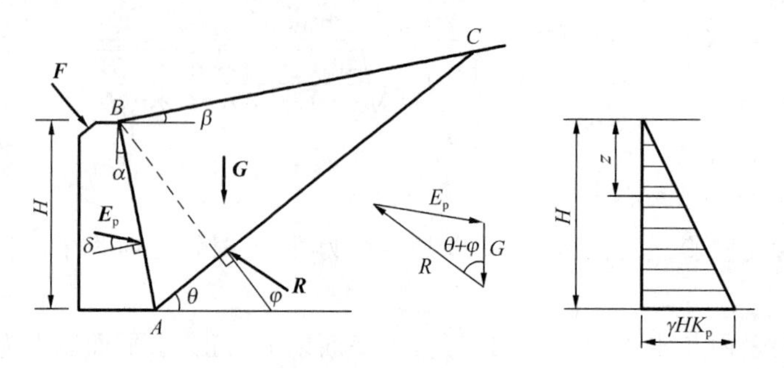

图 6-8　库仑被动土压力计算

被动土压力 E_p 的库仑公式为

$$E_p=\frac{1}{2}\gamma H^2 K_p \tag{6-20}$$

式中　K_p——库仑被动土压力系数，显然 K_p 也与 α、β、δ、φ 有关

$$K_p=\frac{\cos^2(\varphi-\alpha)}{\cos^2\alpha\cos(\alpha-\delta)\left[1-\sqrt{\dfrac{\sin(\varphi+\delta)\sin(\varphi+\beta)}{\cos(\alpha-\delta)\cos(\alpha-\beta)}}\right]^2} \tag{6-21}$$

在墙背直立、光滑、填土面水平情况时，库仑被动土压力公式与朗肯被动土压力公式相同。被动土压力强度可按下式计算

$$e_p=\frac{\mathrm{d}E_p}{\mathrm{d}z}=\frac{\mathrm{d}\left(\dfrac{1}{2}\gamma z^2 K_p\right)}{\mathrm{d}z}=\gamma z K_p \tag{6-22}$$

由上式可知，被动土压力强度沿墙高呈三角形分布。被动土压力的作用点在离墙底 $H/3$ 处，方向与墙背法线的夹角为 δ。

上述关于库仑土压力的主动最大、被动最小的概念，也被称为库仑的最大、最小原理。在分析时要与主动土压力是三种压力中的最小土压力，被动土压力是三种土压力中的最大土压力的概念相区别。本节最大、最小原理是在同一种形态中用来确定滑动面的位置，而三种压力中主动最小、被动最大则是挡土墙在不同变形状态时各种土压力大小的比较。

四、部分高度范围的土压力及力的分解

按式(6-17)、式(6-19)计算的主动土压力都是指挡土墙由顶面算起全部高度范围内的土压力。若要计算其中某一部分高度范围内的土压力时，可按下述方法进行，如要计算图6-9(a)中的 CD 段：

首先按式(6-19)计算要求范围内的土压力强度

$$e_{a1}=\gamma h' K_a,\ e_{a2}=\gamma(h'+h)K_a$$

然后再求压力强度图形的面积，得总的主动土压力

$$E_a=\frac{1}{2}\gamma h(h+2h')K_a \tag{6-23}$$

最后求压力强度图形的形心（按力学中梯形图形心公式）即着力点的位置，其到底边的

垂直距离为

$$z_x=\frac{\sum E\cdot Y}{\sum E}=\frac{h}{3}\cdot\frac{e_{a2}+2e_{a1}}{e_{a1}+e_{a2}}=\frac{h}{3}\cdot\frac{h+3h'}{h+2h'} \tag{6-24}$$

式中　h'——地面至计算部分顶面的高度；

h——计算部分的有效高度。

为了在验算挡土墙强度时便于应用，常将主动土压力 E_a 分解为水平分力 E_x 和竖直分力 E_y。图 6-9(b)所示为不同墙背形式力的分解(填土面均水平)。

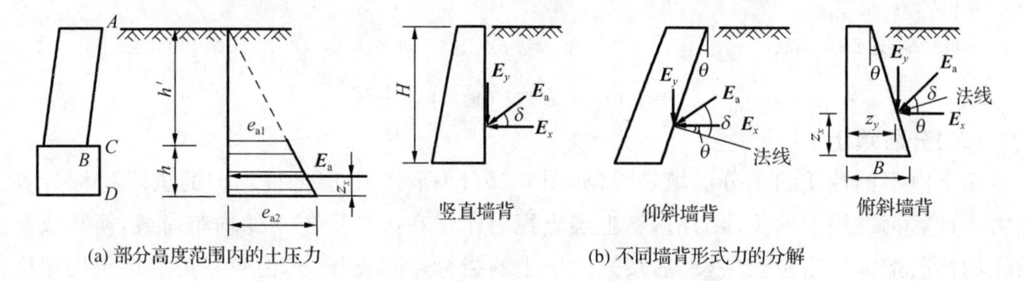

图 6-9　部分高度范围内的土压力及其力的分解

当墙背仰斜时
$$\begin{cases}E_x=E_a\cos(\delta-\theta)\\E_y=E_a\sin(\delta-\theta)=E_x\tan(\delta-\theta)\end{cases} \tag{6-25}$$

当墙背俯斜时
$$\begin{cases}E_x=E_a\cos(\delta+\theta)\\E_y=E_a\sin(\delta+\theta)=E_x\tan(\delta+\theta)\end{cases} \tag{6-26}$$

当墙背竖直时
$$\begin{cases}E_x=E_a\cos\delta\\E_y=E_a\sin\delta=E_x\tan\delta\end{cases} \tag{6-27}$$

第五节　常见情况下土压力的计算

一、用朗肯土压力理论计算几种常见情况的土压力

工程中经常遇到填土面有超载、分层填土、填土中有地下水的情况，当挡土墙满足朗肯土压力简单界面条件时，仍可应用朗肯土压力理论计算挡土墙的土压力。

(一)填土面有连续均布荷载

当挡土墙后填土面有连续均布荷载 q 作用时，通常土压力的计算方法是将均布荷载换算成作用在地面上的当量土重(其重度 γ 与填土重度相同)，即设想一厚度为 h 的土层，其产生荷载 q 作用在填土面上，然后计算填土面处和墙底处的土压力。以无黏性土为例，其当量土层厚度

$$h=\frac{q}{\gamma} \tag{6-28}$$

填土面处主动土压力强度

$$e_{a1}=\gamma hK_a=qK_a \tag{6-29}$$

挡土墙墙底处土压力强度

$$e_{a2}=\gamma hK_a+\gamma HK_a=(q+\gamma H)K_a \tag{6-30}$$

压力分布如图 6-10(a)所示。实际的土压力分布是梯形 $ABCD$ 部分，土压力方向水平，作用点位置在梯形的形心。

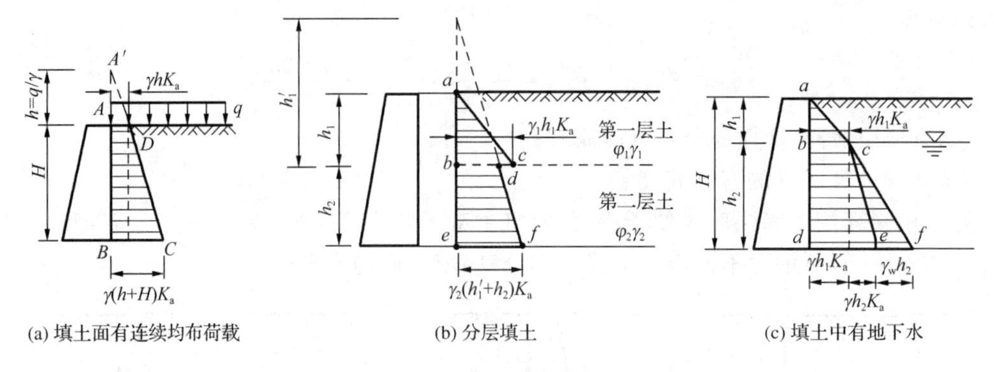

(a) 填土面有连续均布荷载　　(b) 分层填土　　(c) 填土中有地下水

图 6-10　常见情况下的朗肯土压力

(二)分层填土

填土由不同性质的土分层填筑时,如图 6-10(b)所示,上层土按均匀的土质指标计算土压力。计算第二层土的土压力时,将上层土视为作用在第二层土上的均布荷载,换算成第二层土的性质指标的当量土层,然后按第二层土的指标计算土压力,但只在第二层土层厚度范围内有效。

由于两种土的内摩擦角不同,因此朗肯主动土压力系数也不相同,所以在土层的分界面上,计算出的土压力强度有两个数值。其中一个代表第一层底面的压力强度,而另一个则代表第二层顶面的压力强度。计算第一、第二层土的土压力强度时,应按各自土层的性质指标 c、φ 分别计算其朗肯主动土压力系数 K_a,从而计算出各层土的土压力。多层土时计算方法相同。

(三)填土中有地下水

挡土墙后填土中常因渗水或排水不畅而存在地下水。地下水的存在会影响填土的物理力学性质,从而影响土压力的大小。一般来说,地下水使填土含水量增加,抗剪强度指标降低,土压力变化,此外还需考虑水压力作用产生的侧向压力。

在地下水位以上的土压力仍按土的原来指标计算。在地下水以下土的重度取浮重度,抗剪强度指标若无专门测定,则仍用原来的 c、φ。此外由于地下水的存在,将有静水压力作用在墙背上,静水压力从地下水面起算。这样挡土墙所受的总侧向压力为土压力和水压力之和,土压力和水压力的合力分别为各自分布图形的面积,它们的合力各自通过其分布图形的形心,方向水平,如图 6-10(c)所示。

二、用库仑土压力理论计算几种特殊情况的土压力

工程上有时会遇到挡土墙并非直立、光滑、填土面水平,而荷载条件或边界条件较为复杂的情况,这时可以采用一些近似处理办法进行分析计算。

(一)填土面有连续均布荷载

当挡土墙后填土面有连续均布荷载 q 作用时,通常土压力的计算方法是将均布荷载换算成当量的土重,即用假想的土重代替均布荷载。

当填土面和墙背面倾斜,填土面作用连续均布荷载 q 时,如图 6-11 所示,当量土层厚度 $h=\dfrac{q}{\gamma}$,假想的填土面与墙背 AB 的延长线交于 A' 点,故以 $A'B$ 为假想墙背计算主动土压力,但由于填土面和墙背面倾斜,假想的墙高应为 $h'+H$,根据$\Delta A'AE$ 的几何关系可得

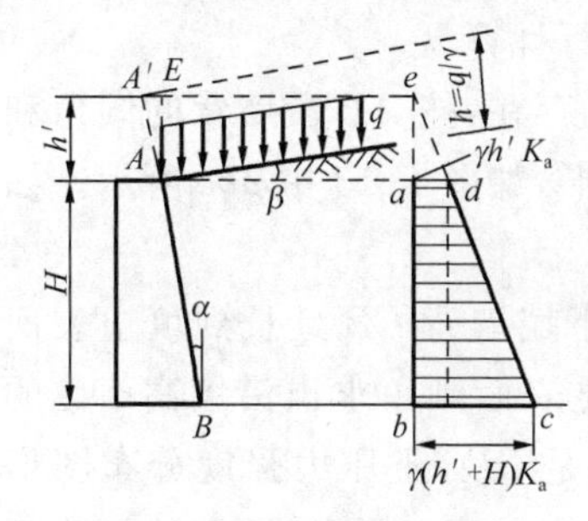

图 6-11　填土面有连续均布荷载

$$h'=h\frac{\cos\beta\cos\alpha}{\cos(\alpha-\beta)} \tag{6-31}$$

然后，以 $A'B$ 为墙背，按填土面无荷载时的情况计算土压力。在实际考虑墙背土压力的分布时，只计墙背高度范围，不计墙顶以上 A' 范围的土压力。这种情况下主动土压力强度计算如下：

墙顶土压力强度　　$e_a=\gamma h'K_a$　　(6-32)

墙底土压力强度　$e_a=\gamma(h'+H)K_a$　　(6-33)

实际墙 AB 上的土压力合力即 H 高度上压力图的面积，即 $E_a=\gamma H\left(\frac{1}{2}H+h'\right)$。作用位置在梯形面积形心处，与墙背法线成 δ 角。

(二)分层填土

当墙后填土分层，且具有不同的物理力学性质时，常用近似方法分层计算土压力。

如图 6-12 所示，假设各层土的填土面与填土表面平行，计算方法如下：先将墙后土面上荷载 q 按式(6-31)转变成墙高 h'(其中 $h=q/\gamma$)，然后自上而下计算土压力。求算下层土压力时，可将上层土的重量当作均布荷载进行计算。

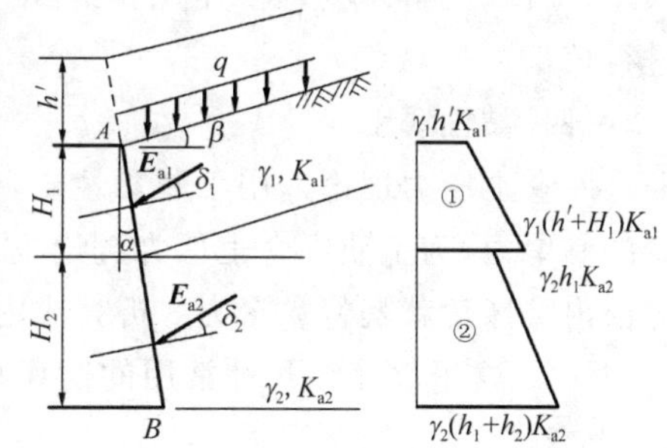

图 6-12　分层填土的主动土压力

第一层土顶面处　$e_a=\gamma h'K_a$　　(6-34)

第一层底面处　$e_a=\gamma(h'+H_1)K_a$　　(6-35)

在计算第二层土时，需要将 $\gamma(h'+H_1)$的土重当作作用在该上的荷载，按下式换算成土层的高度 h_1，即

$$h_1=\frac{\gamma_1(h'+H_1)}{\gamma_2}\cdot\frac{\cos\alpha\cos\beta}{\cos(\alpha-\beta)} \tag{6-36}$$

故第二层土顶面处土压力强度　　$e_a=\gamma_2h_1K_{a2}$　　(6-37)

第二层土底面处土压力强度　$e_a=\gamma_2(h_1+H_2)K_{a2}$　　(6-38)

每层土的土压力合力 E_{ai} 的大小等于该层压力分布图的面积，作用点在各层压力图的形心位置，方向与墙背法线成 δ 角。

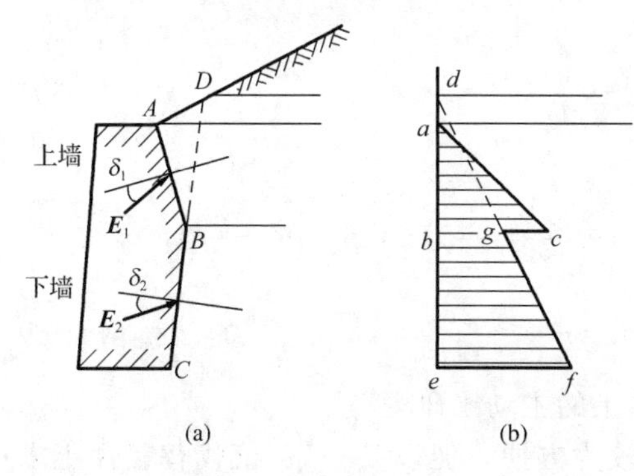

图 6-13　折线形墙背的土压力

在计算分层土的土压力时，也可将各层土的重度和内摩擦角按土层厚度加权平均，然后近似地把它们当作均质土求土压力系数计算土压力。

(三)折线形墙背的土压力

为了适应山区地形的特点和工程的需要，常采用折线形墙背的挡土墙。对于这类挡土墙，工程中常以墙背的转折点为界，把墙分为上墙与下墙两部分，如图 6-13 所示。由于库仑土压力是以直线形墙背出发进行推导的，故当墙背有转折点时，不能直接利用库仑土压力公式进行全墙土压力的计算。这时，要将上墙和下墙当作独立的墙背，分别进行计算。

上墙作为独立的墙背计算其土压力时，可以不考虑下墙的存在，按 AB 段墙背的倾角和填土表面的倾角计算 AB 段沿墙高的主动土压力强度分布图形，如图 6-13 中 abc 所示。如墙背外摩擦角 $\delta_1>0$，则土压力方向与墙背 AB 的法线成 δ_1 角。

下墙土压力的计算目前工程中常采用延长墙背法，即将下墙墙背 CB 延长到填土表面 D，把 CBD 看作是一个假想的墙背，按下墙墙背倾斜角和填土表面倾角求出沿墙高 DC 的主动土压力强度分布图形 def。由于实际的上墙是 BA 而不是 BD，土压力强度分布图形 def 就只对下墙 BC 才有效。因此，在计算沿折线墙背全墙高的主动土压力时，应从上述两个土压力强度分布图形中扣除图形 bdg，而保留下来的图形 abc 和 $befg$ 之和，即图形 $abefgc$ 就是所要求的折线形墙背上的土压力。

延长墙背法计算简便，在工程上得到了较为广泛的应用。但是由于这种方法所延长的墙背 BD 处在填土中，并非真正的墙背，从而引起了由于忽视土楔体 ABD 的作用所带来的误差。所以，当折线形墙背的上、下部分墙背倾斜角相差较大（大于 10°）时，应按有关方法进行校正。

（四）黏性填土

库仑土压力理论适用于非黏性土，但在工程实践中的多数情况下，土体中总具有或多或少的黏聚力，为了使库仑土压力理论也适用于黏性土，往往采用等值内摩擦角的方法。所谓等值内摩擦角就是将黏聚力 c 折算成内摩擦角，经折算后的内摩擦角称为等值内摩擦角，以 φ_D 表示。这里仅介绍几种常用的换算方法。

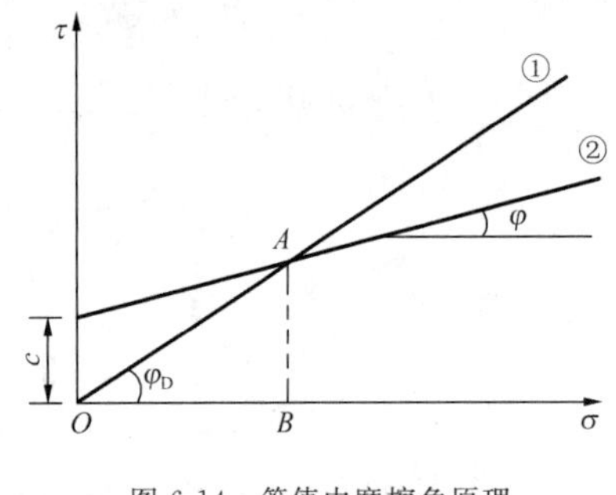

图 6-14　等值内摩擦角原理

（1）半经验数据，不管黏聚力的大小，φ_D 都取 30°～35°，地下水位以下 φ_D 都取 25°～30°。这种方法简便，墙高用小值，墙低用大值。

（2）根据土的抗剪强度相等的原理计算 φ_D 值，如图 6-14 所示。

假设黏性土的抗剪强度与砂土抗剪强度在某深度处相等：

黏性土　$\tau_f=\sigma\tan\varphi+c=\gamma H\tan\varphi+c$

砂土　$\tau_f=\sigma\tan\varphi_D=\gamma H\tan\varphi_D$

因为 $\gamma H\tan\varphi+c=\gamma H\tan\varphi_D$，所以

$$\varphi_D=\arctan\left[\tan\left(\varphi+\frac{c}{\gamma H}\right)\right] \tag{6-39}$$

（3）根据两种土土压力相等的原理计算 φ_D。

$$\frac{1}{2}\gamma H^2\tan^2\left(45°-\frac{\varphi}{2}\right)-2cH\tan\left(45°-\frac{\varphi}{2}\right)+\frac{2c^2}{\gamma}=\frac{1}{2}\gamma H^2\tan^2\left(45°-\frac{\varphi_D}{2}\right)$$

$$\tan\left(45°-\frac{\varphi_D}{2}\right)=\tan\left(45°-\frac{\varphi}{2}\right)-\frac{2c}{\gamma H} \tag{6-40}$$

求得 φ_D 后就可按库仑土压力公式计算黏性填土的主动土压力。

一般来说，按经验确定 φ_D 值的方法在使用中较为方便。但以某一 φ_D 值代替黏性土求得的土压力，仅与某一墙高的土压力相符合。从图 6-14 中可以看出，根据一定墙高 H 换算的内摩擦角 φ_D 求得的土压力进行设计，对低于此 H 高度的挡土墙则过于保守，而对高于此

H 高度的挡土墙则不安全。因此要选取与黏性土真实情况相适应的 φ_D 值来计算黏性土的土压力是比较困难的，所以只有在工程实践中去逐步充实完善。

【例题 6-2】 某挡土墙墙高 7 m，墙背垂直光滑，填土顶面水平并与墙顶齐高。填土为黏性土，主要物理力学指标为：$\gamma=17\ \text{kN/m}^3$，$\varphi=20°$，$c=15$ kPa。在填土表面上作用有连续均布超载 $q=15$ kPa。求主动土压力及其压力分布。

解 根据题意可知，本题符合朗肯土压力理论的界面条件，可用朗肯土压力理论计算。

填土表面处主动土压力强度 e_a 为

$$e_a=(\gamma z+q)\tan^2\left(45°-\frac{\varphi}{2}\right)-2c\tan\left(45°-\frac{\varphi}{2}\right)$$

$$=(17\times0+15)\times\tan^2\left(45°-\frac{20°}{2}\right)-2\times15\times\tan\left(45°-\frac{20°}{2}\right)=-13.65\ \text{kPa}$$

填土表面处的土压力强度为负，存在临界深度。

临界深度 z_0 可从 $e_a=0$ 条件求出，即

$$e_{az}=(\gamma z_0+q)\tan^2\left(45°-\frac{\varphi}{2}\right)-2c\tan\left(45°-\frac{\varphi}{2}\right)=0$$

将题中各指标代入求得临界深度 $z_0=1.64$ m。

墙底处土压力强度

$$e_a=(\gamma H+q)\tan^2\left(45°-\frac{\varphi}{2}\right)-2c\tan\left(45°-\frac{\varphi}{2}\right)$$

$$=(17\times7+15)\times\tan^2(45°-\frac{20°}{2})-2\times15\times\tan(45°-\frac{20°}{2})=44.66\ \text{kPa}$$

土压力强度分布图形如图 6-15 所示。

主动土压力的合力 E_a 为土压力强度分布图形中阴影部分的面积，即

$$E_a=\frac{1}{2}\times(7-1.64)\times44.66=119.69\ \text{kN/m}$$

合力作用点距墙底距离为

$$z_x=\frac{1}{3}\times(7-1.64)=1.79\ \text{m}$$

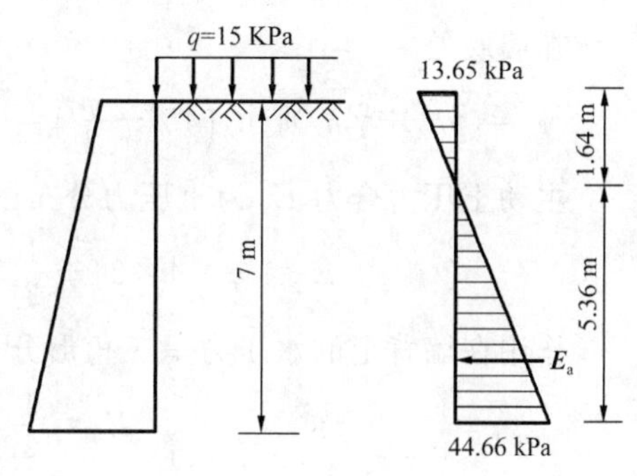

图 6-15 例题 6-2 图

【例题 6-3】 某挡土墙墙高 6 m，墙背竖直光滑，墙后填土面水平，墙后填土为两层砂土，其物理力学性质见表 6-5，试求挡土墙所受的主动土压力并绘出土压力强度的分布图。

表 6-5 **例题 6-3 表**

层 序	层厚/m	物理力学性质指标
第一层	3	$\gamma_1=18\ \text{kN/m}^3$，$\varphi_1=30°$
第二层	3	$\gamma_2=18.5\ \text{kN/m}^3$，$\varphi_2=27°$

解 查表 6-3 确定朗肯主动土压力系数 $\varphi_1=30°$，$K_{a1}=0.333$；$\varphi_2=27°$，$K_{a2}=0.376$。

第一层砂土底面土压力强度 $e_{a1}=\gamma_1h_1K_{a1}=18\times3\times0.333=18.0$ kPa

第二层砂土顶面土压力强度 $e_{a2}=\gamma_1h_1K_{a2}=18\times3\times0.376=20.3$ kPa

第二层砂土底面土压力强度 $e_{a3}=(\gamma_1h_1+\gamma_2h_2)K_{a2}=(18\times3+18.5\times3)\times0.376=41.2$ kPa

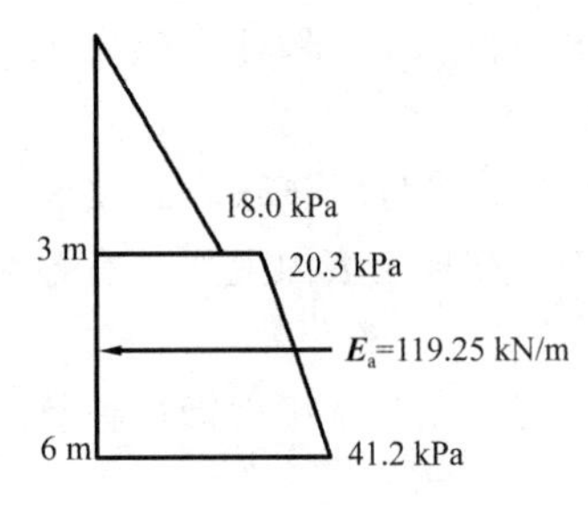

图 6-16　例题 6-3 土压力强度分布图

挡土墙所受压力如图 6-16 所示。

总土压力为压强图的面积

$$E_a=\frac{1}{2}\times18\times3+\frac{1}{2}\times(20.3+41.2)\times3=119.25\ \text{kN/m}$$

【例题 6-4】 如图 6-17 所示的挡土墙，墙后填土因排水不良，地下水位在墙底以上 2 m，填料为砂土，重度 $\gamma=18\ \text{kN/m}^3$，饱和重度 $\gamma_{sat}=20\ \text{kN/m}^3$，内摩擦角 $\varphi=30°$(假定其值在水位以下不变)。求挡土墙所受的主动土压力。

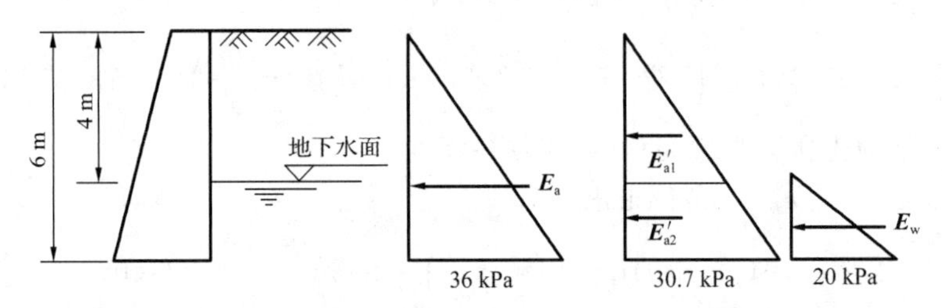

图 6-17　例题 6-4 图

解　墙后填土有地下水位时，地下水位以上部分按常规方法计算，土压力强度不受地下水影响，但地下水以下的填土的需考虑地下水对填土重度的影响。

在墙顶处　$e_a=0$

在墙顶下 4 m 处　$e_a=\gamma z\tan^2\left(45°-\frac{\varphi}{2}\right)=18\times4\times\tan^2\left(45°-\frac{30°}{2}\right)=24\ \text{kPa}$

在墙底处

$$e_a=(\gamma h_1+\gamma' h_2)\tan^2\left(45°-\frac{\varphi}{2}\right)=(18\times4+10\times2)\times\tan^2\left(45°-\frac{30°}{2}\right)=30.7\ \text{kPa}$$

主动土压力合力 E_a 为土压力分布图面积之和，即

$$E_a=\frac{1}{2}\times4\times24+\frac{1}{2}\times2\times(24+30.7)=102.7\ \text{kN/m}$$

作用在墙背上的水压力呈三角形分布，合力为该分布图的面积

$$E_w=\frac{1}{2}\times20\times2=20\ \text{kN/m}$$

作用在墙上的总侧向压力为土压力与水压力之和，即

$$E=E_a+E_w=102.7+20=122.7\ \text{kN/m}$$

讨论：若此挡土墙后没有地下水，则作用在墙底处的土压力强度

$$e_a=\gamma h\tan^2\left(45°-\frac{\varphi}{2}\right)=18\times6\times\tan^2\left(45°-\frac{30°}{2}\right)=36\ \text{kPa}$$

墙背所受的主动土压力为

$$E_a=\frac{1}{2}\times36\times6=108\ \text{kN/m}$$

对存在地下水位与无地下水位所计算的总压力相对比，可以看出：当墙后存在地下水位时，土压力部分将减小，但应计入水压力，总侧向压力将增大，且水位越高，总侧向压力越大。所以，挡土墙后应做好排水工作，减小挡土墙所受的总侧向压力。

第六节　土坡稳定

一、概　述

土坡指具有倾斜坡面的土体，如天然土坡，人工修建的堤坝，公路、铁路的路堤、路堑等。当由于各种自然因素或人为因素的作用而破坏了土坡土体原来的力学平衡时，土体就要沿着某一滑动面发生滑动，工程中称这一现象为滑坡。所谓土坡稳定分析，就是用土力学的理论来研究发生滑坡时滑动面可能的位置和形式、滑动面上的剪应力和相对应面上抗剪强度，以估计土坡是否安全，设计的坡度是否符合技术和经济的要求。图 6-18 所示是滑坡的示意图。

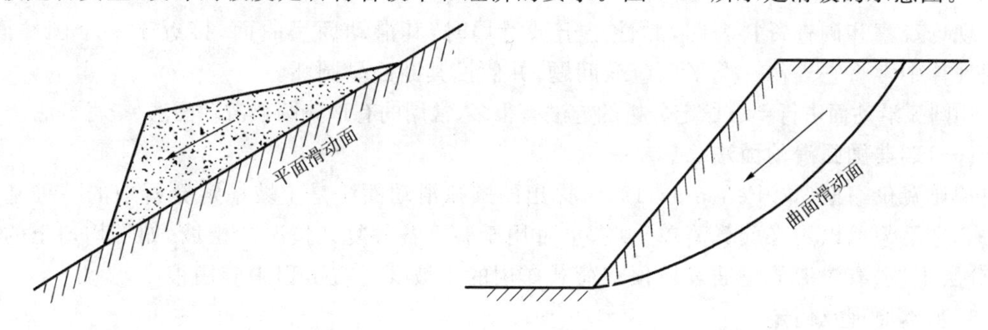

图 6-18　滑坡示意图

影响土坡稳定的因素很多，主要有：

(1)土坡所处的地质地形条件；

(2)组成土坡的土的物理力学性质；

(3)土坡的几何条件，如坡度和高度；

(4)水对土体的润滑和膨胀作用及雨水和河流对土体的冲刷和浸蚀作用；

(5)振动液化现象；

(6)土坡下部开挖造成的平衡失调。

大量观察资料表明，黏性土滑坡时其滑动面近似于圆柱面，在横断面上呈圆弧；砂土滑坡时的滑动面近似于平面，在横断面上呈直线。这个规律为边坡的稳定分析提供了一条简捷的途径，它使滑坡的分析可近似地当作一个平面应变问题来处理，把滑动面看作一条圆弧或一条直线。

二、砂土的土坡稳定验算

均质砂土或成层的非均质砂土构成的土坡，滑坡时其滑动面常接近于平面，在横断面上为一条直线。对于砂砾和卵石等透水土或某些透水土虽具有一定的黏聚力 c，但其抗剪强度 τ_f 主要是由摩擦力提供者，皆可采用直线滑动面法进行分析。

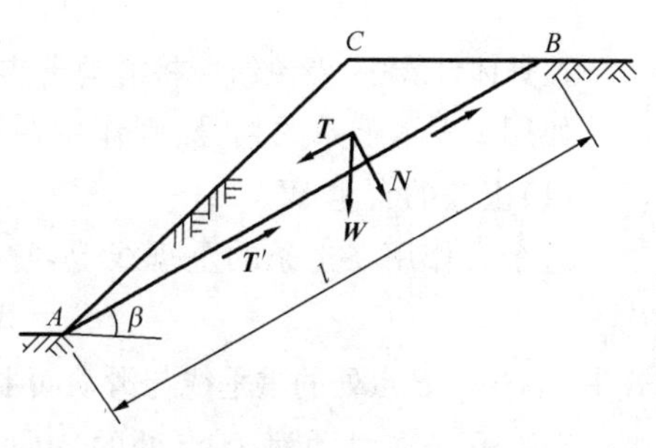

图 6-19　直线滑动面示意图

图 6-19 是直线滑动面的示意图。设 β 为滑动面的倾角，φ 为土的内摩擦角，W 为滑动土体 ABC 的重力，l 为滑坡 AB 的长度，则沿滑动面向下滑动的力为重力 W 在滑动面方向的分量，即 $T=W\sin\beta$；阻止滑

坡下滑的力为滑动面上的摩擦力和黏聚力，即 $T'=N\tan\varphi+cl=W\cos\beta\tan\varphi+cl$。工程中称 T 为滑动力，T' 为抗滑力，以抗滑力与滑动力两者的比值来估计滑坡的可能性，即

$$K=\frac{T'}{T}=\frac{W\cos\beta\tan\varphi+cl}{W\sin\beta} \tag{6-41}$$

对无黏性土土坡，$c=0$，上式将简化成

$$K=\frac{T'}{T}=\frac{W\cos\beta\tan\varphi}{W\sin\beta}=\frac{\tan\varphi}{\tan\beta} \tag{6-42}$$

式中　K——稳定系数。

为了确保土坡的稳定性，K 值应大于 1。

三、圆弧滑动面的条分法分析

现场观察和调查资料表明，黏性土土坡滑塌时，其滑动面呈曲面，接近于一个圆柱面。工程计算中常将它当作一个平面应变问题，并假设其断面呈圆弧。

用圆弧滑动面进行土坡稳定分析的方法有很多，常用的有瑞典圆弧滑动面法、毕肖普法。

(一)瑞典圆弧滑动面法

瑞典费伦纽斯(W. Fellenius，1936)提出的圆弧滑动面法是土坡稳定分析中的一种基本方法。它不但可以用来验算简单土坡，也可用于验算各种复杂情况的土坡(如不均匀土的土坡、分层土坡、有渗流的土坡及坡顶有荷载作用的土坡等)，在工程中应用很广。

1. 基本原理及假定

该法假定土坡稳定分析是一个平面应变问题，滑动面为圆弧。

图 6-20 为圆弧滑动面的示意图。其中 $ABCD$ 为滑动土体，弧 CD 为圆弧滑动面。滑坡发生时，滑动土体 $ABCD$ 同时整体地沿弧 CD 向下滑动。对圆心 O 来说，相当于整个滑动土体沿圆弧绕圆心 O 转动。

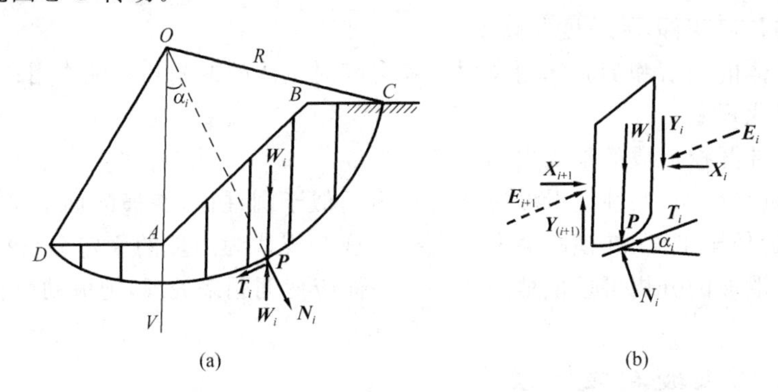

图 6-20　圆弧滑动面示意图

在具体计算中，费伦纽斯将滑动土体 $ABCD$ 分成 n 个土条，土条的宽度一般取 2～4 m。

如用 i 表示土条的编号，则作用在第 i 土条上的力如图 6-20(b)所示。

(1)土条的自重 W_i

这个力作用在土条的重垂线上，它与滑动面交点 P 上的两个分力为

$$N_i=W_i\cos\alpha_i,\ T_i=W_i\sin\alpha_i$$

式中　α_i——P 点处的重垂线与滑动面半径 OP 的夹角(或 P 点处圆弧的切线与水平线的夹角)；

N_i——在滑动面 P 点处的法向分量，它通过滑动面的圆心 O，这个力对土坡不起滑动作用，但却是决定滑动面摩擦力大小的重要因素；

T_i——在滑动面 P 点处的切向分量，它是滑动土体的下滑力，如图 6-20(a)所示。

应当注意，如以图 6-20(a)中通过圆心的垂线 OV 为界，则 OV 线右侧各土条的 T_i 值对滑动土体起下滑作用，计算时应取正值；OV 线左侧各土条的 T_i 值对滑动土体则起到抗滑和稳定作用，计算时取负值。

(2)滑动面上的抗滑力 T_i

这个力作用于滑动面 P 点处并与滑动面相切，其方向与滑动的方向相反。按库仑黏性土的抗剪强度公式，其值为

$$T_i' = N_i \tan\varphi + cl_i$$

式中　l_i——第 i 个土条的弧长。

(3)条间的作用力 X_i、Y_i、X_{i+1}、Y_{i+1}

这些力作用在土条两侧的内切面上，如图 6-20(b)所示，它们每侧的合力为图中虚线表示的 E_i 和 E_{i+1}。瑞典圆弧滑动面法假定：E_i 和 E_{i+1} 大小相等，方向相反，作用在同一条直线上，因而在土条的稳定分析中不予考虑。

如将上述各力对滑动面的圆心 O 取矩，可得滑动力矩 M_s 和抗滑力矩 M_r 为

$$M_s = R\sum_{i=1}^{n} T_i$$

$$M_r = R\sum_{i=1}^{n}(cl_i + W_i\cos\alpha_i\tan\varphi)$$

故稳定系数 K 为

$$K = \frac{M_r}{M_s} = \frac{\sum_{i=1}^{n}(W_i\cos\alpha_i\tan\varphi + cl_i)}{\sum_{i=1}^{n} W_i\sin\alpha_i} \tag{6-43}$$

当 $\varphi=0°$时

$$K = \frac{\sum_{i=1}^{n} cl_i}{\sum_{i=1}^{n} W\sin\alpha_i} \tag{6-44}$$

K 值应大于 1。

2.如何确定最危险的滑动面

用式(6-43)可以算出某一个试算滑动面的稳定系数 K。稳定分析确定 K 值最小的滑动面即是最危险滑动面，因此在分析过程中要假设一系列的滑动面进行试算。工程中将最危险的圆弧滑动面称为临界圆弧，其相应的圆心为临界圆心。

确定临界圆弧的计算工作量比较大，一般宜编制程序，进行机助分析。费伦纽斯通过大量的试算工作总结出下面两条经验：

(1)$\varphi=0°$的均质黏土，直线边坡的临界圆弧一般通过坡脚，其圆心位置可用表 6-6 给出的数值用图解法确定。图 6-21 中的 a 和 b 两角的交点 O 即临界圆心的位置。

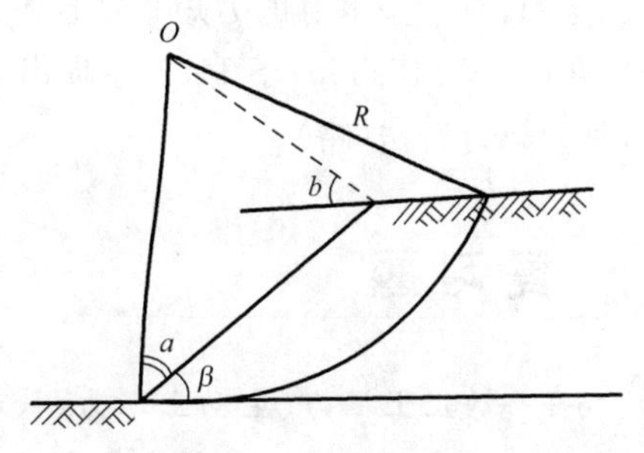

图 6-21　$\varphi=0°$的滑动面确定

表 6-6　　　　　　　　　　　　　确定临界圆弧圆心的 a、b 角

坡度(H/L)	坡角 β	角 a	角 b	坡度(H/L)	坡角 β	角 a	角 b
1∶0.5	63°26′	29°30′	40°00′	1∶1.75	29°45′	26°	35°
1∶0.75	53°18′	29°00′	39°00′	1∶2	26°34′	25°	35°
1∶1	45°00′	28°00′	37°00′	1∶3	18°26′	25°	35°
1∶1.25	48°30′	27°00′	35°30′	1∶5	11°19′	25°	37°
1∶1.5	33°47′	26°00′	35°00′				

(2)$\varphi \neq 0°$时，随着 φ 角的增大，其圆心位置从 $\varphi = 0°$ 的圆心 O 沿 OE 线的上方移动，OE 线可用来表示圆心的轨迹线。E 点的确定方法如图 6-22 所示。E 点距离坡脚 A 的水平距离为 $4.5H$，垂直距离为 H。H 为土坡的高度。

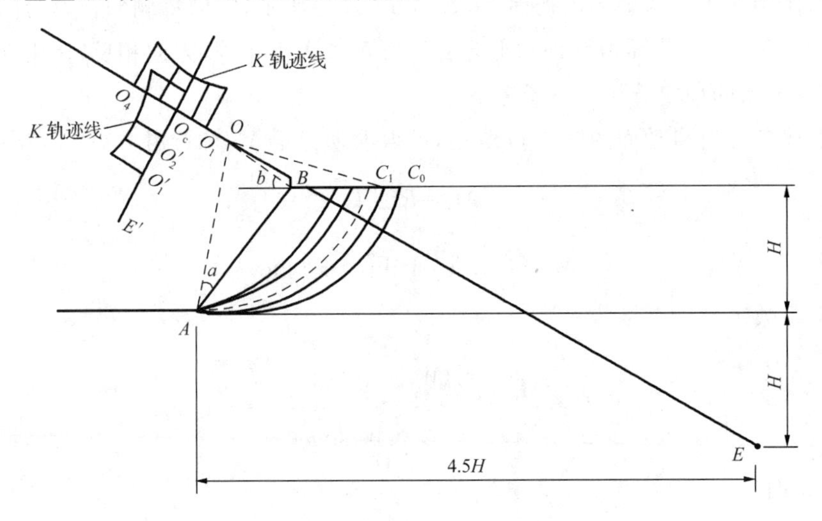

图 6-22　确定最危险滑动面位置

具体试算时，可在 OE 线上 O 点以外选择适当的点 O_1、O_2……O_i 作为可能的滑动面圆心，从这些点作通过坡脚 A 的圆弧 C_1、C_2……C_i，然后按式(6-43)计算相应于各圆弧滑动面的稳定系数 K_1、K_2……K_i 值，并在它们的圆心处垂直于 OE 线按比例画出各 K_i 值的长度，然后将它们连接成一条光滑的曲线即 K 的轨迹线，其中最小 K 所对应的圆心 O_c 可以当作临界圆心。

(二)毕肖普法

瑞典圆弧滑动面法略去了条间力的作用。严格地说，它对每一土条的力的平衡条件是不满足的，对土条本身的力矩平衡也不满足，只满足整个滑动土体的力矩平衡条件。于是，毕肖普(A. W. Bishop)于 1955 年提出了一个考虑条间力的作用求算稳定安全系数 K 的方法，称为毕肖普法(略)。

复习题

6-1　静止土压力、主动土压力、被动土压力三者产生的条件有何不同？试举出实例。

6-2　朗肯土压力公式与库仑土压力公式导出时考虑的方法有何不同？这两个公式各

有哪些优缺点？

6-3　朗肯、库仑土压力理论的理论基础是什么？有哪些假设条件，各自的适用范围、影响因素是什么？存在哪些问题？

6-4　砂土的滑动面是什么形状？如何进行验算？

6-5　黏性土的滑动面是什么形状？常用的验算方法有哪些？考虑因素有哪些不同？

6-6　某挡土墙高 $H=5$ m，墙背竖直光滑，墙后填砂土，地表面水平，填土重度 $\gamma=18$ kN/m³，内摩擦角 $\varphi=40°$，黏聚力 $c=0$，填土与墙背间的摩擦角 $\delta=0°$。试分别计算静止土压力 E_0、主动土压力 E_a 和被动土压力 E_p 单位长度上的大小及作用方向。

6-7　如图 6-23 所示的四种挡土墙，已知 $H=5$ m，$\gamma=19$ kN/m³，$\varphi=40°$，$\delta=20°$。试求作用于墙背上的主动土压力 E_a 的大小、方向和作用点，同时计算 E_x、E_y 及 λ_a，最后列表比较四种挡土墙的 E_a、E_x、E_y、λ_a 值，并分析其原因。

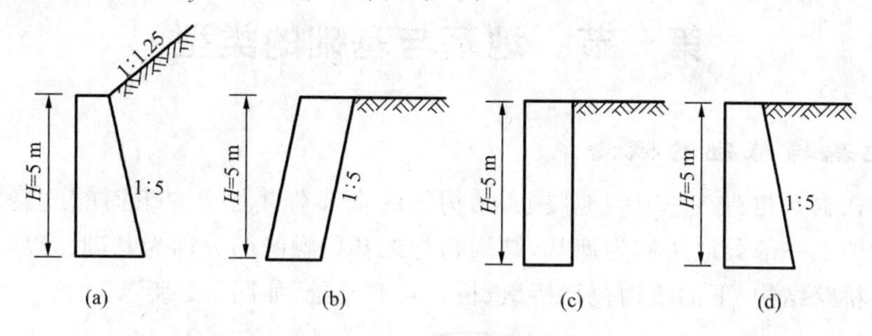

图 6-23　复习题 6-7 图

6-8　挡土墙高 $H=6$ m，填土水平，墙背垂直光滑，墙顶作用有连续均布荷载 $q=15$ kPa；墙后填两种不同土，第一层填土厚度为 4 m，重度 $\gamma=18.6$kN/m³，内摩擦角 $\varphi=24°$，黏聚力 $c=12.0$ kPa；第二层填土厚度为 2 m，重度 $\gamma=19.5$kN/m³，内摩擦角 $\varphi=20°$，黏聚力 $c=8.0$ kPa。试求主动土压力值，并确定土压力的作用点和作用方向。

6-9　某挡土墙如图 6-24 所示，墙高 $H=6$m，填土水平，墙背垂直光滑，墙顶作用有连续均布荷载 $q=30$ kPa。墙后填两种不同土，第一层填土厚度为 4 m，重度 $\gamma=18.0$ kN/m³，内摩擦角 $\varphi=20°$，黏聚力 $c=15.0$ kPa；第二层填土厚度为 2 m，重度 $\gamma=20.0$ kN/m³，内摩擦角 $\varphi=25°$，黏聚力 $c=18.0$ kPa。试求主动土压力值，并确定土压力的作用点和作用方向。

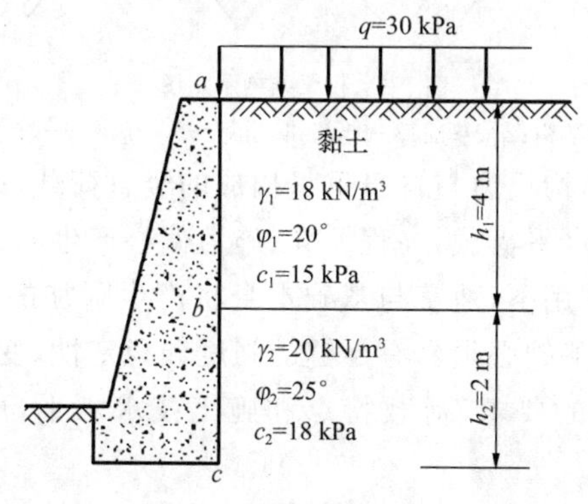

图 6-24　复习题 6-9 图

地基与基础概述

第一节　地基与基础的类型

一、地基与基础的概念

任何结构物都建造在一定的地层上，结构物的全部荷载都由它下面的地层来承担。受结构物影响的那一部分地层称为地基，结构物与地基接触的部分称为基础。以桥梁为例，其上部结构为桥跨结构，下部结构包括桥墩、桥台及其基础，如图 7-1 所示。

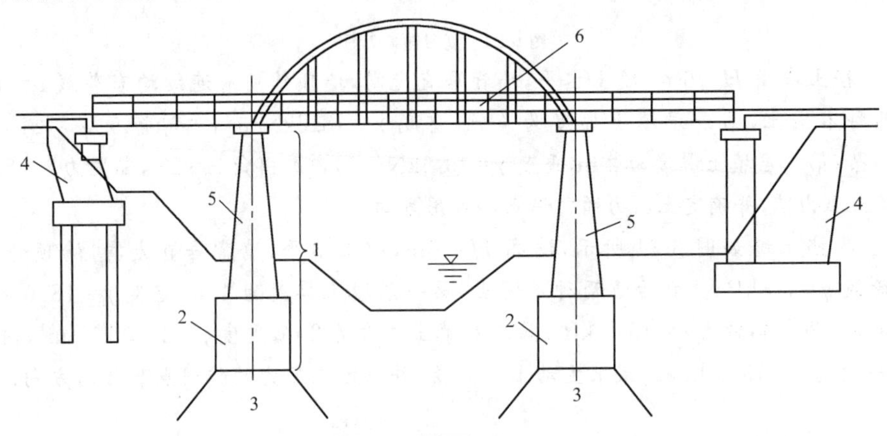

图 7-1　桥梁结构示意图

1—下部结构；2—基础；3—地基；4—桥台；5—桥墩；6—上部结构

地基与基础受到上部结构反力与自身重量构成的竖直荷载，风力、制动力、流水压力、船筏冲撞力、地震力等产生的水平荷载，高程差异、施力偏心产生的力矩和扭矩，特殊条件下还会有上拔力。在这些荷载作用下，地基与基础本身将产生附加的应力和变形。为了保证结构物的使用与安全，地基与基础必须具有足够的强度和稳定性，变形也应在允许范围内。根据地层变化情况、上部结构的要求、荷载特点和施工技术水平，可采用不同类型的地基和基础。

地基根据其是否经过加固处理而分为天然地基和人工地基两大类。凡在未加固过的天然土层上直接修筑基础的地基，称为天然地基。天然地基是最简单而经济的地基。这种地基的建筑费用仅限于基坑开挖、敞坑开挖或加支撑开挖及基坑抽水（基础底面设于地下水位以下时)的费用,因此在一般情况下,应尽量采用天然地基。天然地层土质过于软弱或有不良的工程地质问题,需要经过人工加固处理后才能修筑基础,这种经过加固处理后的地基称为人工地基。

基础是建筑物底部的一个承上传下的结构。基础的施工一般较为困难,其造价占整个建筑物造价的比重也较大。它是建筑物的关键部位,一旦出现问题,补救也不大容易。因此,要求设计、施工时,认真对待基础工程,做到精心设计、精心施工,一定按设计和施工规范要求把好质量关。

桥梁基础主要应符合两方面的要求,即在运行使用阶段具有安全承载、传力的条件;在建造阶段能够逐步妥善达到并安置在预定的位置上。前者常认为是设计内容,后者被称为施工工作。实际上两者不能分开,设计必需包括施工方法和使它实现的组织安排,施工又必然要贯彻体现设计的要求,上部结构固然如此,基础工程更是两者融为一体的结合成就。

二、基础的类型

基础根据其结构形式和施工方法分为以下类型:

1.明挖基础

采用露天敞坑放坡开挖,遇到地下水位较高或松软地层放坡开挖有困难时,使用支撑或喷射混凝土护壁来保证基坑开挖,然后在整平的岩土地基上砌筑基础,这种基础称为明挖基础,如图 7-2 所示。明挖基础基坑开挖深度不大,多为浅基础。由于地基土的强度比基础圬工的强度低,为了适应地基的承载力,基底的平面尺寸需要扩大,使基底产生的最大应力不超过持力层的容许承载力,故明挖基础又称为扩大基础。

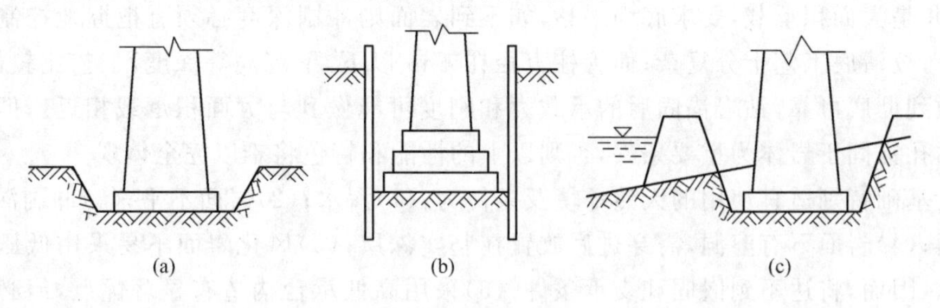

图 7-2　明挖基础

2.桩基础

当地基上部土层松软、承载力较低或河床冲刷深度较大,须将基础埋置较深时,如果采用明挖基础,就会因基坑太深,土方开挖数量大,并且因坑壁需要支撑和做板桩围堰等所承受的土压力和水压力很大,使支撑结构的费用昂贵,同时,施工也很不方便,在这种情况下,常采用桩基础或沉井基础。

图 7-3　桩基础

桩基础是借助设于土中的桩,将承台和上部结构的荷载传到深层土中的一种基础形式,如图 7-3 所示。桩基础的要点是将刚度、强度较高,并具有一定长度的杆形构件——桩,打入或设置在较松软的土基中,在桩头上建造承台。这样,基底土的接触应力将由刚度、强度较大的桩顶承担绝大部分,并逐渐通过桩身全长周边与土层间的摩阻力,将负荷传递到土的深部;如在桩尖处地基强度较高,则桩尖处地基提供一定的支承反力。

3.管柱基础

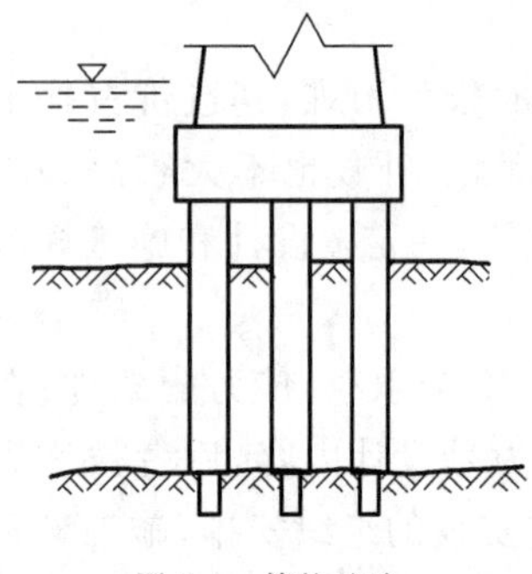
图 7-4　管柱基础

通常将采用大直径预制管桩的桩基础称为管柱基础，如图7-4所示。管柱基础实质是桩基础的一种分支和演化类型，管柱则为大直径桩的一种特殊构造，它和桩不仅仅是尺寸的差别，还有一些独自的特色：在制造和下沉的施工阶段，它是管形构件，在运行阶段它以柱的形式受力。管柱的共同特征是：因为采用大直径，管形构造，下沉前为预制的薄壳圆柱形管节，有连接接头，以降低运输和吊装的困难；在下沉过程中，它们轮廓尺寸较大、自重有限、强度不高、不耐锤击，通常用振动法下沉，多辅以射水，同时在管内出土，以减小下沉中土的阻力；它们就位后要发挥柱的作用，因此，内部多填充混凝土，底部钻岩锚固，通长有钢筋骨架加强，结构体系上是高、低承台的立柱。由于它们的刚度和强度一般按刚性基础作用于岩土，也没有必要采用斜管柱，徒然增加下沉和钻岩的困难。此外，通常不考虑土对柱身的侧压力和摩阻力。

管柱适宜于建造水中的高、低承台基础，它的施工难度和使用范围一般介于桩基和深水沉井之间。它和大直径桩（一般常用到1.4 m直径，钻、挖孔灌注桩可以更大）不仅是尺寸大小的差别，它能用较小的振动力代替较大的打击力，辅以射水、吸泥下沉到很深土层。当在岩盘中锚固以后，允许冲刷线直到岩面，仍能有一定的刚度和强度。它的薄壁既是方便下沉、利于冲洗的工具，又是合适的保护层，使填芯具有强大的承载力和耐久性。它和深沉井不同，沉井是大面积承载，要求底面平整，如不到岩面则冲刷深度必须有把握地控制在基底高程以上，故清底工艺十分复杂；而管柱直径在4 m以下，下沉同等深度，工艺比较简单，清底易于做到彻底可靠，钻岩锚固后的承载力和刚度可能做到与大面积承载相近。但管柱基础应以钻孔锚固于岩体为重要条件，否则以上的性能和特色将难以完全体现。

管柱基础特别适宜使用的天然环境及条件为：(1)深水；(2)岩面不平；(3)冲刷深度可能达到岩面；(4)岩面下有溶洞，需穿过后放置在坚实深层；(5)风化岩面不易采用低压射水及吸渣清除，因而，将达不到嵌固和支承条件；(6)采用高低承台构造有显著优点，但必须有足够的强度和刚度，例如大跨度梁下的支墩；(7)河床有很厚的砂质覆盖层。

不适宜采用管柱基础的自然条件为：(1)厚黏土覆盖层；(2)岩面埋藏极深；(3)岩体破碎。

管柱基础的缺点有：(1)机具设备性能要求很高，用电量大；(2)钻岩进度不快。近年发展了大直径旋转钻岩机，情况已有了较大改善。

4.沉井基础

沉井一般是在墩位所在的地面上或筑岛面上建造的井筒状结构物，沉井基础如图7-5所示。沉井通过在井孔内取土，借由自重的作用，克服土对井壁的摩擦力而沉入土中。当第一节（底节）井筒快没入土中时，再接筑第二节（中间节）井筒，这样一直接筑，下沉至设计位置（最后接筑的一节沉井通常称为顶节），然后再经封底、井内填充、修筑顶盖，即成为墩台的沉井基础。

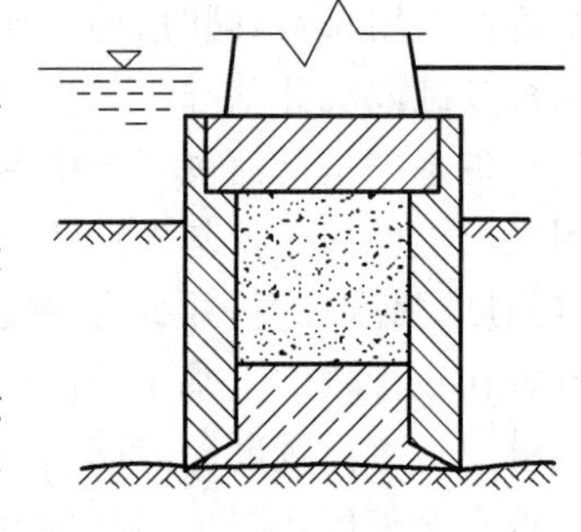
图 7-5　沉井基础

沉井是深埋和深水基础的常用和适宜形式，既宜于水上施工，又便于陆上工作。它既是施工过程中的临时中介结构，又是基础内直接传力的组成部分。

基础根据其埋置深度分为浅基础和深基础。将埋置深度较浅(一般在数米以内)，一般可用比较简单的施工方法修筑的基础称为浅基础。由于浅层土质不良，需将基础置于较深的良好土层上，且施工较复杂(一般要用特殊的施工方法和设备)的基础称为深基础。采用深基础时要求设备多、工期长、费用高，施工也较困难，但在浅基础不能满足设计要求时，亦只得采用深基础。但这种“深”、“浅”的划分不是绝对的，有时地质条件较好且地下水位较低，明挖基础挖深可达 10 m 以上；反之，当地质条件较差且有水不宜明挖时，也有埋深不足 5 m 的沉井基础。

基础根据其结构特征分为平基和桩基。平基的基底一般为一平面(修筑在倾斜岩面上的基础底面可做成台阶状)。工程界常把平基按基底的埋置深度大致分为浅平基和深平基两类。浅平基一般在露天开挖的基坑内修筑，以此法施工的基础多为明挖基础。深平基则通常采用特殊施工方法，如沉井、沉箱等。

基础根据其施工作业和场地布置分为以下类型：

1.陆上基础

平面位置及场地安排可以方便地自由择优进行，但进入土体应有围护土壁的措施，深到地下水面时则有水下施工的工艺和结构要求。

2.浅水基础

需采用栈桥、临时构架、浮箱组合、筑岛、围堰等建成施工工作场地；水面以下应有防水、排水结构措施，防止渗漏；河底以下需有围护、出土准备、支承条件等符合水下结构的工艺和构造要求。

3.深水基础

主要包括由浮船及拉锚体系、深桩或自升式平台、反锚浮墩等建成的工作场地，自浮或压气上浮的水中基础结构及一系列落底、出土、下沉、清基、封底等工艺及设备。

基础根据其建筑材料分为石砌、混凝土(包括片石混凝土)、钢筋混凝土、预应力混凝土和钢基础等类型。

基础的结构强度需满足施工过程和永久运行两个阶段的要求。从结构力学考虑，基础构件材料强度需能承受分布荷载及岩土提供的支承反力；从岩土力学考虑，基础结构传来的各项作用力素应不超过岩土的局部和整体支承能力。

通常，在进行建筑物设计时，有三种地基基础设计方案可供选择，即天然地基上的浅基础、天然地基上的深基础以及人工地基上的浅基础。原则上应先考虑天然地基上浅基础是否可行，因为其施工简单、造价低。

第二节 桥梁基础的设计原则

一、设计原则

地基、基础、墩台和上部结构是共同工作且相互影响的，因此，基础工程设计应紧密结合上部结构、墩台特性和要求，上部结构的设计也应充分考虑地基的特点，把整个结构物作为一个整体，考虑其整体作用和各个组成部分的共同作用。全面分析结构物整体和各组成部分的设计可行性、安全性和经济性，把强度、变形和稳定性紧密地与现场条件、施工条件结合起来，全面分析、综合考虑。

基础工程设计计算的目的是设计出安全、经济和可行的地基与基础，以保证结构物的安全和正常使用。因此，基础工程的设计计算的基本原则是：

(1)基础底面的压应力小于结构物的容许承载力；

(2)地基与基础的变形值小于结构物容许的沉降量；

(3)地基与基础的整体稳定性应得以保证；

(4)基础本身的强度应满足要求。

地基与基础方案的确定主要取决于地基土层的工程性质与水文地质条件、荷载特性、上部结构的形式及使用要求，以及材料的供应和施工技术等因素。方案选择的原则是：力求使用上安全可靠、施工技术上简便可行和经济上合理。因此，必要时应对不同方案进行比较，从中选择较为适宜合理的设计方案和施工方案。

二、基础工程设计和施工所需资料

(1)建筑物情况，包括上部结构形式和结构设计图、建筑物用途、桥梁和墩台的构造和尺寸等，以选择基础的类型、形状和尺寸，必要时收集这方面资料。

(2)荷载作用情况，包括可能作用于建筑物上的各种荷载的大小、方向、作用位置、荷载性质等。

(3)水文资料，如桥梁所在江河水流上的高水位、低水位和常水位，水流流速及冲刷深度等。

(4)工程地质土质资料，主要是地质剖面图或柱状图，图上有各土层的分布状况，厚度、冻结深度、地下水位高度，土中有无大而硬的孤石或其他物质，岩面标高、倾斜度或其他的地质情况等，还必须有各种地基土必要的物理、力学性质指标。

(5)施工条件，包括施工队伍的人力、物力(主要是机具设备等)和技术水平(包括施工经验)，投资和施工期限以及附近的材料、水电供应和交通等情况。

桥梁的地基与基础在设计之前，应掌握有关全桥的资料，包括上部结构形式、跨径、作用、墩台结构等，以及国家颁布的有关桥梁设计和施工技术规范，还应注意地质、水文资料的搜集和分析，重视土质和建筑材料的调查和试验，其中各项资料的内容范围可根据桥梁工程的规模、重要性及建桥地点工程地质、水文条件的具体情况和设计阶段确定取舍。

三、计算作用的确定

桥梁的地基与基础承受着整个建筑物的自重及所传递的各种作用，这些作用有各自不同的特征，且各种作用出现的概率也不同，因此需将作用效应按概率和时间进行分类，并将实际与可能同时出现的作用效应组合起来，作为设计计算的依据。

(一)作用的分类

《公路桥涵设计通用规范》(JTG D60－2015)中规定：公路桥涵设计采用的作用分为永久作用、可变作用和偶然作用三类。

永久作用是长期或恒定的作用。如结构物的重力、土的重力、土侧压力、水的浮力和基础变位作用力等。永久作用采用标准值，对结构自重可按结构构件的设计尺寸与材料的重力密度计算确定。

可变作用的时间和大小是可变的。如汽车荷载、汽车冲击力、汽车离心力、汽车引起的土侧压力、人群荷载、汽车制动力、风荷载、流水压力、支座摩阻力等。可变作用应根据不同的极限状态分别采用标准值、频遇值或准永久值。可变作用的标准值应按相关规范的规定采用;频遇值为可变作用标准值乘以频遇系数 ψ_1,准永久值为可变作用标准值乘以准永久值系数 ψ_2。

偶然作用即偶然或极少出现的作用,如地震作用、船只或漂浮物的撞击作用。偶然作用应根据调查、试验资料,结合工程经验确定其标准值。

作用的设计值规定为作用的标准值乘以相应的作用分项系数。

(二)作用效应组合

公路桥涵结构设计应按承载能力极限状态和正常使用极限状态进行作用效应组合,取其最不利效应组合进行设计。

公路桥涵结构按承载能力极限状态设计时,应采用以下两种作用效应组合:

1. 基本组合

永久作用的设计值效应与可变作用设计值效应相组合,其效应组合表达式为

$$\gamma_0 S_{ud}=\gamma_0(\sum_{i=1}^{m}\gamma_{Gi}S_{Gik}+\gamma_{Q1}S_{Q1k}+\psi_C\sum_{j=2}^{n}\gamma_{Qj}S_{Qjk}) \tag{7-1}$$

或

$$\gamma_0 S_{ud}=\gamma_0(\sum_{i=1}^{m}S_{Gid}+S_{Q1d}+\psi_C\sum_{j=2}^{n}S_{Qjd}) \tag{7-2}$$

式中 S_{ud}——承载能力极限状态下作用基本组合效应的设计值。

γ_0——结构重要性系数,对应于设计安全等级一级、二级和三级分别取 1.1、1.0、0.9。

γ_{Gi}——第 i 个永久作用效应的分项系数,应按表 7-1 的规定采用。

S_{Gik}、S_{Gid}——第 i 个永久作用效应的标准值和设计值。

γ_{Q1}——汽车荷载效应(含汽车冲击力、离心力)的分项系数,取 $\gamma_{Q1}=1.4$。当某个可变作用在效应组合中其值超过汽车荷载效应时,则该作用取代汽车荷载,其分项系数应采用汽车荷载的分项系数;对专为承受某作用而设置的结构或装置,设计时该作用的分项系数取与汽车荷载同值;计算人行道板和人行道栏杆的局部荷载,其分项系数也与汽车荷载同值。

S_{Q1k}、S_{Q1d}——汽车荷载效应(含汽车冲击力、离心力)的标准值和设计值。

γ_{Qj}——在作用效应组合中除汽车荷载效应(含汽车冲击力、离心力)、风荷载外的其他第 j 个可变作用效应的分项系数,取 $\gamma_{Qj}=1.4$,但风荷载的分项系数取 $\gamma_{Qj}=1.1$。

S_{Qjk}、S_{Qjd}——在作用效应组合中除汽车荷载效应(含汽车冲击力、离心力)外的其他第 j 个可变作用效应的标准值和设计值。

ψ_C——在作用效应组合中除汽车荷载效应(含汽车冲击力、离心力)外的其他可变作用效应的组合系数。当永久作用与汽车荷载和人群荷载(或其他一种可变作用)组合时,人群荷载(或其他一种可变作用)的组合系数取 $\psi_C=0.80$;当除汽车荷载(含汽车冲击力、离心力)外尚有两种其他可变作用参与组合时,其组合系数取 $\psi_C=0.70$;尚有三种可变作用参与组合时,其组合系数取 $\psi_C=0.60$;尚有四种及多于四种的可变作用参与组合时,取 $\psi_C=0.50$。

设计弯桥时,当离心力与制动力同时参与组合时,制动力标准值或设计值按 70%取用。

表 7-1　　永久作用效应的分项系数

<table>
<tr><th rowspan="2">编号</th><th rowspan="2" colspan="2">作用类别</th><th colspan="2">永久作用效应的分项系数</th></tr>
<tr><th>对结构的承载能力不利时</th><th>对结构的承载能力有利时</th></tr>
<tr><td rowspan="2">1</td><td colspan="2">混凝土和圬工结构重力(包括结构附加重力)</td><td>1.2</td><td rowspan="2">1.0</td></tr>
<tr><td colspan="2">钢结构重力(包括结构附加重力)</td><td>1.1 或 1.2</td></tr>
<tr><td>2</td><td colspan="2">预应力</td><td>1.2</td><td>1.0</td></tr>
<tr><td>3</td><td colspan="2">土的重力</td><td>1.2</td><td>1.0</td></tr>
<tr><td>4</td><td colspan="2">混凝土的收缩及徐变作用</td><td>1.0</td><td>1.0</td></tr>
<tr><td>5</td><td colspan="2">土侧压力</td><td>1.4</td><td>1.0</td></tr>
<tr><td>6</td><td colspan="2">水的压力</td><td>1.0</td><td>1.0</td></tr>
<tr><td rowspan="2">7</td><td rowspan="2">基础变位作用</td><td>混凝土和圬工结构</td><td>0.5</td><td>0.5</td></tr>
<tr><td>钢结构</td><td>1.0</td><td>1.0</td></tr>
</table>

注:本表编号 1 中,当钢桥采用钢桥面板时,永久作用效应分项系数取 1.1;当采用混凝土桥面板时,取 1.2。

2. 偶然组合

永久作用标准值效应与可变作用某种代表值效应、一种偶然作用标准值效应相组合。偶然作用的效应分项系数取 1.0;与偶然作用同时出现的可变作用,可根据观测资料和工程经验取用适当的代表值。地震作用标准值及其表达式按现行《公路工程抗震设计规范》规定采用。

公路桥涵结构按正常使用极限状态设计时,应根据不同的设计要求,采用以下两种效应组合:

1. 作用短期效应组合

永久作用标准值效应与可变作用频遇值效应相组合,其效应组合表达式为

$$S_{sd}=\sum_{i=1}^{m}S_{Gik}+\sum_{j=1}^{n}\psi_{1j}S_{Qjk} \tag{7-3}$$

式中　S_{sd}——作用短期效应组合设计值;

ψ_{1j}——第 j 个可变作用效应的频遇值系数,汽车荷载(不计冲击力)$\psi_{1j}=0.7$,人群荷载 $\psi_{1j}=1.0$,风荷载 $\psi_{1j}=0.75$,温度梯度作用 $\psi_{1j}=0.8$,其他作用 $\psi_{1j}=1.0$;

$\psi_{1j}S_{Qjk}$——第 j 个可变作用效应的频遇值。

2. 作用长期效应组合

永久作用标准值效应与可变作用准永久值效应相组合,其效应组合表达式为

$$S_{ld}=\sum_{i=1}^{m}S_{Gik}+\sum_{j=1}^{n}\psi_{2j}S_{Qjk} \tag{7-4}$$

式中　S_{ld}——作用长期效应组合设计值;

ψ_{2j}——第 j 个可变作用效应的准永久值系数,汽车荷载(不计冲击力)$\psi_{2j}=0.4$,人群荷载 $\psi_{2j}=0.4$,风荷载 $\psi_{2j}=0.75$,温度梯度作用 $\psi_{2j}=0.8$,其他作用 $\psi_{2j}=1.0$;

$\psi_{2j}S_{Qjk}$——第 j 个可变作用效应的准永久值。

复习题

7-1 什么是地基？地基分为哪几类？

7-2 什么是天然地基？什么是人工地基？

7-3 什么是基础？常用的基础有哪几种？

7-4 什么是浅基础？什么是深基础？

7-5 什么是平基？什么是浅平基？什么是深平基？

7-6 桥梁基础的设计原则有哪些？

7-7 作用在桥梁基础上的荷载分为哪几类？

7-8 公路桥涵结构按正常使用极限状态设计时，根据不同的设计要求，采用哪两种效应组合？

第八章 天然地基上的浅基础

在建筑物的设计与施工中，地基和基础占有很重要的地位，它对建筑物的安全使用和工程造价有着很大的影响。因此，正确选择地基基础的类型十分重要。在选择地基基础类型时，主要考虑两个方面的因素：一是建筑物的性质（包括它的用途、重要性、结构形式、荷载性质和荷载大小等）；二是地基的地质情况（包括土层的分布、土的性质和地下水等）。

如果地基为良好的土层或者地基上部有较厚的良好土层，且能承受基础传来的全部荷载时，一般将基础直接做在天然土层上。当基础的埋置深度小于 5 m 时，即可归到浅基础范畴。

第一节　天然地基上的浅基础的类型及构造

一、浅基础常用类型及适用条件

天然地基浅基础根据受力条件及构造可分为刚性基础和柔性基础两大类。

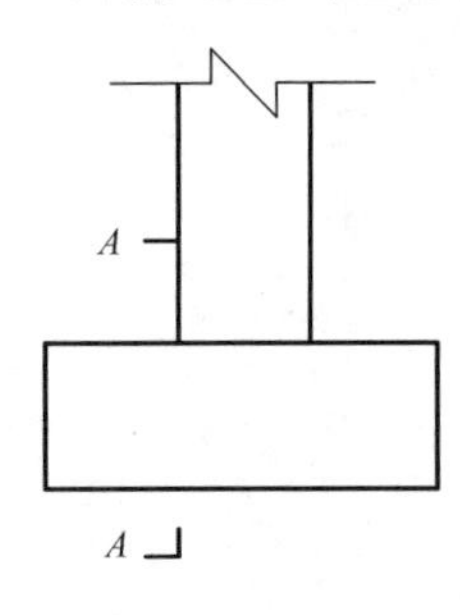

图 8-1　刚性基础

当基础在外力（包括基础自重）作用下，基底承受着强度为 σ 的地基反力，基础的悬出部分 $A-A$ 断面左端，相当于承受着强度为 σ 的均布荷载的悬臂梁，在荷载作用下，$A-A$ 断面将产生弯曲拉应力和剪应力，如图 8-1 所示。基础圬工具有足够的截面使材料的容许应力大于由地基反力产生的弯曲拉应力和剪应力时，$A-A$ 断面不会出现裂缝。这时，基础内不需配置受力钢筋，这种基础称为刚性基础。它是桥梁、涵洞和房屋等建筑物常用的基础类型。其主要形式有：刚性扩大基础、单独柱下基础、条形基础等。

结构物基础在一般情况下均砌筑在土中或水下，所以要求所有材料要有良好的耐久性和较高的强度。

刚性基础常有的材料有：

混凝土：这是修筑基础最常用的材料。它的优点是抗压强度高、耐久性好，可以浇筑成任意形状，强度等级一般不低于 C15。对于大体积混凝土基础，为了节约水泥用量，可掺入不多于其体积 25％的片石，但片石的强度不应低于 25#，也不应低于混凝土强度等级。

粗料石或片石：采用粗料石砌筑桥、涵和挡土墙等基础时，要求石料外形大致方整，厚度为 20～30 cm，宽度和长度分别为厚度 1.0～1.5 倍和 2.5～4.0 倍，石料标号不应小于 25#，砌筑时应错缝，一般采用 5# 水泥砂浆砌筑。片石常用于小桥涵基础，石料厚度不小于 15 cm，标号不应小于 25#，一般采用 5# 或 2.5# 砂浆砌筑。

刚性基础的特点是稳定性好，施工简便，能承受较大的荷载，所以当地基强度能满足要求时，它是桥梁和涵洞等结构物首先考虑的基础形式。它的主要缺点是自重大，并且当持力层为软弱土时，由于扩大基础面积有一定限制，需要对地基进行处理或加固后才能采用，否则会因所受的荷载压力超过地基强度而影响结构物的正常使用。所以对于荷载大或上部结构对沉降差较敏感的结构物，当持力层的土质较差又较厚时，刚性基础作为浅基础是不适宜的。

柔性基础主要用钢筋混凝土灌筑，常见的形式有柱下扩展基础、条形和十字交叉基础、筏板基础及箱形基础。它的整体性能较好，抗弯刚度较大。所以在土质较差的地基上修建高层建筑时，采用这种基础形式是适宜的。但上述基础形式，特别是箱形基础，钢筋和水泥的用量较大，施工技术的要求也较高，所以采用这种基础形式应与其他基础方案（深基础）比较后确定。

二、刚性扩大基础的构造

由于地基强度一般较墩台或墙柱圬工的强度低，因而需要将其基础平面尺寸扩大以满足地基强度要求，这种刚性基础又称为刚性扩大基础。它是桥涵及其他构造物常用的基础形式，其平面形状常为矩形。其每边扩大的尺寸最小为 0.20～0.50 m，视土质、基础厚度、埋置深度和施工方法而定。作为刚性基础，每边扩大的最大尺寸应受到材料刚性角限制。

刚性基础的悬出段长度，通常用压力分布角 α 来控制，α 角是自墩（台）身底的边缘与基底边缘的连线和竖直线间的夹角，如图 8-2 所示。要求 $\alpha \leqslant \alpha_{max}$，其中 α_{max} 称为刚性角，刚性角 α_{max} 与基础圬工材料的强度有关。现行桥涵规范考虑到在一般墩（台）基底反力的变化范围内，对各种圬工材料的刚性角作如下经验规定：

砖、片石、块石、粗料石砌体，当用 5# 以下砂浆砌筑时，$\alpha_{max} \leqslant 30°$；

砖、片石、块石、粗料石砌体，当用 5# 以上砂浆砌筑时，$\alpha_{max} \leqslant 35°$；

混凝土浇筑时，$\alpha_{max} \leqslant 45°$。

因此，在设计刚性基础底面尺寸时，凡满足 $\alpha \leqslant \alpha_{max}$ 条件，即可认为基础刚度很大，它在荷载作用下的挠曲变形很小，不会受拉开裂破坏，基础本身强度可得到充分保证，可不予验算。$\alpha > \alpha_{max}$ 一般为柔性基础，应验算基础的弯曲拉应力和剪应力强度，并设置必要的钢筋。

当基础较厚时，可在纵横两个剖面上都做成台阶形，以减小基础自重、节省材料。

台阶形基础由于可节省材料、施工立模砌筑也比较方便，故采用较多。对于桥梁墩（台）基础，当基础高度 H 较大时，一般可分为 2～3 个等高的台阶，每一个台阶高度 $h_i = 1 \sim 1.5$ m，小桥有时可减为 0.6 m，如图 8-3 所示；台阶宽度 c_i 通常可取与襟边 c_1 相同。襟边 c_1 是指在基础顶面较所支撑的墩（台）身底面外形轮廓大出一个距离，其作用是考虑到基础施工时工作条件较差，定位尺寸可能有所偏差，留有襟边后可作调整余地；另外也便于墩（台）施工时作为模板支架的支撑点。因此襟边大小需视施工情况而定，一般可取 0.2～1.0 m。基础顶面一般置于地面或最大冲刷线以下不小于 0.15 m，这样有利于保护基础，防止加大冲刷。

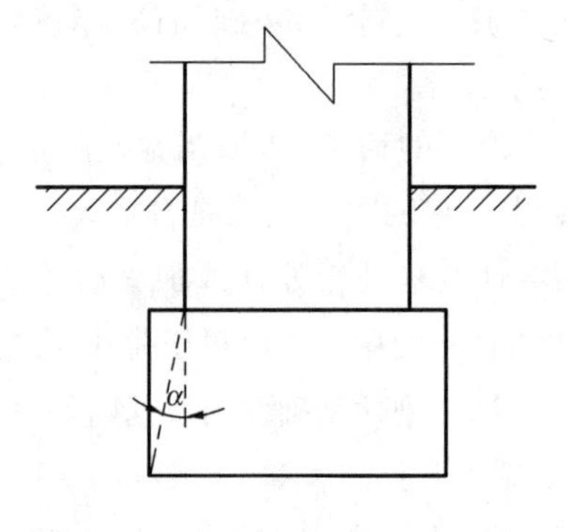

图 8-2　刚性基础刚性角示意图

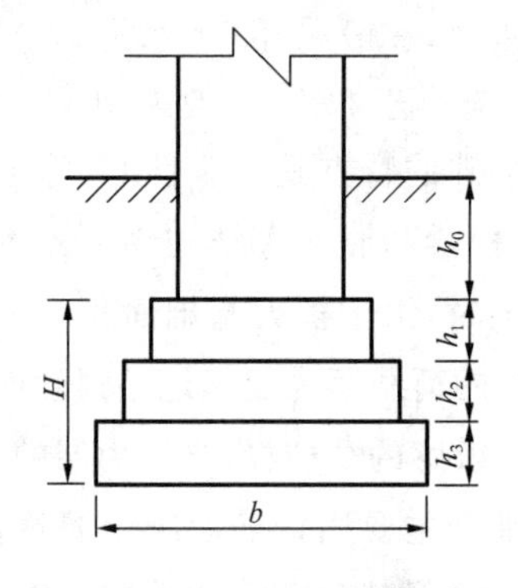

图 8-3　台阶基础示意图

第二节　基础埋置深度的确定及基础尺寸的拟订

在进行浅基础设计时，我们必须先解决两个问题：

(1)确定基础的埋置深度；

(2)拟订基础尺寸。

一、基础埋置深度的确定

基础埋置深度是指天然地面(无冲刷时)或一般冲刷线(有冲刷时)至基础底面的距离。

如何确定基础埋置深度是基础设计中首先需要解决的问题，它涉及建筑物的牢固、稳定及正常使用问题。在确定基础的埋置深度时，必须考虑把基础设置在变形较小，而承载力又较大的地层上，以保证地基强度满足要求，且不致产生过大的沉降量或沉降差。此外还要使基础有足够的埋置深度，以保证基础的稳定性，确保基础安全。因此，必须综合考虑建筑物的结构特征和要求、地基地质、河流水文、冲刷情况、冻结深度、施工条件等因素。设计时要注意影响建筑物埋置深度的主要因素，对其予以充分考虑，进行分析研究，确定合理的埋置深度。

(一)地基的地质条件与荷载作用情况

这是确定基础埋深的基本因素，根据各土层界面情况及土的不同性质，可以大致估计出它们的容许承载力，再结合建筑物荷载大小，就可大体上判断哪一层可作为持力层，从而可初步确定埋置深度。土层的好坏及其能否作为持力层是相对一定荷载而言的，同一种土层如对轻型建筑来说，作为持力层可以满足要求，但对重型建筑物则可能不行。因此地质条件和建筑物荷载大小一定要结合起来考虑。这主要是从地基变形和强度两方面来确定埋深。从这些角度出发，有时可作为持力层的土层不止一个，且各有利弊，这就应当结合不同的基础类型，选取不同的埋置深度，经过比较分析，最后确定。一般应首先选用埋置深度小的基础。

(二)上部结构的形式

上部结构的形式不同，对基础产生的位移的要求也不同。如静定结构对地基变形要求不太高，超静定结构(如无铰拱桥、连续梁桥等)对地基变形则很敏感，为减小可能产生的水平位移和沉降差，有必要将基础埋置在较深的坚实土层上。

(三)水流的冲刷影响

桥梁墩台的修建,往往使河床流水面积缩小、流速增大,导致水流冲刷河床,特别是山区和丘陵地区的河流,更应考虑季节性洪水的冲刷作用。

在有冲刷的河流,为了防止桥梁墩台基础四周和基底下土层被水流冲走淘空,而使墩台基础失去支持而倒塌,基础必须埋置在设计洪水的冲刷线以下一定深度,以保证基础的稳定。在一般情况下,小桥涵的基底应设置在设计洪水的冲刷线以下不小于 1 m。

基础在局部冲刷线以下的最小埋置深度不应是一个定值。它与河床地层的抗冲刷能力、计算设计流量的可靠性、选用计算冲刷深度的方法、桥梁的重要性,以及破坏后修复的难易等因素有关。因此,对于大、中桥基础的基底在局部冲刷线以下的最小埋置深度,可参照表 8-1 选用。

表 8-1　　基础埋深安全值　　m

冲刷总深度		0	<3	$\geqslant 3$	$\geqslant 8$	$\geqslant 15$	$\geqslant 20$
安全值	一般桥梁	1.0	1.5	2.0	2.5	3.0	3.5
	技术复杂修复困难的大桥和重要大桥	1.5	2.0	2.5	3.0	3.5	4.0

注:冲刷总深度,即一般冲刷(不计水深)+局部冲刷深度,由河床面算起。

在计算冲刷深度时,尚应考虑其他可能产生的不利因素,如由于规划的变更使河道变迁等,表列数值为最小值;如水文资料不足,河床为游荡性和不稳定河段等时,上表值应适当加大。

修筑在覆盖层较薄的岩石地基上,且河床冲刷又较严重的大桥墩台基础,除应清除风化层外,尚应根据基岩的强度将基础嵌入岩石一定深度,或用其他锚固等措施,使基础与岩层连成整体,以保证整个基础的稳定性。

(四)当地的冻结深度

在寒冷地区,应考虑由于季节性的冰冻和融化对地基土引起的冻胀影响。

产生冻胀和融化的原因是在地面以下一定范围内,土层的温度随气候而变化。冬季时,上层土中水因温度降低而冻结,而且冻结的土会产生一种吸引力,吸引附近水分渗出不冻结区并一起冻结。因此,土冻结以后,含水量增加,体积膨胀,这种现象称为冻胀现象。如果冻胀土层离地下水位较近,冻结产生的吸引力和毛细力吸引地下水,源源不断进入冻胀土层,形成冰晶体,严重时可形成冰夹层,地面则因土的冻胀而隆起。春季气候回升解冻,冻胀土层不但体积缩小而且含水量显著增加,强度大幅度下降而产生融陷现象。冻胀和融陷都是不均匀的,如果基底下面有冻胀土层,就将产生难以估计的冻胀和融陷变形,这些都可能使基础遭受损坏。因此,《公路桥涵地基与基础设计规范》规定:

(1)当上部结构为超静定时,除了非冻胀土外,桥涵基础底面均应埋入冻结线以下不小于 0.25 m;

(2)当墩台基础设置在季节性冻胀土层中时,基底最小埋置 h 可按下式确定

$$h = z_0 m_t - h_d \tag{8-1}$$

式中　m_t——标准冻深修正系数,可取 1.15。

h_d——基底下容许残留冻胀土层厚度,m。当为弱冻胀土时,$h_d = 0.24 z_0 + 0.31$;当

为冻胀土时，$h_d=0.22z_0$；当为强冻胀土时，$h_d=0$。

z_0——标准冻深，m。我国一些城市的 z_0 值见表 8-2。

表 8-2　　我国一些城市的标准冻深值

城市	北京	济南	西安	天津	大连	太原	锦州	沈阳	长春	牡丹江	哈尔滨	满洲里
z_0/m	0.8～1.0	0.5	0.6	0.6～0.7	0.7	1.0	1.1	1.2	1.7	2.0	2.2	2.5

其他地区如无实例资料可参照有关标准中冻结线图，结合实地调查确定，也可按下式计算

$$z_0=0.28\sqrt{\sum T+7}-0.5 \tag{8-2}$$

式中　$\sum T$——低于 0 ℃的月平均气温的累计值(取连续 10 年以上的年平均值)，以正号代入。

(五)保证地基稳定所需的最小埋置深度

地表土在温度和湿度的变化影响下，会产生一定的风化作用，其性质是不稳定的。另外，人类和动物的活动及植物生长作用也会破坏地基表层土的结构，影响其强度和稳定。所以，为了保证地基和基础的稳定，不宜将基础直接放在地面上。基础的埋置深度，除岩石地基外，应在地面或无冲刷河流的河床以下不小于 1 m。

(六)施工条件

在确定基础埋置深度时，还应考虑邻近结构物的影响，新结构物基础如果比原有结构物基础深，施工开挖就有可能影响原有基础的稳定。另外，施工技术条件、施工设备、施工期限、经济性等对基础采用的埋置深度也有一定的影响。

二、基础尺寸的拟订

基础尺寸的拟订是基础设计中重要内容之一，拟订尺寸恰当，可以减少重复的计算工作。刚性浅基础尺寸的拟订包括基础的高度、平面尺寸和立面形式，如图 8-4 所示。

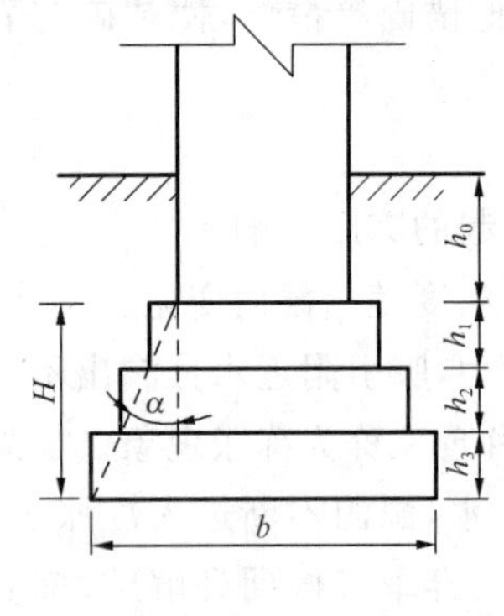

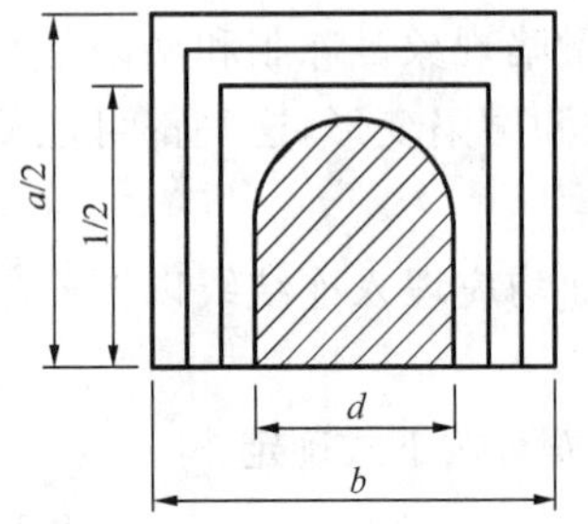

图 8-4　刚性浅基础尺寸的拟订

(一)基础高度

一般要考虑墩台身结构形式、荷载大小、基础材料等来确定。具体做法：首先根据基础埋置深度的要求，确定基底标高；再按照水中基础顶面不高于最低水位，在季节性河流或旱地上的墩台顶面，不高出河床面，则可定出基顶标高。那么，基础顶、底标高之差，即基础高度 $H=h-h_0$。在一般情况下，大、中桥墩(台)基础的高度为 1.0～2.0 m。

(二)基础的平面尺寸

应根据墩台身底面形状而确定。虽然墩台身底面形状以圆端形居多，但考虑到施工的方便，基础平面仍采用矩形。基础底面长、宽尺寸与基础高度关系如下

$$\left.\begin{aligned}a=l+2H\tan\alpha\leqslant l+2H\tan\alpha_{max}\\ b=d+2H\tan\alpha\leqslant d+2H\tan\alpha_{max}\end{aligned}\right\} \tag{8-3}$$

式中　a——基础长度(横桥向),m;

b——基础宽度(顺桥向),m;

l——墩台身底截面长度,m;

d——墩台身底截面宽度,m;

H——基础高度,m;

α——墩台底面边缘至基础底边缘的连线与垂线的夹角;

α_{max}——基础材料的刚性角。

(三)基础的立面形式

基础的立面形式应力求简单,考虑既便于施工,又能节省圬工材料,一般做成矩形或台阶形。在确定基础立面尺寸时,只需定出两方面的尺寸:一是确定襟边宽和台阶宽度(两者宜取同宽),墩台基础的襟边最小值为 0.2～0.5 m;二是确定基础台阶高度 h_i,当基础较厚时,可将基础做成台阶形,每层台阶厚度通常为 $h_i=1.0\sim1.5$ m。

所拟订的基础尺寸,应能在可能的最不利荷载组合的条件下,保证基础本身有足够的结构强度,并能使地基与基础的承载力和稳定性均能满足规定要求且经济合理。

第三节　刚性扩大基础的验算

在基础埋置深度和构造尺寸初步拟订后,就可根据可能产生的最不利荷载组合对地基与基础进行验算,从而保证结构物的安全和正常使用,并使设计经济合理。主要验算地基承载力、基底合力偏心距、地基与基础稳定性、基础沉降量等。

一、地基岩土分类

公路桥涵地基的岩土可分为岩石、碎石土、砂土、粉土、黏性土和特殊性岩土(具体分类见第一章)。

二、地基承载力验算

地基承载力验算主要是使基底应力和下卧各土层中的应力不超过地基土的承载力容许值,以保证基础不因地基的强度不足而危及桥跨结构的安全和使用,其验算包括地基承载力容许值的确定、持力层强度验算和软弱下卧层验算。

(一)地基承载力容许值的确定

地基承载力的验算应以修正后的地基承载力容许值$[f_a]$控制。该值系在地基原位测试或规范给出的各类岩土承载力基本容许值$[f_{a0}]$的基础上,经修正而得(见第五章第三节)。

(二)持力层强度验算

持力层强度验算主要步骤:先确定地基承载力容许值$[f_a]$,再计算在最不利荷载组合作用下的基底应力 σ_{max},然后比较是否满足 $\sigma_{max}\leqslant[f_a]$。

(1)当基底只承受轴心荷载时

$$\sigma=\frac{N}{A}\leqslant[f_a] \tag{8-4}$$

式中　σ——基底平均压应力,kPa;

N——短期效应组合作用时在基底产生的竖向力,kN;

A——基础底面面积,m^2。

(2)当基底单向偏心受压，承受竖向力 N 和弯矩 M 共同作用时，除满足式(8-4)要求外，尚应符合下式的要求

$$\sigma_{\max}=\frac{N}{A}+\frac{M}{W}\leqslant\gamma_{R}[f_{a}] \tag{8-5}$$

式中 $\sigma_{\max}$——基底最大压应力，kPa；

M——短期效应组合作用时产生于墩台的水平力和竖向力对基底重心轴的弯矩，kN·m；

W——基础底面偏心方向截面抵抗矩，m^3。

(3)当基底双向偏心受压，承受竖向力 N 和绕 x 轴弯矩 M_x 与绕 y 轴弯矩 M_y 共同作用时，除满足式(8-5)要求外，尚应符合下式的要求

$$\sigma_{\max}=\frac{N}{A}+\frac{M_x}{W_x}+\frac{M_y}{W_y}\leqslant\gamma_{R}[f_{a}] \tag{8-6}$$

式中 M_x、M_y——作用于基底的水平力和竖向力绕 x 轴、y 轴的对基底的弯矩；

W_x、W_y——基础底面偏心方向边缘绕 x 轴、y 轴的截面抵抗矩。

(4)当设置在基岩上的基底承受单向偏心荷载，其偏心距 e_0 超过半径时，可仅按受压区计算基底最大压应力(不考虑基底承受拉力)。基底为矩形截面的最大压应力 $\sigma'_{\max}$ 按下式计算

$$\sigma'_{\max}=\frac{2N}{3a\left(\frac{b}{2}-e_0\right)} \tag{8-7}$$

式中 b——偏心方向基础底面的边长，m；

a——垂直于 b 边基础底面的边长，m；

e_0——N 作用点距截面重心的距离，m。

(5)当设置在基岩上的墩台基底承受双向偏心压应力且 $\frac{e_0}{\rho}>1.0$ 时，可仅按受压区计算基底压应力，墩台基底最大压应力可按有关规范确定。

(三)软弱下卧层承载力验算

在基础底面下或基桩桩端下有软弱地基或软土层时，应按下式验算软弱地基或软土层的承载力

$$\sigma_{h+z}=\gamma_1(h+z)+\alpha(\sigma-\gamma_2 h)\leqslant\gamma_{R}[f_{a}] \tag{8-8}$$

式中 σ_{h+z}——软弱地基或软土层的压应力，kPa。

h——基底或桩端处的埋置深度，m。当基础受水流冲刷时，由一般冲刷线算起；当不受水流冲刷时，由天然地面算起；如位于挖方内，则由开挖后地面算起。

z——从基底或基桩桩端处到软弱地基或软土层地基顶面的距离，m。

γ_1——深度 $h+z$ 范围内各土层的换算重度，kN/m^3。

γ_2——深度 h 范围内各土层的换算重度，kN/m^3。

α——土中附加压应力系数。

σ——基底压应力，kPa。当 $z/b>1$ 时，p 采用基底平均压应力；当 $z/b\leqslant1$ 时，p 按基底压应力图形采用距最大压应力点 $b/4\sim b/3$ 处的压应力(对于梯形图形前后端压应力差值较大时，可采用上述 $b/4$ 点处的压应力值，反之，则采用上述 $b/3$ 点处的压应力值)。以上 b 为矩形基底的宽度。

$[f_a]$——软弱地基或软土层地基顶面土的承载力容许值,kPa。

三、基底合力偏心距验算

桥涵墩台应验算作用于基底的合力偏心距 e_0。

(1)桥涵墩台基底的合力偏心距容许值$[e_0]$应符合表 8-3 的规定。

表 8-3　　墩台基底的合力偏心距容许值$[e_0]$

作用情况	地基条件	合力偏心距 e_0	备　注
墩台仅承受永久作用标准值效应组合	非岩石地基	桥墩$[e_0]\leqslant 0.1\rho$	拱桥、刚构桥墩台,其合力作用点应尽量保持在基底重心附近
		桥台$[e_0]\leqslant 0.75\rho$	
墩台承受作用标准值效应组合或偶然作用标准值效应组合	非岩石地基	$[e_0]\leqslant\rho$	拱桥单向推力墩不受限制,但应符合规范规定的抗倾覆稳定系数
	较破碎～极破碎岩石地基	$[e_0]\leqslant 1.2\rho$	
	完整、较完整岩石地基	$[e_0]\leqslant 1.5\rho$	

(2)基底以上外力作用点对基底重心轴的偏心距 e_0 按下式计算

$$e_0=\frac{M}{N}\leqslant[e_0] \tag{8-9}$$

(3)基底承受单向或双向偏心受压的 ρ 值可按下式计算

$$\rho=\frac{e_0}{1-\dfrac{p_{\min}A}{N}} \tag{8-10}$$

$$\sigma_{\min}=\frac{N}{A}-\frac{M_x}{W_x}-\frac{M_y}{W_y} \tag{8-11}$$

式中　$\sigma_{\min}$——基底最小压应力,当为负值时表示拉应力,kPa;

e_0——N 作用点距截面重心的距离,m。

由于合力偏心距 $e_0=\dfrac{M}{N}$,M 值越大,N 值越小,e_0 值将越大。所以对该项验算来说,应选择 M 值大、N 值小的荷载组合为最不利的荷载组合。

四、基础沉降量计算

当墩台建筑在地质情况复杂、土质不均匀及承载力较差的地基上,以及相邻跨径差别悬殊而需计算沉降差或距线桥净高需预先考虑沉降量时,均应计算其沉降量。

计算基础沉降量时,传至基础底面的作用效应应按正常极限状态下长期作用效应组合计算。该组合仅为直接施加于结构上的永久作用标准值(不包括混凝土收缩及徐变作用、基础变位作用)和可变作用准永久值(仅指汽车荷载和人群荷载)引起的效应。

墩台的沉降应符合下列规定:

(1)相邻墩台间不均匀沉降差量(不包括施工中的沉降)不应使桥面形成大于 0.2%的附加纵坡(折角)。

(2)超静定结构桥梁墩台间不均匀沉降差量还应满足结构的受力要求。

墩台基础的最终沉降量按分层总和法计算求得的地基沉降量乘以沉降计算经验系数确定。

五、基础稳定性计算

桥涵墩台基础的抗倾覆稳定性系数按下式计算

$$k_0=\frac{s}{e_0} \tag{8-12}$$

$$e_0=\frac{\sum P_i e_i+\sum H_i h_i}{\sum P_i} \tag{8-13}$$

式中 k_0——墩台基础抗倾覆稳定性系数；

s——在截面重心至合力作用点延长线上，自截面重心至验算倾覆轴的距离，m；

e_0——所有外力的合力 R 在验算截面的作用点对基底重心轴的偏心距，m；

P_i——不考虑其分项系数和组合系数的作用标准值组合或偶然作用标准值组合引起的竖向力，kN；

e_i——竖向力 P_i 对验算截面重心的力臂，m；

H_i——不考虑其分项系数和组合系数的作用标准值组合或偶然作用标准值组合引起的水平力，kN；

h_i——水平力 H_i 对验算截面重心的力臂，m。

注：(1)弯矩应视其绕验算截面重心轴的不同方向取正负号。

(2)对于矩形凹缺的多边形基础，其倾覆应取其基底截面的外包线。

桥涵墩台基础的抗滑动稳定性系数按下式计算

$$k_c=\frac{\mu\sum P_i+\sum H_{ip}}{\sum H_{ia}} \tag{8-14}$$

式中 k_c——桥涵墩台基础的抗滑动稳定性系数；

$\sum P_i$——竖向力总和；

$\sum H_{ip}$——抗滑稳定水平力总和；

$\sum H_{ia}$——滑动水平力总和；

μ——基础底面与地基土之间的摩擦因数，通过试验确定，当缺少实际资料时，可参考表8-4采用。

注：$\sum H_{ip}$ 和 $\sum H_{ia}$ 分别为两个相对方向的各自水平力总和，绝对值较大者为滑动水平力 $\sum H_{ia}$，较小者为抗滑稳定力 $\sum H_{ip}$；$\mu\sum P_i$ 为抗滑动稳定力。

表 8-4　基底摩擦因数

地基土分类	μ	地基土分类	μ
黏土(流塑～坚硬)、粉土	0.25	软岩(极软岩～较软岩)	0.40～0.60
砂土(粉砂～砾砂)	0.30～0.40	硬岩(较硬岩、坚硬岩)	0.60～0.70
碎石土(松散～密实)	0.40～0.50		

验算墩台抗倾覆和抗滑动的稳定性时，稳定性系数不应小于表8-5的规定。

表 8-5　抗倾覆和抗滑动的稳定性系数

作用组合		验算项目	稳定性系数
使用阶段	永久作用和汽车、人群的标准值效应组合	抗倾覆	1.5
		抗滑动	1.3
	各种作用的标准值效应组合	抗倾覆	1.3
		抗滑动	1.2
施工阶段作用的标准值效应组合		抗倾覆 抗滑动	1.2

第四节　刚性扩大基础的施工

刚性扩大基础的施工是采用明挖的方法进行。其施工顺序和主要工作包括:基础定位放样、基坑开挖及坑壁支撑、基坑排水、基坑检验及基底土的处理、基础砌筑及基坑的回填。

一、旱地上浅基础的施工

(一)基础定位放样

基础定位放样就是将设计图纸上的墩、台位置和尺寸标定到实际工地上去。这主要是测量问题。定位工作可分为垂直定位和水平定位两个方面。垂直定位是定出墩台基础各部分的标高,可借助施工现场的水准基点进行;水平定位是定出基础在平面上的位置。如图8-5所示,一般可首先定出桥梁的主轴线Ⅰ—Ⅰ,然后定出墩台轴线1—1、2—2、3—3、4—4、5—5,最后详细定位,确定基础各部分尺寸。由于定位桩随着基坑开挖必将被挖去,所以还必须在基坑位置以外不受施工影响的地方,钉立定位桩的保护桩,以备在施工中能随时检查基坑和基础位置是否正确,而基坑外围通常可用龙门板固定或在地面上以石灰线标出。

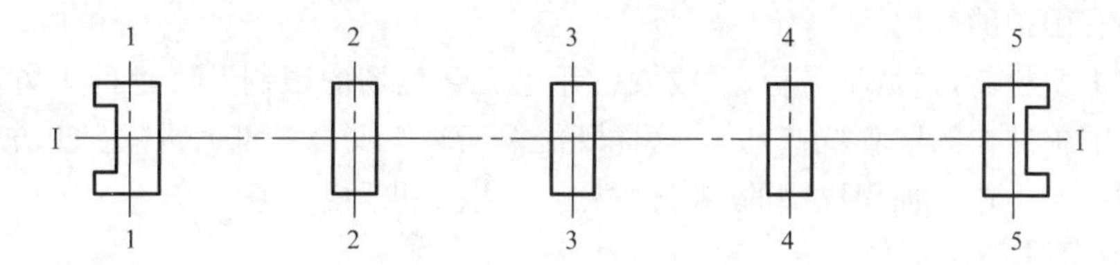

图8-5　基础定位放样示意图

(二)基坑开挖及坑壁支撑

为建造基础而开挖的基坑,其形状和开挖面的大小可视墩台基础及下部结构的形式、施工条件的要求,挖成正方形、矩形或长条形的坑槽。基坑的深度视基础埋置深度而定。基坑开挖工作应尽量在枯水或少雨季节进行,且不宜间断。基坑开挖的断面是否设置坑壁围护结构,可视土的类别、基坑暴露时间长短、地下水位的高低以及施工场地大小等因素而定。基坑开挖过程中要注意排水,基坑尺寸要比基底尺寸每边大0.5～1.0 m,以方便设置排水沟、立模和砌筑。水中开挖基坑还需先修筑防水围堰。基坑开挖至基底设计标高应立即对基底土质及坑底情况进行检验,验收合格后应尽快修筑基础,不得将基坑暴露过久。基坑可采用人工或机械开挖,采用机械开挖时,设计标高以上30 cm应预留由人工修整,以免破坏基底土的结构。

1. 不设围护的基坑

当坑壁不设围护时,可将坑壁挖成竖直或斜坡形。竖直坑壁只有在岩石地基或基坑不深又无地下水的黏性土地基中采用。在一般土质条件下开挖基坑时,应采用放坡开挖的方法。在基坑深度不超过5 m、地基土质湿度正常、开挖暴露时间不超过15 d的情况下,可参照表8-6选定基坑坑壁坡度。

表 8-6　　基坑坑壁坡度表

坑壁土的类别	坑壁坡度		
	基坑顶缘无荷载	基坑顶缘有静载	基坑顶缘有动载
砂土	1∶1	1∶1.25	1∶1.5
碎石土	1∶0.75	1∶1	1∶1.25
亚砂土	1∶0.67	1∶0.75	1∶1
亚黏土、黏土	1∶0.33	1∶0.5	1∶0.75
半软岩	1∶0.25	1∶0.33	1∶0.67
软质岩	1∶0	1∶0.1	1∶0.25
硬质岩	1∶0	1∶0	1∶0

注：挖基经过不同土层时，边坡可分层决定，并酌情设置平台。

基坑底面应满足基础施工的要求，对渗水的土质基坑，一般按基底的平面尺寸，每边增宽 0.5～1.0 m，以便在基底外设置排水沟、集水坑和基础模板。为了保证坑壁边坡稳定，当基坑深度较大时，应在边坡中段加设宽为 0.5～1.0 m 的平台。坑顶周围必要时应挖排水沟，以免地面水流入坑内。当基坑顶缘有动载时，顶缘与动载之间至少应留 1 m 宽的护道。

2. 坑壁有围护的基坑

当坑壁土质松软，边坡不易稳定，或放坡开挖受到现场的限制及开挖的土方量过大时，宜采用加设围护结构的竖直坑壁基坑，这样既能保证施工安全又可大量减少土方量。

基坑围护结构作为加固坑壁的临时性措施，有以下几种：

(1)挡板支撑

挡板支撑适用于开挖面积不大，地下水位较低，挖基深度较浅的基坑。根据具体情况，挡板可垂直设置或水平横放。挡板支撑由立木、横枋、顶撑及衬板组成。衬板厚度为 4～6 cm，为便于挖基运土，顶撑应设在同一垂直面内。

基坑开挖时，若坑壁土质密实，不会随挖随坍，可将基坑一次性挖到设计标高，然后沿着坑壁竖向撑以衬板(密排或间隔排)，再在衬板上压以横木，中间用顶撑撑住，如图 8-6 所示。

若坑壁土质较差或所挖基坑较深，坑壁土有随挖随坍可能时，则可用水平衬板支撑，分层开挖，随挖随撑，如图 8-7 所示。

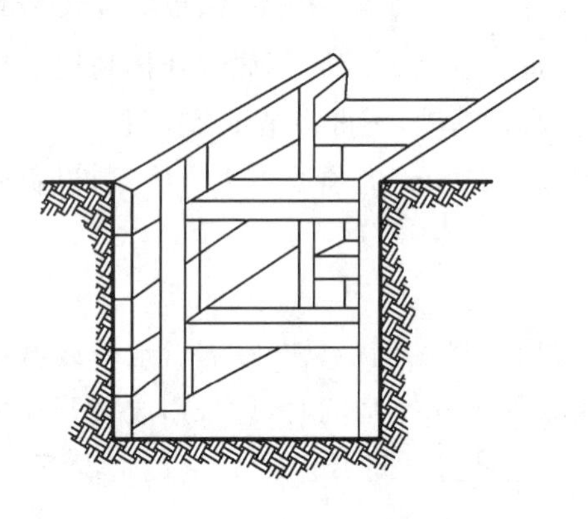

图 8-6　竖挡板支撑

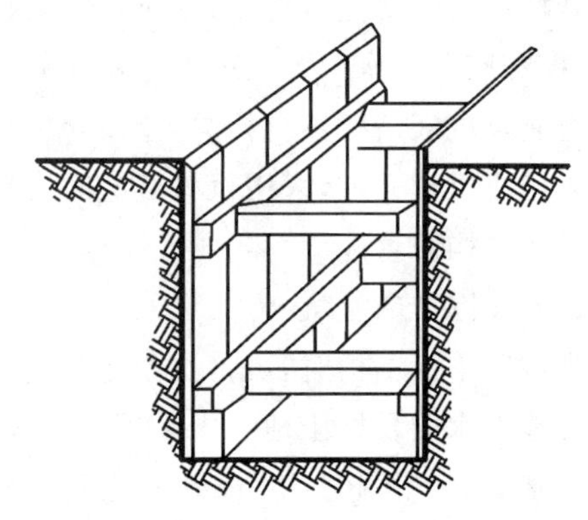

图 8-7　水平挡板支撑

(2)板桩支撑

当基坑的平面尺寸较大而基坑较深,或由土质、水文、场地的限制,开挖对邻近建筑物有影响时,可采用板桩支撑。板桩设置方法与挡板支撑不同,其特点是先将板桩打入土中,桩尖深入到基坑底面以下一定深度,然后再开挖基坑。当基坑较深时,可待基坑挖至一定深度后,再在板桩上部加设横向支撑或设置锚桩,以增强板桩的稳定性。

板桩常用的材料有木、钢、钢筋混凝土三种。

木桩成本较低,容易加工制作,但强度较低,故不适用于含卵石和坚硬的土层。同时,木材受长度的限制,基坑深度在 3～5 m 内时才可采用。为减少渗水,木板桩的接缝应密合。在断面形式上,板厚大于 80 mm 时应采用凸凹形榫口的企口缝;小于 80 mm 时,可采用人字形榫口。

钢板桩强度较高,但成本也较高,可用于含卵石和坚硬的土层。一般适用于较深的基坑,但应注意防锈。

(三)基坑排水

基坑一般位于地下水位以下,因而在基坑开挖过程中,地下水将会不断渗入基坑内,为了便于施工,保证施工质量,必须将基坑内渗水排尽。排水的方法有表面排水法、轻型井点法两种。

1. 表面排水法

它是施工中应用最普遍的排水方法。基坑开挖时,在基坑内基础范围以外开挖具有一定坡度的排水沟和若干个集水井,使坑内渗水由排水沟集至集水井,用抽水机排出去。施工过程中要求排水能力要大于基坑的渗水量,因此,施工前必须对基坑的渗水量进行估算,以便正确选定排水措施,配足排水设备。

(1)基坑渗水量的估算

基坑渗水量的大小与土的透水性、基坑内外的水头差、基坑坑壁围护结构的种类及基坑渗水面积等因素有关。估算基坑渗水量的方法有两种,一是通过抽水试验,另一种是利用经验公式估算。前者是在工地的试坑或钻孔中,进行直接的抽水试验,其所得的数据比较可靠,但试验费事,而且要在工地现场进行。后者方法简便,但估算结果准确性差。

经验公式可以反映出土的透水性、基坑的渗水面积、坑壁的围护形式等因素对基坑渗水量的影响。

对于放坡开挖的基坑,基坑渗水量可用下式估算

$$Q=q_1F_1+q_2F_2 \tag{8-15}$$

式中 q_1、q_2——基坑底面和侧面的单位渗水量,m^3/h;

F_1、F_2——基坑底面和侧面的渗水面积,m^2。

对于有板桩支撑的基坑,可用下式估算基坑渗水量

$$Q=KUHq \tag{8-16}$$

式中 K——土的透水系数,如基坑范围内有多层土,则取其加权平均值 $K_{平均}=\dfrac{\sum K_i h_i}{\sum h_i}$,m/h;

U——基坑周长,m;

H——水头差,m;

q——单位渗水量,m^3/h。

(2)抽水机的选用

抽水机应根据基坑渗水量的大小和基坑情况来定。当基坑渗水量很小时，可用人工排水或小型抽水机抽水。当基坑渗水量较大时，一般用电动或内燃发动机的离心式抽水机。要求抽水机总排水能力为(1.5～2.0)Q。考虑到排水过程中，机械可能发生故障，应有备用的抽水机。抽水机安装应根据基坑深度、水深和吸程大小，分别安装在坑顶、坑中护坡道或活动脚手架上。坑深大于吸程加扬程时，可用多台抽水机串连或采用高压抽水机。

表面排水法除有严重流砂的基坑不宜采用外，其他情况下均可采用。

如果估计采用表面排水法有可能发生严重流砂现象，可以选用机械水中挖土方法或考虑采用轻型井点法排水。

2.轻型井点法

此法主要是利用"下降漏斗"降低地下水位，基坑开挖前在基坑四周打入若干井点管，井点管下端 1.5 m 左右为过滤管，上面钻有若干直径约 2 mm 的滤水孔，各个井点管用集水总管连接，并不断抽水，如图 8-8 所示。抽水使进管两侧一定范围内的水位逐渐下降，于是形成向井点管附近弯曲的下降曲线，即"下降漏斗"。地下水位逐渐降低到坑底设计标高以下，使施工能在干燥无水的情况下进行。

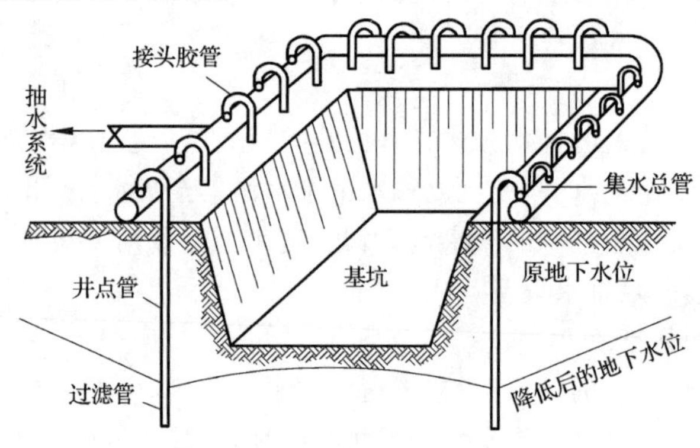

图 8-8　轻型井点法

(四)基坑检验及基底土的处理

挖好基坑，在浇筑基础混凝土前应进行验坑，检查是否符合设计要求。其内容包括：

(1)基坑底面标高、平面位置、平面尺寸是否与原设计相符。

(2)检查基底土质与设计资料是否相符，如有出入，应取样做土质分析试验，同时由施工单位及时会同有关部门共同研究处理办法。

(3)当坑底暴露的地质特别复杂，属于下列情况之一时，应变更基础设计方案(变更基础埋深或基础类型)：

①强烈风化的岩层；

②松砂($D_r \leqslant 0.33$)地基；

③软黏性土($I_L > 1.0$)；

④$e > 0.7$ 的亚砂土、$e > 1.0$ 的亚黏土、$e > 1.1$ 的黏土；

⑤含有大量有机质的砂土、黏土；

⑥较发育的溶岩。

(4)基底检验合格后，还应按不同地质情况，进行如下处理：

①在黏性土层上的基础，修整承重面时，应按其天然状态铲平，不得用回填土夯实。必要时可在基底夯入 10 cm 以上的碎石层，碎石层顶面应低于基底标高。修整妥善后应在短时间内浇筑基础，不得暴露过久。

②对碎石土或砂土，其承重面经过修理平整后，在基础施工前应先铺一层 2 cm 厚的水泥砂浆。

③对未风化的岩层，应先将岩层面上的松散石块、淤泥、苔藓等清除干净。若岩层倾斜，应将岩面凿平。为防止基础滑动，可采取必要的锚固措施，以加强基础与岩层之间的连接。

④对软硬不均匀的地层，应将软质土层挖除，使基础全部建在硬土上，以避免基础发生不均匀沉降或倾斜。

⑤坑底如发现有泉眼涌水，应立即堵塞或排水加以处理，不得任其浸泡基坑。

(五)基础砌筑及基坑的回填

基础混凝土应在干燥无水的情况下进行浇筑，只有当渗水量很大，排水困难时，才采用水下灌注混凝土的方法。排水浇筑时，应防止渗水浸泡圬工降低混凝土强度。此外，还应注意：石砌基础在砌筑中应使石块大面朝下，外圈块石必须坐浆，要求丁顺相间，以加强石块之间的连接；混凝土基础的浇筑，应在终凝后才允许浸水，不浸水部分仍需养生。

基础浇筑完成后，应检验质量和各部位尺寸是否符合设计要求，如无问题，即可进行基坑回填，并分层夯实，回填层厚度不大于 30 cm。

二、水中浅基础的施工

(一)围堰的基本要求

桥梁墩台基础往往处于地表水位以下，有的河流水的流速较大，而施工时常常希望在无水或静水条件下进行。为了解决这一矛盾，可变水中施工为旱地施工。其办法是，首先在基坑外围设置一道封闭的临时性挡水结构物即围堰。围堰修筑好后，即排水开挖基坑或在静水条件下进行水下基坑开挖。

围堰所用的材料和形式根据当地水文、地质条件，材料来源及基础形式而定。但不论哪种材料和形式的围堰，均需注意下列要求：

(1)堰顶标高至少高出施工期间可能出现的最高水位 0.5 m 以上。

(2)围堰平面形状应与基础平面形状相符，围堰的迎水面应做成流线型，以利于减小水流阻力。

(3)由于围堰的修筑，使河流的过水断面缩小、流速增大，将引起较大集中冲刷，可能使围堰冲坍或严重漏水，可能由于部分河面被堵塞影响通航。因此，为防止上述不利情况的出现，围堰的断面不应超过流水断面的 30%。

(4)围堰内面积应考虑坑壁放坡和浇筑基础时的要求。

(二)常用的围堰类型

1.土围堰

土围堰适用于水深不超过 2 m，流速小于 0.5 m/s，河床土质为不透水或透水甚微的河道中，在修筑前应将河底杂物清理干净以防漏水。修筑时应从上游开始，至下游合龙。

堰顶宽一般不小于 1.5 m，视施工场面需要而定。堰外侧边坡视填土在水中的自然坡度而定，一般为 1∶2～1∶3；堰内边坡一般为 1∶1～1∶1.5，坡脚距基坑边缘的距离根据河床土质及基坑深度而定，但不得小于 1 m，如图 8-9 所示。如果用砂土修筑围堰，为了减少渗水，需在外坡侧面用黏土覆盖或设置黏土芯墙。当水的流速较大时，可在外坡面用草皮、柴排、草袋加以防护。

2. 草(麻)袋围堰

水深不超过 3.5 m，流速小于 2.0 m/s 时可采用草(麻)袋围堰。堰顶宽一般为 1～2 m，有黏土芯墙时为 2～2.5 m。堰外坡视水深及流速而定，一般为 1∶0.5～1∶1，堰内坡一般为 1∶0.2～1∶0.5，内坡脚距基坑边缘不小于 1 m。袋装松散黏土，装土量为袋容量的 1/2～2/3，袋口缝合，如图 8-10 所示。如用砂土装袋，堰身中间必须夯填黏土芯墙，以防围堰渗漏。

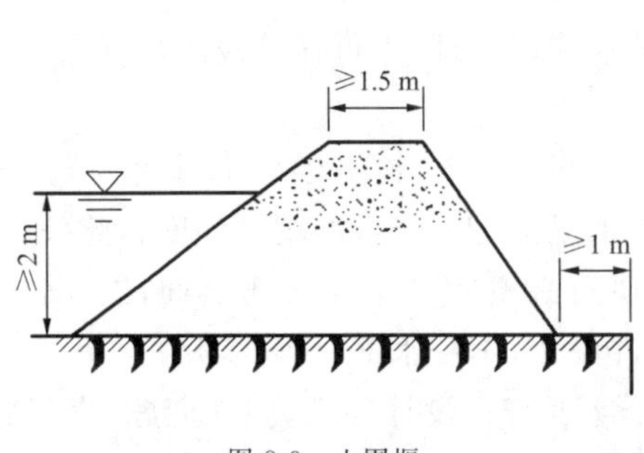

图 8-9　土围堰

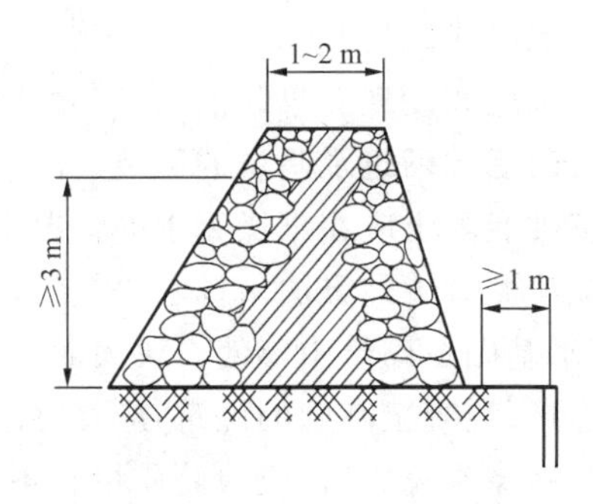

图 8-10　草(麻)袋围堰

以上两种围堰均利用自重维持其稳定，故又称为重力式围堰，其主要作用是挡地面水。如河床土质为粉砂或细砂，在排水开挖基坑时，就可能会引起流砂现象，所以不宜用这类围堰，而应考虑选用木板桩围堰。

3. 木板桩围堰

适用于砂土、黏性土和不含卵石的其他土质河床。

水深在 2～4 m 时，可采用单层木板桩围堰，必要时可在板桩外围加填土堰，但水的流速不宜超过 0.5 m/s。

水深在 4～6 m 时，可用中间填黏土的双层木板桩围堰。

木板桩的入土深度视土质的密实程度而定，一般为基坑深度的 40%～50%，但不应小于 1 m。双层木板桩间的宽度应不小于施工水平水深的 50%，也不小于基坑底至堰顶深度的 40%～60%。如围堰高度较大时，为防止在水压力的作用下产生过大的变形，可在中间增设拉紧螺栓，以增强两层木板桩之间的整体性。木板桩间的黏土填筑应夯实以防漏水。

4. 钢板桩围堰

钢板桩围堰适用于砂土、碎石土、硬黏性土和风化岩等地层，它具有材料强度高、防水性能好、穿透土层能力强、堵水面积最小、可重复使用的优点。因此，当水深超过 5 m 或土质较硬时，可选用这种围堰。

当钢板桩围堰较高且水深较大时，常用围囹(即以钢或钢木构成的框架)作为板桩定位和支撑。先在岸上或驳船上拼装好围囹，拖运至基础位置定位后，在围囹中插打定位桩使围囹挂在定位桩上，即可以在围囹四周的导桩间插打钢板桩。在插打时应先从上游打起，以策安全。根据起吊能力，尽可能将两三块钢板预先拼焊在一起，逐组或逐块插打到稳定的深度(2～3 m)，待全部板桩插打完毕后再依次打到设计标高。

在深水处修筑围堰，为确保围堰不渗水，或基坑范围大，不便设置支撑，可采用双层钢板桩围堰。

5.套箱围堰

这种围堰适用于无覆盖层或覆盖层较薄的水中基础。

套箱为无底的围套,内部设木或钢支撑,组成支架。木套箱在支架外面钉装两层企口木板,用油灰捻缝以防漏水;钢套箱则设焊接或铆合而成的钢板外壁。

木套箱采用浮运就位,然后加重下沉;钢套箱利用船运起吊就位下沉。在下沉套箱之前,应清除河床覆盖层并整平岩层。套箱沉至河底后,宜在箱脚外侧填以黏土或用装土草(麻)袋护脚。

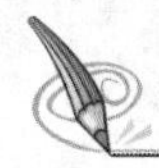

复习题

8-1　什么是刚性基础?什么是柔性基础?

8-2　刚性基础常用的材料有哪些?对这些材料有何要求?

8-3　什么是刚性角?刚性扩大基础的尺寸如何拟订?

8-4　刚性基础的埋置深度如何确定?

8-5　刚性扩大基础的验算项目有哪些?如何验算?

8-6　基坑开挖前应做哪些准备工作?

8-7　无围护基坑开挖应注意哪些问题?

8-8　坑壁围护的形式有哪些?各适用于什么情况?

8-9　基坑排水的意义有哪些?

8-10　基坑渗水量应如何计算?

8-11　什么情况下采用表面排水法排水?抽水机的数量如何确定?

8-12　什么是轻型井点法?其适用条件与适用范围是什么?

8-13　什么是围堰?常用的围堰类型有哪些?各适用于什么情况?

8-14　基底检验的主要内容有哪些?如何对基底进行处理?

人工地基

第一节 概 述

一、采用人工地基的目的

工程建设中，不可避免地会遇到地质条件不好的地基或软弱地基，这时地基不能满足设计建筑物对地基强度、稳定性及变形的要求，常需要采用各种地基加固、补强等技术措施，来改善地基土的工程性状，以满足工程要求，这些工程措施统称为地基处理，处理后的地基称为人工地基。

采用人工地基的目的是提高地基的强度与稳定性，减小地基的沉降量，防止地基的渗漏与溶蚀，提高地基抗液化能力。

二、地基处理的对象

地基处理对象包括软弱地基与不良地基。

(一)软弱地基

1.软弱地基的工程特性

软弱地基系指由具有强度较低、压缩性较高及其他不良性质的软弱土组成的地基。软弱土主要包括软土、冲填土(吹填土)、杂填土或其他高压缩性土。

软土是指天然孔隙比大于或等于1.0，且天然含水量大于液限的细粒土。它包括淤泥、淤泥质土、泥炭、泥炭质土。软土具有如下工程特性：

(1)具有显著的结构性。特别是滨海相的软土，一旦受到扰动(振动、搅拌或搓揉等)，其絮状结构受到破坏，土的强度显著降低，甚至呈流动状态。软土受到扰动后强度降低的特性可用灵敏度表示。软土的灵敏度在3～16范围内。

(2)具有较明显的流变性。软土在不变的剪应力的作用下，将产生连续缓慢的剪切变形，并可能导致抗剪强度的衰减；在固结沉降完成之后，软土还可能继续产生可观的次固结沉降。

(3)压缩性较高。软土的压缩系数 $a_{1\text{-}2}>0.5$ MPa，大部分压缩变形发生在垂直压力为100 kPa左右。

(4)抗剪强度低。软土的不排水抗剪强度一般不小于30 kPa。

(5)软土的透水性较差。其渗透系数一般在 $(i\times10^{-8})\sim(i\times10^{-6})$ cm/s $(i=1,2,\cdots,9)$

范围内。因此土层在自重荷载作用下达到完全固结所需时间很长。

(6)具有不均匀性,软土中常夹有厚薄不等的粉土、粉砂、细砂等。

由于软土具有强度低、压缩性较高和透水性较差等特性,因此,在软土地基上修建筑物,必须重视地基的变形和稳定问题。

冲填土(吹填土)是在整治和疏通江河时,用挖泥船或泥浆泵把江河或港湾底部的泥砂用水力冲填(吹填)形成的沉积土。冲填土的物质成分比较复杂,如以粉土、黏土为主,属于欠固结的软弱土;而主要由中砂粒以上的粗颗粒组成的,则不属于软弱土。

杂填土一般是覆盖在城市地表的人工杂物,包括瓦片砖块等建筑垃圾、工业废料和生活垃圾等。其主要特性是强度低、压缩性高和均匀性差。

2.软弱土的分布

(1)软土:广泛分布在上海、天津、宁波、温州、连云港、福州、厦门、广州等东南沿海地风及昆明、武汉等内陆地区。此外,各省市都存在小范围的淤泥和淤泥质土。

(2)冲填土(吹填土):主要分布在海、江、河两岸地区,如天津市有大面积海河冲填土。

(3)杂填土:在历史悠久的城市,杂填土厚度较大,而且多为建筑垃圾。

(二)不良地基

不良地基包括下列几类。

1.湿陷性黄土地基

由于黄土的特殊环境与成因,黄土中含有大孔隙和易溶盐类,使陇西、陇东、陕北、关中等地区的黄土具有湿陷性,导致房屋开裂。

2.膨胀土地基

膨胀土中有大量蒙脱石矿物,是一种吸水膨胀、失水收缩,具有较大往复胀缩变形的高塑性黏土。在膨胀土场地上造建筑物,若处理不当,会造成房屋开裂等事故。

3.多年冻胀土地基

在高寒地区,含有固态水且冻结状态持续两年或两年以上的土,称为多年冻胀土。多年冻胀土的强度和变形有其特殊性。例如,冻胀土中既有固态冰又有液态水,在长期荷载作用下具有流变性。又如,建房取暖将改变多年冻胀土地基的温度与性质,故对此需专门研究。

4.岩溶与土洞地基

岩溶地形又称喀斯特地形,它是可溶性岩石如石灰岩、岩盐等长期被水溶蚀而形成的溶洞、溶沟、裂隙,以及由于溶洞的顶板塌落,使地表发生坍陷等现象和作用的总称。土洞是岩溶地区上覆土层被地下水冲蚀或潜蚀所形成的洞穴。岩溶和土洞对建筑物的影响很大。

5.山区地基

山区地基的地质条件复杂,主要为地基的不均匀性和场地的不稳定性。例如,山区的基岩面起伏大,且可能有大块孤石,使建筑地基软硬悬殊导致事故发生。尤其在山区常有滑坡、泥石流等不良地质现象,威胁建筑物的安全。

6.饱和粉细砂与粉土地基

饱和粉细砂与粉土地基,在强烈地震作用下,可能产生液化,使地基丧失承载力,发生倾倒、墙体开裂等事故。

此外,如旧房改造和增层,工厂设备更新、加重,在邻近低层房屋开挖深坑建高层建筑等情况,都存在地基土体的稳定性与变形问题,需要进行研究与处理。

三、地基处理的常用方法

地基处理是人为改善土的工程特性或地基组成，从而提高地基土的强度，降低地基土的压缩性，使之满足工程需要。天然地层土质过于软弱或有不良的工程地质问题时，需要经过人工加固处理后才能修筑基础，这种经过加固处理后的地基称为人工地基。

地基处理的目的主要是改善地基土的工程性质，包括改善地基土的变形特性和渗透性，提高其抗剪强度和抗液化能力，使其满足工程建设的要求。地基处理的方法有换土垫层、挤密或振冲、碾压与夯实、预压、胶结加固和加筋六类。各种方法及其原理与作用参见表9-1。各种地基处理方法的采用应从当地地基条件、目的要求、工程费用、施工进度、材料来源、可能达到的效果以及环境影响等方面综合考虑，并通过试验和比较来确定，必要时还应在建筑物设计与施工中采取相应的措施。

表 9-1　　地基处理方法分类

分　类	处理方法	原理及作用	适用范围
换填垫层	素土垫层 砂垫层 碎石垫层	挖除浅层软弱土，用砂、石或灰土等强度较高的土料代替，以提高持力层土的承载力，减少沉降量；消除或部分消除土的湿陷性、胀缩性及防止土的冻胀作用；改善土的抗液化性能	适用于处理浅层软弱土地基、湿陷性黄土地基(只能用灰土垫层)、膨胀土地基、季节性冻胀土地基
挤密振冲	砂石挤密桩 灰土挤密桩 素土挤密桩 振冲法	通过挤密或振动使深层土密实，并在振动挤压过程中，回填砂、砾石等材料，形成砂桩或碎石桩，与桩周土一起组成复合地基，从而提高地基承载力，减少沉降量	适用于处理砂土、粉土、填土及湿陷性黄土地基
碾压夯实	机械碾压法 振动压实法 重锤夯实法 强夯法	通过机械碾压或夯击压实土的表层；强夯法则利用强大的夯击，迫使深层土液化或动力固结而密实，从而提高地基土的强度，减少沉降量，消除或部分消除黄土的湿陷性，改善土的抗液化性能	一般适用于砂土、含水量不高的黏性土及填土地基，强夯法应注意其振动对附近(约 30 m 内)建筑物的影响
预压	堆载预压法 真空预压法 联合预压法	通过改善地基的排水条件和施加预压荷载，加速地基的固结和强度增长，提高地基的强度和稳定性，并使基础沉降提前完成	适用于处理厚度较大的饱和软土层，但需要具有预压的荷载和时间，对于厚的泥炭层则要慎重对待
搅拌胶结	深层搅拌桩 硅化法 碱液加固法 水泥灌浆法	通过注入水泥、化学浆液，将土粒黏结；或通过化学作用机械拌和等方法，改善土的性质，提高地基承载力	适用于处理砂土、黏性土、粉土、湿陷性黄土等地基，特别适用于对已建成的工程地基事故处理
加筋	土工聚合物 加筋土 树根桩	通过在土层中埋设强度较大的土工合成材料、拉筋、受力杆件等，提高地基承载力和稳定性，减少沉降量	土工合成材料适用于处理软弱地基或用作反滤、排水和隔离材料；加筋土适用于人工填土的路堤和挡土墙结构；树根桩适用于处理各类软弱地基

第二节 换填垫层法

换填垫层法是指挖去地表浅层软弱土层或不均匀土层，回填坚硬、较粗粒径的材料，并夯压密实，形成垫层的地基处理方法。当建筑物荷载不大，软弱土层厚度较小时，采用换填垫层法能取得较好的效果。

一、换填垫层法的原理

目前，常用的垫层有：砂垫层、砂卵石垫层、碎石垫层、灰土或素土垫层、煤渣垫层、矿渣垫层以及用其他性能稳定、无侵蚀性的材料做的垫层等。换填垫层法按其原理可体现以下五个方面的作用：

（一）提高浅层地基承载力

因地基中的剪切破坏从基础底面开始，随应力的增大向纵深发展。故以抗剪强度较高的砂或其他填筑材料置换基础下较弱的土层，可避免地基的破坏；同时，垫层能更好地扩散附加应力而使其底面处软弱土层能承受相应荷载。

（二）减少沉降量

一般浅层地基沉降量占总沉降量比例较大。如以密实砂或其他填筑材料代替上层软弱土层，就可以减少这部分的沉降量。由于砂层或其他垫层对应力的扩散作用，使作用在下卧层上的压力较小，这样也会相应减少下卧层土的沉降量。

（三）加速软弱土层的排水固结

砂垫层和砂石垫层材料透水性强，软弱土层受压后，垫层可作为良好的排水层，使基础下面的孔隙水压力迅速消散，加速垫层下软弱土层的固结，提高软弱层强度。避免地基发生塑性破坏。

（四）防止冻胀

因为粗颗粒的垫层材料孔隙大，不易产生毛细管现象，因此可以防止寒冷地区土中结冰所造成的冻胀。

（五）消除膨胀土的胀缩作用

在各类工程中，垫层所起的主要作用各有不同，对膨胀土地基而言，其主要作用在于消除膨胀土的胀缩作用。

上述作用中以前三种为主要作用。在各类工程中，垫层所起的主要作用有时也是不同的，如房屋建筑物基础下的砂垫层主要起换土的作用；而在路堤及土坝等工程中，往往以排水固结为主要作用。

二、垫层的设计要点

垫层的设计不但要满足建筑物对地基变形及稳定的要求，而且应符合经济合理的原则。其设计内容主要是确定垫层的合理厚度和宽度。对于垫层，既要求有足够的厚度来置换可能被剪切破坏的软弱土层，又要有足够的宽度以防止垫层向两侧挤出。对于有排水要求的垫层来说，除要求有一定的厚度和宽度满足上述要求外，还需形成一个排水面，促进软弱土层的固结，提高其强度，以满足上部荷载的要求。垫层的设计方法有多种，现仅介绍一种常用的方法：

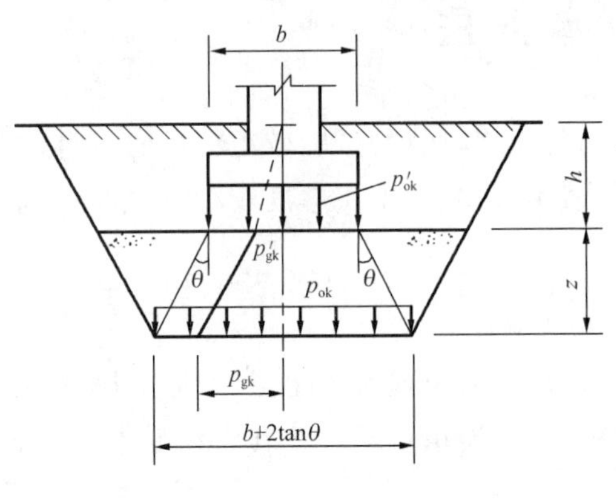

图 9-1　垫层厚度确定示意图

（一）垫层厚度的确定

垫层厚度一般根据垫层底部下卧层的承载力确定，如图 9-1 所示，并符合下式要求

$$p_{ok}+p_{gk}\leqslant\gamma_R[f_a] \tag{9-1}$$

条形基础

$$p_{ok}=\frac{b(p'_{ok}-p'_{gk})}{b+2z\tan\theta} \tag{9-2}$$

矩形基础

$$p_{ok}=\frac{bl(p'_{ok}-p'_{gk})}{(b+2z\tan\theta)(l+2z\tan\theta)} \tag{9-3}$$

式中　p_{ok}——垫层底面处土的附加压力值，kPa；

p_{gk}——垫层底面处土的自重应力值，kPa；

$[f_a]$——垫层底面处软弱土层经深度修正后的地基承载力特征值，kPa；

b——矩形基础或条形基础底面的宽度，m；

l——矩形基础底面的长度，m；

p'_{ok}——基础底面处土的平均压力值，kPa；

p'_{gk}——基础底面处土的自重应力值，kPa；

z——基础底面下垫层的厚度，m；

θ——垫层压力扩散角，按表 9-2 选取。

表 9-2　　垫层压力扩散角 θ

垫层材料 / z/b	中砂、粗砂、砾砂、圆砾、角砾、卵石、碎石
≤0.25	20°
≥0.5	30°

注：当 $0.25<z/b<0.5$ 时，θ 值可内插确定。

计算时，一般先初步拟订一个垫层厚度，再用式(9-1)验算。如不合要求，则改变厚度，重新验算，直到满足为止。垫层厚度不宜大于 3 m，太厚就可能因开挖和回填量大而影响换填在经济上的合理性且施工较困难；而太薄（<0.5 m）则换填垫层的作用不显著，且荷载大时不能形成完整的一层。

（二）垫层宽度的确定

垫层的宽度除应满足应力扩散的要求外，还应防止垫层向两边挤动。如果垫层宽度不足，四周侧面土质又较软弱时，垫层就有可能部分挤入侧面软弱土中，使基础沉降量增大。关于宽度计算，通常可按扩散角法，如条形基础垫层宽度 b 应为

$$b'\geqslant b+2z\tan\theta \tag{9-4}$$

垫层压力扩散角 θ 按表 9-2 选取。底宽确定后，再根据开挖基坑所要求的坡度延伸至地面，即得垫层的设计断面。

垫层断面确定后，对于比较重要的建筑物还要求按分层总和法计算基础的沉降量，以使建筑物基础的最终沉降量小于相应的允许值。

(三)垫层承载力

垫层承载力容许值 f_{cu} 宜通过现场试验确定，当无试验资料时，可按表 9-3 参考采用。

表 9-3　各种垫层的承载力标准值 f_{cu}

施工方法	垫层材料	压实系数 λ_c	f_{cu}/kPa
碾压或振密	碎石、卵石	0.94～0.97	200～300
	砂夹石(其中碎石、卵石占全重的 30%～50%)		200～250
	土夹石(其中碎石、卵石占全重的 30%～50%)		150～200
	中砂、粗砂、砾砂		150～200

注：1. 压实系数 λ_c 为土的控制干密度 ρ_d 与最大干密度 ρ_{dmax} 的比值；土的最大干密度宜采用击实试验确定，碎石或卵石的最大干密度可取 2.0～2.2 t/m^3。

2. 当采用轻型击实试验时，压实系数 λ_c 宜取高值；采用重型击实时，压实系数 λ_c 取低值。

三、换填垫层施工

(一)垫层材料的选取

一般来讲，垫层填料应易于夯压密实，做成垫层后抗剪强度较高，压缩性较低，并具有良好的水稳性，在可能发生震害的情况下还应符合防震要求。砂土、圆砾、角砾、卵石、碎石、黏性土、粉土、灰土及工业废渣(如矿渣、钢渣等)均可用作垫层填料，选用时应注意以下原则：

(1)砂石填料应具有良好的颗粒级配，最大粒径不宜大于 50 mm，不含植物残体和垃圾等杂质。当用砂土作为填料时，宜尽量采用中砂、粗砂或砾砂；如果采用粉细砂，则应掺入 25%～30%的卵石或碎石。对湿陷性黄土地基的换填处理，不得采用砂石及其他渗水材料作为填料，以防水透过垫层浸湿其下的土层。

(2)用作填料的黏性土和粉土通常称为素土，其中的有机质含量应不超过 5%，且不得含有膨胀土或冻胀土等不良土；如果夹有石块，其粒径最好不超过 50 mm，对湿陷性黄土地基则不得采用夹有石块或砖瓦块等粗颗粒的土料。

(3)灰土是用石灰与素土拌和而成的，在我国土建工程中的应用有着悠久的历史。用作垫层填料时，素土宜采用黏性土或塑性指数大于 4 的粉土，其中应不含松软杂质及粒径大于 15 mm 的颗粒；石灰最好采用新鲜的消石灰，其颗粒不得大于 5 mm。石灰与土的体积配合比常为 2∶8 或 3∶7。

(4)用作垫层填料的工业废渣应质地坚硬，性能稳定且无侵蚀性，其最大粒径及合适的级配宜通过试验确定。

除上述外，选用垫层填料应尽可能就地取材，注意利用工业废渣。

(二)垫层施工

为使换填处理达到预期效果，应保证垫层本身的强度和变形满足设计要求，同时垫层下地基所受压力和地基变形应在容许范围内。这要求采用合适的填料，并使垫层具有足够的断面，并按规范要求进行施工及检测。

垫层施工应根据不同的换填材料选择施工机械。粉质黏土、灰土宜采用平碾、振动碾或羊足碾，中小型工程也可采用蛙式夯、柴油夯；砂石宜采用振动碾；粉煤灰宜采用平碾、振动碾、平板振动器、蛙式夯;矿渣宜采用平板振动器或平碾,也可采用振动碾。

垫层的施工方法、分层铺填厚度、每层压实遍数等宜通过试验确定。除接触下卧软土层的垫层底部应根据施工机械设备及下卧层土质条件确定厚度外,一般情况下,垫层的分层铺填厚度可取 200～300 mm。为保证分层压实质量,应控制机械碾压速度。

粉质黏土和灰土垫层土料的施工含水量宜控制在$(1\pm 2\%)w_y$的范围内,粉煤灰垫层的施工含水量宜控制在$(1\pm 4\%)w_y$范围内。最佳含水量可通过击实试验确定,也可按当地经验取用。

当垫层底部存在古井、古墓、洞穴、旧基础、暗塘等软硬不均的部位时,应根据建筑对不均匀沉降的要求予以处理,并经检验合格后,方可铺填垫层。

基坑开挖时应避免坑底土层受扰动,可保留约 200 mm 厚的土层暂不挖去,待铺填垫层前再挖至设计标高。严禁扰动垫层下的软弱土层,防止其被践踏、受冻或受水浸泡。在碎石或卵石垫层底部宜设置 150～300 mm 厚的砂垫层或铺一层土工织物,以防止软弱土层表面的局部破坏,同时必须防止基坑边坡塌土混入垫层。换填垫层施工应注意基坑排水,除采用水撼法施工砂垫层外,不得在浸水条件下施工,必要时应采用降低地下水位的措施。

垫层底面宜设在同一标高上,如深度不同,基坑底土面应挖成阶梯或斜坡搭接,并按先深后浅的顺序进行垫层施工,搭接处应夯压密实。粉质黏土及灰土垫层分段施工时,接缝不得设在重要部位。上下两层的缝距不得小于 500 mm。接缝处应夯压密实。灰土应拌和均匀并应在当日铺填夯压。灰土夯压密实后 3 d 内不得受水浸泡。粉煤灰垫层铺填后宜当天压实,每层验收后应及时铺填上层或封层,防止干燥后松散起尘污染,同时应禁止车辆碾压通行。

铺设土工合成材料时,下铺地基土层顶面应平整,防止土工合成材料被刺穿、顶破。铺设时应把土工合成材料张拉平直、绷紧,严禁有折皱;端头应固定或回折锚固;切忌曝晒或裸露;连接宜用搭接法、缝合法和黏结法,并均应保证主要受力方向的连接强度不低于所采用材料的抗拉强度。

(三)质量检验

对粉质黏土、灰土、粉煤灰和砂石垫层的施工质量检验可用环刀法、静力触探、轻型动力触探或标准贯入试验检验;对砂石、矿渣垫层可用重型动力触探检验。并均应通过现场试验以设计压实系数所对应的贯入度为标准检验垫层的施工质量。压实系数也可采用环刀法、灌砂法、灌水法或其他方法检验。

垫层的施工质量检验必须分层进行。应在每层的压实系数符合设计要求后铺填上层土。

采用环刀法检验垫层的施工质量时,取样点应位于每层厚度的 2/3 深度处。检验点数量对大基坑每 50～100 m^2 不应少于 1 个检验点;对基槽每 10～20 m 不应少于 1 个点;每个独立柱基不应少于 1 个点。采用标准贯入试验或动力触探检验垫层的施工质量时,每分层检验点的间距应小于 4 m。竣工验收采用荷载试验检验垫层承载力时,每个单体工程不宜少于 3 个点;对于大型工程则应按单体工程的数量或工程的面积确定检验点数。

【例题 9-1】 某地基进行换填处理,基础底面长 4.0 m,宽 3.0 m,换填材料为中砂,换填厚度为 1.5 m。试计算换填垫层底面的长与宽至少应取多少米。

解 $z/b=1.5/3.0=0.5$,查表取 $\theta=30°$。

换填垫层底面长

$$L=l+2z\tan\theta=4.0+2\times1.5\times\tan30°=5.73\ \text{m}$$

换填垫层底面宽

$$B=b+2z\tan\theta=3.0+2\times1.5\times\tan30°=4.73\ \text{m}$$

第三节　挤密桩法

挤密法是指用振动或冲击荷载在软弱地基中成孔后，再将散体材料压入土中，形成大直径的密实桩体。由于其作用是挤密桩间土或以挤密桩间土为主，故称为挤密桩。

挤密法按材料分，常用的有砂石挤密桩、碎石挤密桩、灰土挤密桩及素土挤密桩。

一、砂石挤密桩

砂石挤密桩又称砂石桩法。砂石桩适用于松散砂土、人工填土、粉土或杂填土等地基，可以提高地基的强度，降低地基的压缩性或提高地基的抗震能力，防止饱和软弱土地基液化。如果建筑物以变形为控制条件，则砂石桩处理后的软弱地基需经预压，消除沉降后才可作为建筑物地基，否则难以满足建筑物对沉降的要求。

(一)砂石桩设计

桩的直径根据地基土质情况和成桩设备条件等因素确定，但不宜小于 300 mm。桩在平面上宜按正方形或等边三角形布置，如图 9-2 所示，相邻桩的中心距 s 应通过现场试验确定。当用于挤密松散砂土地基时，可根据砂土原来(处理前)的孔隙比 e_0、处理后要求达到的孔隙比 e_1 和桩的直径 d_p，按下列公式计算中心距 s：

当桩按正方形布置时

$$s=0.90d_p\sqrt{\frac{1+e_0}{e_0-e_1}} \tag{9-5}$$

当桩按等边三角形布置时

$$s=0.95d_p\sqrt{\frac{1+e_0}{e_0-e_1}} \tag{9-6}$$

若砂土地基经处理后，要求达到的相对密实程度为 D_r，则相应孔隙比 e_1 可按下式计算

$$e_1=e_{max}-D_r(e_{max}-e_{min}) \tag{9-7}$$

如果用砂石桩挤密砂土地基，可根据挤密后砂土的密实状态，按一般砂土地基确定其承载力和变形。其他情况下处理后的地基承载力和沉降量可按复合地基确定。

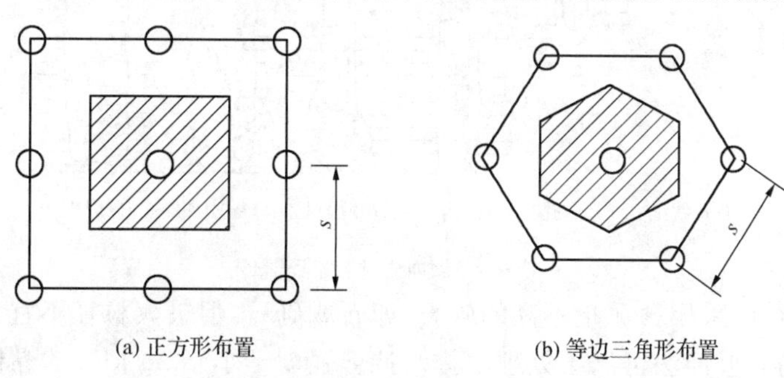

图 9-2　砂石桩布置示意图

(二)砂石桩施工

砂石桩施工有两种方法,沉管法和振冲法。

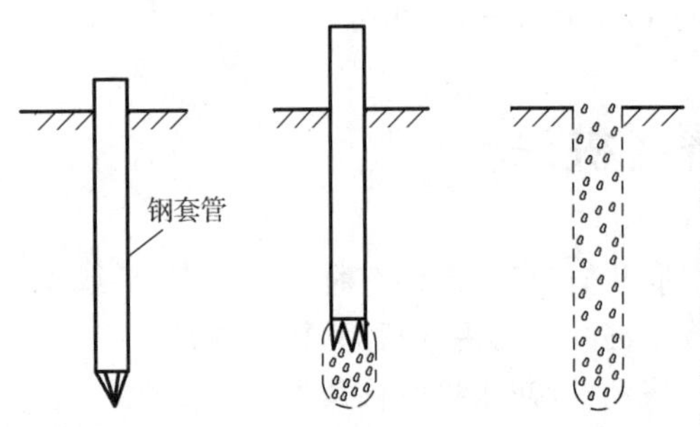

图 9-3　沉管法工艺流程图

1. 沉管法

沉管法有不同的施工工艺,一种较为简便的工艺流程示意如图 9-3 所示。其中钢套管下端带有活瓣桩尖,套管下沉时活瓣合拢,上拔时张开;也可采用预制混凝土桩尖,随套管一起下沉,上拔套管时与之脱开而留在土层内。用锤击或振动下沉的方法将套管沉至设计深度,把砂石料灌入管内,然后缓慢地上拔套管,砂石料随即从其下端排出填充桩孔,套管全部拔出后即形成砂石桩。拔管时通常采取振动或在管内夯击等措施,使桩身填筑密实和扩大桩径。

桩的填料宜采用碎石、卵石或砾石,砂料宜用砾砂、粗砂或中砂。填料中不宜含有粒径大于 50 mm 的颗粒,含泥量应不超过 5%。

沉管砂石桩可用于饱和黏性土地基的置换处理,但若建筑物对地基变形比较敏感时,则不宜采用此法。

砂石桩的施工顺序:对砂土地基宜从外围或两侧向中间进行,对黏性土地基宜从中间向外围或隔排施工;在既有建筑物邻近施工时,应背离建筑物方向进行。

2. 振冲法

振冲法的关键设备是振冲器,它可以在高频振动的同时从下端喷出压力水流。在振冲砂石桩(或简称为振冲桩)的施工中,利用振冲器的振动和压力水流的冲切作用成孔,经分段填筑和振密而成桩,如图 9-4 所示。

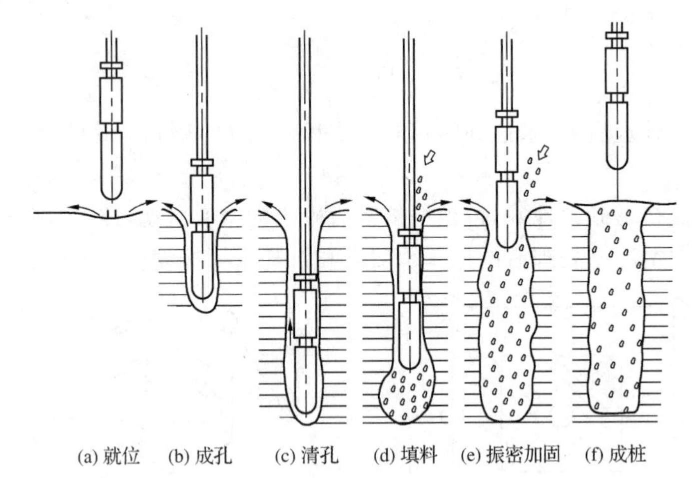

图 9-4　振冲法工艺流程图

振冲桩的材料可采用含泥量不高的碎石、卵石或砾石,但最大粒径不宜大于 80 mm。

根据工程经验,振冲法可用于处理不排水抗剪强度不小于 20 kPa 的黏性土、粉土、饱和黄土和人工填土等软弱或不良地基。

(三)质量检验

应在施工期间及施工结束后，检查砂石桩的施工记录。对沉管法，尚应检查套管往复挤压振动次数与时间、套管升降幅度和速度、每次填砂石料量等施工记录。

施工后应间隔一定时间方可进行质量检验。对饱和黏性土地基应待孔隙水压力消散后进行，间隔时间不宜少于 28 d；对粉土、砂土和杂填土地基，不宜少于 7 d。

砂石桩的施工质量检验可采用单桩荷载试验，对桩体可采用动力触探试验检测，对桩间土可采用标准贯入试验、静力触探、动力触探或其他原位测试等方法进行检测。桩间土质量的检测位置应在等边三角形或正方形的中心。检测数量不应少于桩孔总数的 2%。砂石桩地基竣工验收时，承载力检验应采用复合地基荷载试验。复合地基荷载试验数量不应少于总桩数的 0.5%，且每个单体建筑不应少于 3 个点。

二、灰土挤密桩和素土挤密桩

灰土挤密桩或素土挤密桩通过成孔过程中的横向挤压作用，桩孔内的土被挤向周围，使桩间土得以挤密，然后将备好的灰土或素土(黏性土)分层填入桩孔内，并分层捣实至设计标高。用灰土分层夯实的桩体，称为灰土挤密桩；用素土分层夯实的桩体，称为素土挤密桩。

(一)桩的设计

灰土挤密桩和素土挤密桩处理地基的面积，应大于基础或建筑物底层平面的面积，并应符合下列规定。

(1)当采用局部处理时，应超出基础底面的宽度：对非自重湿陷性黄土、素填土和杂填土等地基，每边不应小于基底宽度的 25%，并不应小于 0.5 m；对自重湿陷性黄土地基，每边不应小于基底宽度的 75%，并不应小于 1.0 m。

(2)当采用整片处理时，超出建筑物外墙基础底面外缘的宽度，每边不宜小于处理土层厚度的二分之一，并不应小于 2 m。

灰土挤密桩和素土挤密桩处理地基的深度，应根据建筑场地的土质情况、工程要求和成孔及夯实设备等综合因素确定。

桩孔直径宜为 300～450 mm，并可根据所选用的成孔设备或成孔方法确定。桩孔宜按等边三角形布置，桩孔之间的中心距离可为桩孔直径的 2.0～2.5 倍。

桩孔内的填料，应根据工程要求或处理地基的目的确定，桩体的夯实质量宜用平均压实系数 $\bar{\lambda}_c$ 控制。当桩孔内用灰土或素土分层回填、分层夯实时，桩体内的平均压实系数 $\bar{\lambda}_c$ 值均不应小于 0.96。消石灰与土的体积配合比宜为 2∶8 或 3∶7。

桩顶标高以上应设置 300～500 mm 厚的 2∶8 灰土垫层，其压实系数不应小于 0.95。

(二)桩的施工

成孔应按设计要求、成孔设备、现场土质和周围环境等情况，选用沉管(振动、锤击)或冲击等方法。桩顶设计标高以上的预留覆盖土层厚度对沉管(锤击、振动)成孔，宜为 0.50～0.70 m；对冲击成孔宜为 1.20～1.50 m。

成孔时，地基土宜接近最佳(或塑限)含水量，当土的含水量低于 12%时，宜对拟处理范围内的土层进行增湿，增湿土的加水量可按下式估算

$$Q=v\bar{\rho}_d(w_y-\bar{w})k \tag{9-8}$$

式中　Q——计算加水量，m^3；

v——拟加固土的总体积，m^3；

$\bar{\rho}_d$——地基处理前土的平均干密度，t/m^3；

w_y——土的最佳含水量，%，通过室内击实试验求得；

$\bar{w}$——地基处理前土的平均含水量，%；

k——损耗系数，可取1.05～1.10。

应于地基处理前4～6 d，将需增湿的水通过一定数量和一定深度的渗水孔，均匀地浸入拟处理范围内的土层中。

成孔和孔内回填夯实的施工顺序为：当整片处理时，宜从里(或中间)向外间隔1～2孔进行，对大型工程，可采取分段施工；当局部处理时，宜从外向里间隔1～2孔进行。向孔内填料前，孔底应夯实，并应抽样检查桩孔的直径、深度和垂直度。桩孔的垂直度偏差不宜大于1.5%，桩孔中心点的偏差不宜超过桩距设计值的5%。经检验合格后，应按设计要求，向孔内分层填入筛好的素土、灰土或其他填料，并应分层夯实至设计标高。铺设灰土垫层前，应按设计要求将桩顶标高以上的预留松动土层挖除或夯(压)密实。

(三)质量检验

成桩后，应及时抽样检验灰土挤密桩或素土挤密桩处理地基的质量。对一般工程，主要应检查施工记录、检测全部处理深度内桩体和桩间土的干密度，并将其分别换算为平均压实系数$\bar{\lambda}_c$和平均挤密系数$\bar{\eta}_c$(桩间土平均干密度与最大干密度之比)。对重要工程，除检测上述内容外，还应测定全部处理深度内桩间土的压缩性和湿陷性。抽样检验的数量，对一般工程不应少于桩总数的1%；对重要工程不应少于桩总数的1.5%。

第四节　夯实法

夯实是常用的施工方法，但一般夯锤的重量小，夯击的影响深度很浅。随着工程技术的发展，出现了重锤夯实，夯击能量增大很多，可用于加固浅层地基。20世纪60年代末德国又发明了夯击能量更大的强夯，可以使浅层和深层地基土都得到不同程度的加固，现已在国内外大量采用。

一、重锤夯实法

重锤夯实法是利用起重机械将夯锤提到一定高度(2.5～4.5 m)，然后使锤自由落下并重复夯击以加固地基；锤重一般不小于15 kN，经夯击以后，地基表层土体的相对密实程度或干密度将增加，从而提高表层地基的承载力。对于湿陷性黄土，重锤夯实可降低表层土的湿陷性；对于杂填土，则可改善其不均匀性。

该法适用于处理离地下水位0.8 m以上稍湿的杂填土、黏性土、湿陷性黄土和分层填土等地基，但在有效夯实深度内存在软黏土层时不宜采用。

夯实的影响深度与锤重、锤底直径、落距以及土质条件等因素有关。对于湿和稍湿，密度为稍密至中密状态的建筑垃圾杂填土，夯实时如采用15 kN重锤，底面直径1.15 m，落距3～4 m，其有效夯实深度为1.1～1.2 m(相当于锤径)，其地基承载力基本值一般可达100～150 kPa。

停夯标准：随着夯击遍数增加，每遍土的夯沉量逐渐减少，一般要求最后两遍平均夯沉量对于黏性土及湿陷性黄土不大于1.0～2.0 cm；对于砂土不大于0.5～1.0 cm。

二、强夯法

强夯法，又称动力固结法或动力压实法，是用起重机械（起重机或起重机配三脚架、龙门架）将质量为 10～40 t 的夯锤起吊到 10～40 m 高度后，自由落下，产生强大的冲击能量，对地基进行强力夯实，从而提高地基承载力，降低其压缩性的地基处理方法。如果在夯坑内回填砂石、钢渣等材料并夯实成墩体，则称为强夯置换法，它是强夯法的新发展。

强夯法的特点：施工工艺、设备简单；适用土质范围广；加固效果显著，可取得较高的承载力，一般地基土强度可提高 2～5 倍，压缩性可降低 2～10 倍，有效加固深度可达 6～10 m；施工速度快（一套设备每月可加固 5 000～10 000 m^2 地基）；节省加固原材料；施工费用低，节省投资，同时耗用劳力少等。

强夯法适用于处理碎石土、砂土、低饱和度的粉土与黏性土、湿陷性黄土、素填土和杂填土地基；强夯置换法适用于高饱和度的粉土与软塑至流塑状态的黏性土等地基上对变形控制要求不严的工程。但是强夯法不得用于不允许对工程周围建筑物和设备有振动影响的场地地基加固，必要时，应采取防振、隔振措施；强夯置换法在设计前必须通过现场试验确定其适用性和处理效果。

（一）强夯法设计

1. 单位夯击能

锤重与落距的乘积称为夯击能。强夯的单位夯击能（指单位面积上所施加的总夯击能），应根据地基土类别、结构类型、荷载大小和需处理深度等综合考虑，并通过现场试夯确定。一般对粗颗粒土取 1 000～3 000 kN·m/m^2，对细颗粒土取 1 500～4 000 kN·m/m^2。

2. 夯击点布置及间距

夯击点布置根据基础的形式和加固要求而定，对大面积地基一般采用等边三角形、等腰三角形或正方形，如图 9-5 所示；对条形基础夯点可成行布置；对独立柱基础可按柱网设置采取单点或成组布置，在基础下面必须布置夯点。

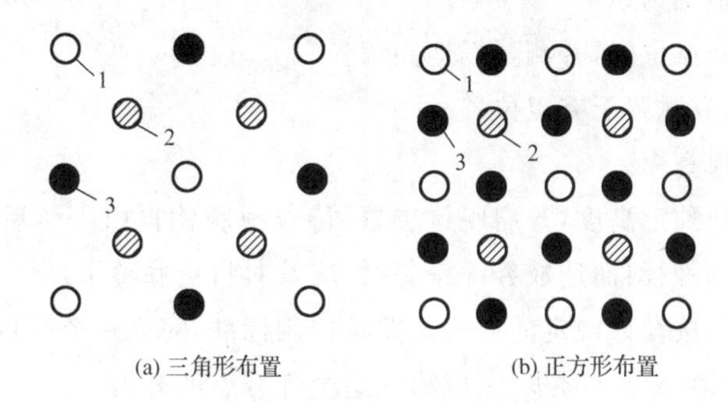

图 9-5　强夯点位布置图

第一遍夯击点间距可取夯锤直径的 2.5～3.5 倍，以后各遍可适当减小；对处理深度较大或单击夯击能较大的工程第一遍夯击点间距宜适当增大。

3. 单点夯击击数与夯击遍数

单点夯击击数是指单个夯点一次连续夯击的次数，对整个场地完成全部夯击点称为一遍，单点的夯击遍数加满夯的夯击遍数为整个场地的夯击遍数。

单点夯击击数应按现场试夯得到的夯击击数和夯沉量关系曲线确定，且应同时满足：最后两击的平均夯沉量，当单击夯击能小于 4 000 kN·m 时为 50 mm，当单击夯击能为 4 000～6 000 kN·m时为 100 mm，当单击夯击能为 6 000 kN·m 时为 200 mm；夯坑周围地面不应发生过大隆起；不因夯坑过深而发生起锤困难。每夯击点的夯击击数一般为 3～10 击。

夯击遍数应根据地基土的性质确定，一般可取 2～3 遍，最后再以低能量(如前几遍的 1/5～1/4)满夯 2 遍，以夯实前几遍之间的松土和被振松的表层土。

4.两遍间隔时间

两遍夯击之间应有一定的时间间隔，以利于土中超静孔隙水压力的消散，待地基稳定后再夯下一遍，一般两遍之间间隔 1～4 周。对于渗透性较差的黏性土不少于 3～4 周；对于渗透性好的地基可连续夯击。

5.处理范围

强夯处理范围应大于建筑物基础范围，每边超出基础外缘的宽度宜为基底下设计处理深度的 1/2～2/3，并不宜小于 3 m。

6.有效加固深度

强夯法的有效加固深度 H(m)可按下式估算

$$H=\alpha\sqrt{Wh/10} \tag{9-9}$$

式中 W——夯锤重，kN；

h——落距，m；

α——折减系数，黏性土取 0.5，砂土取 0.7，黄土取 0.34～0.50。

(二)强夯法施工

1.强夯法施工步骤

(1)清理并平整施工场地。

(2)标出第一遍夯点位置，并测量场地高程。

(3)起重机就位，夯锤置于夯点位置。

(4)测量夯前锤顶高程。

(5)将夯锤起吊到预定高度，开启脱钩装置，待夯锤脱钩自由下落后，放下吊钩，测量锤顶高程。若发现因坑底倾斜而造成夯锤歪斜时，应及时将坑底整平。

(6)重复第(5)步，按设计规定的夯击击数及控制标准，完成一个夯点的夯击。

(7)换夯点，重复第(3)～(6)步，完成第一遍全部夯点的夯击。

(8)用推土机将夯坑填平，并测量场地高程。

(9)在规定的间隔时间后，按上述步骤逐次完成全部夯击遍数，最后用低能量满夯，将场地表层松土夯实，并测量夯后场地高程。

2.强夯置换法施工步骤

(1)清理并平整施工场地，当表土松软时可铺设一层厚度为 1.0～2.0 m 的砂石施工垫层。

(2)标出夯点位置，并测量场地高程。

(3)起重机就位,夯锤置于夯点位置。

(4)测量夯前锤顶高程。

(5)夯击并逐击记录夯坑深度。当夯坑过深而发生起锤困难时停夯,向坑内填料直至与坑顶平,记录填料数量,如此重复直至满足规定的夯击击数及控制标准完成一个墩体的夯击。当夯点周围软土挤出影响施工时,可随时清理并在夯点周围铺垫碎石,继续施工。

(6)按由内而外、隔行跳打原则完成全部夯点的施工。

(7)推平场地,用低能量满夯,将场地表层松土夯实,并测量夯后场地高程。

(8)铺设垫层,并分层碾压密实。

施工过程中应有专人负责开夯前检查夯锤质量和落距,以确保单击夯击能量符合设计要求;在每一遍夯击前,应对夯点放线进行复核,夯完后检查夯坑位置,发现偏差或漏夯应及时纠正;按设计要求检查每个夯点的夯击击数和每击的夯沉量。

(三)质量检验

检查施工过程中的各项测试数据和施工记录,不符合设计要求时应补夯或采取其他有效措施。强夯置换施工中可采用超重型或重型圆锥动力触探检查置换墩底情况。

强夯处理后的地基竣工验收承载力检验,应在施工结束后间隔一定时间方能进行,对于碎石土和砂土地基,其间隔时间可取 7～14 d;粉土、黏性土地基可取 14～28 d。强夯置换地基间隔时间可取 28 d。

强夯处理后的地基竣工验收时,承载力检验应采用原位测试和室内土工试验。强夯置换后的地基竣工验收时,承载力检验除应采用单墩荷载试验检验外,尚应采用动力触探等有效手段查明置换墩着底情况及承载力与密度随深度的变化,对饱和粉土地基允许采用单墩复合地基荷载试验代替单墩荷载试验。

第五节　排水固结法

排水固结法(预压法)是在建筑物建造前,对天然地基或对已设各种排水体(如砂井和排水垫层等)的地基施加预压荷载(如堆载、真空预压或联合预压),使土体固结沉降基本完成或完成大部分,从而提高地基土强度的一种地基处理方法。根据所施加的预压荷载方式的不同,排水固结法可分为:堆载预压法、真空预压法和联合预压法。

饱和软黏土地基在荷载作用下,孔隙中的水被慢慢地排出,孔隙体积慢慢减小,地基发生固结变形,同时,随着超静孔隙水压力逐渐消散,有效应力逐渐提高,地基土的强度逐渐增长。如果在建筑场地先加一个和上部建筑物相同或大于建筑物荷载产生的压力进行预压,使土层固结后卸除荷载再建造建筑物,则土层在使用荷载下的变形大为减小。

土层的排水固结效果和它的排水边界条件有关。当土层厚度相对荷载宽度(或直径)比较小时,土层中孔隙水向上、下面透水层排出而使土层发生固结,如图 9-6(a)所示,称为竖向排水固结。根据固结理论,黏性土固结所需时间与排水距离的平方成正比。因此,为了加速土层的固结,最有效的方法是增加土层的排水途径,缩短排水距离。砂井、塑料排水板等竖向排水体就是为此目的而设置的，如图 9-6(b)所示。

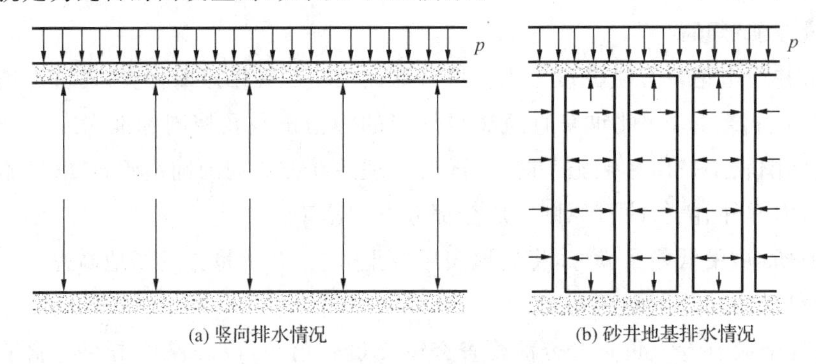

图 9-6　排水固结法的原理

排水固结法主要适用于处理淤泥、淤泥质土及其他饱和软黏土；对于砂土和粉土，因透水性良好，无需用此法处理；对于含水平砂夹层的黏性土，因其具有较好的横向排水性能，所以不用竖向排水体(砂井等)处理，也能获得良好的固结效果。

一、排水固结法设计

(一)堆载预压法设计

堆载预压法处理地基的设计包括以下内容：(1)选择竖向排水体，确定其断面尺寸、间距、排列方式和深度；(2)确定预压区范围、预压荷载大小、荷载分级、加载速率和预压时间；(3)计算地基土的固结度、强度增长、抗滑稳定性和变形。

1. 砂井的设计

常用的竖向排水体有普通砂井、袋装砂井和塑料排水板，三者的作用机理相同，均可采用普通砂井的设计方法。

(1)砂井的直径和间距

砂井的直径和间距应根据地基土的固结特性和预定时间内所要求达到的固结度确定。砂井的直径不宜过大或过小，过大不经济，过小则施工时易造成灌砂率不足、缩颈或砂井不连续等质量问题。常用的普通砂井直径可取 300～500 mm；袋装砂井直径可取 70～120 mm；塑料排水板已标准化，一般相当于直径 60～70 mm。砂井的间距可按井径比选用，井径比 n 按下式确定

$$n=\frac{d_e}{d_w} \tag{9-10}$$

式中　d_e——砂井有效排水范围等效圆直径，mm；

d_w——砂井直径，mm。

普通砂井的间距可按 $n=6\sim8$ 选用，袋装砂井和塑料排水板的间距可按 $n=15\sim22$ 选用。

(2)砂井的长度

砂井的长度应根据建筑物对地基的稳定性、变形要求和工期确定。当压缩土层不厚、底部有透水层时，砂井应尽可能穿透压缩土层；当压缩土层较厚，但间有砂层或透镜体时，砂井应尽可能打至砂层或透镜体；当压缩土层很厚，其中又无透水层时，可按地基的稳定性及建筑物变形要求处理深度来决定。按稳定性控制的工程，如路堤、土坝、岸坡、堆料场等，砂井

深度应通过稳定分析确定，砂井长度应超过最危险滑弧面的深度 2.0 m。从沉降考虑，砂井长度宜穿透主要的压缩层。

(3)砂井的布置和范围

砂井常按梅花形和正方形布置，如图 9-7 所示。假设每个砂井的有效影响面积为圆面积，如砂井间距为 s，则等效圆(有效排水范围)的直径 d_e 与 s 关系为：梅花形时，$d_e=1.05s$；正方形时，$d_e=1.13s$。由于梅花形排列较正方形紧凑和有效，所以应用较多。

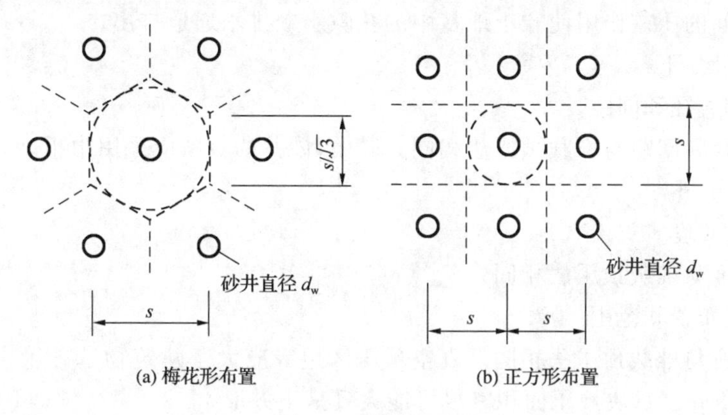

图 9-7　砂井布置图

砂井的布置范围应稍大于建筑物基础范围，扩大的范围可由基础轮廓线向外增大 2～4 m。

2. 砂垫层

在砂井顶面应铺设排水砂垫层，以连通各个砂井形成通畅的排水面，将水排到场地以外。砂垫层厚度不应小于 0.5 m；水下施工时，砂垫层厚度一般为 1.0 m 左右。为节省砂料，也可采用连通砂井的纵横砂沟代替整片砂垫层，砂沟的高度一般为 0.5～1.0 m，砂沟的宽度取砂井直径的 2 倍。

3. 预压荷载

预压荷载的大小应根据设计要求确定。对于沉降有严格限制的建筑，应采用超载预压处理，超载量大小应根据预压时间内要求完成的变形量通过计算确定，并宜使预压荷载下受压土层各点的有效竖向应力大于建筑物荷载引起的相应点的附加应力。

预压荷载顶面的范围应大于或等于建筑物基础外缘所包围的范围。

加载速率应根据地基土的强度确定。当天然地基土的强度满足预压荷载下地基的稳定性要求时，可一次性加载，否则应分级加载，且待前期预压荷载下地基土的强度增长满足下一级荷载下地基的稳定性要求时方可加载。

(二)真空预压法设计

真空预压法是指通过对覆盖于竖井地基表面的不透气薄膜内抽真空，而使地基土固结的地基处理方法。

真空预压法的特点：不需要大量堆载，可省去加载和卸载工序，节省大量原材料、能源和运输能力，缩短预压时间；真空预压法所产生的负压使地基土的孔隙水加速排出，可缩短固结时间；同时由于孔隙水排出，渗流速度增大，地下水位降低，由渗流力和降低水位引起的附加应力也随之增大，提高了加固效果；负压可通过管路送到任何场地，适应性强；孔隙水的流向及渗流力引起的附加应力均指向被加固土体，土体在加固过程中的侧向变形很小，真空预压可一次加足，地基不会发生剪切破坏而引起地基失稳，可有效缩短总的排水固结时间；适用于超软黏性土以及边坡、码头等地基稳定性要求较高的工程地基加固，土愈软，加固效果愈明显；所用设备和施工工艺比较简单，无需大量的大型设备，便于大面积使用；无噪声、无振动、无污染，可做到文明施工。

真空预压法在抽气前，薄膜内外均承受一个大气压的作用，抽气后薄膜内外形成一个压力差(称为真空度)。首先是砂垫层，其次是砂井中的气压降低，使薄膜紧贴砂垫层，土体与砂垫层和砂井间的压差作用使软土地基中的孔隙水顺排水通道排出。

砂井的设计如下：

(1)砂井的直径和间距

砂井的直径和间距与堆载预压法相同。其中，砂井的材料应采用中粗砂，其渗透系数应大于 1×10^{-2} cm/s。

(2)砂井的长度

砂井的长度与堆载预压法相同。

(3)砂井的布置和范围

砂井的布置与堆载预压法相同。真空预压区边缘应大于建筑物基础轮廓线，每边增加量不得小于 3.0 m。每块预压面积宜尽可能大且呈正方形。

(4)真空度

真空预压的薄膜内真空度应稳定地保持在 650 mmHg(1 mmHg＝133.32 Pa)以上，且应均匀分布，竖井深度范围内土层的平均固结度应大于 90％。

当建筑物的荷载超过真空预压的压力，且建筑物对地基变形有严格要求时，可采用真空-堆载联合预压法，其总应力宜超过建筑物的荷载。

二、排水固结法施工

(一)堆载预压法施工

1.水平排水垫层的施工

垫层是指地面上设置的砂垫层、砂砾垫层、碎石垫层。用作水平排水作用的，一般采用砂垫层。

(1)当地基表面具有一定厚度的硬壳层，承载力较好，能满足一般运输机械作业时，一般采用机械分堆摊铺法，即先堆成若干砂堆，然后用机械或人工摊平。

(2)当硬壳层的承载力不足时，一般采用顺序推进摊铺法。

(3)当软土地基表面很软时，如新沉积或新吹填不久的超软地基，首先要改善地基的持力条件，使施工人员和轻型运输工具能在其上面作业。处理措施一般采用：地基表面铺荆笆；表层铺设塑料编织网或尼龙编织网，编织网上再铺砂垫层；表面铺设土工聚合物，土工聚合物上再铺排水垫层；采用人工或轻便机械顺序推进铺设。

施工中所用材料宜采用中、粗砂、砂砾、碎(卵)石等粒料，且需控制好含泥量及粒料的最大粒径；地下水位高于基坑(槽)底面时，施工前宜采用排水或降水的措施，使基坑保持在无水状态；开挖基坑铺设砂垫层时，必须避免扰动外围软弱土层的表面；垫层底面应铺设在同一标高上，分段施工时，接头处应做成斜坡，每层错开 0.5～1 m；搭接处应注意捣实，施工应按先深后浅的顺序进行；严格控制虚铺厚度、最佳含水量和要求达到的设计密实程度。

2. 竖向排水体的施工

竖向排水体在工程上的应用有以下几种：30～50 cm 直径的普通砂井；7～12 cm 直径的袋装砂井；塑料排水板。

(1)成孔方法

①套管法：将带有瓣管或套有混凝土端靴的套管沉到预定深度，然后在管内灌砂，拔出套管形成砂井。套管法有静压、锤击联合沉管法和振动沉管法。

②水冲成孔法：通过专用喷头，在水压力作用下冲孔，成孔后经清孔，再向孔内灌砂成型。

③螺旋钻成孔法：以动力螺旋钻成孔，属于钻孔法施工，提钻后孔内灌砂成型。

(2)袋装砂井施工

①施工设备的准备。此工序包括平整场地，机具配备，砂料和砂袋及成孔用的套管、桩尖等备料工作的完成，并对孔定位放样复核，以确保无误。

②沉入套管。将带有可开闭底盖的套管或带有预制桩尖的套管(内径略大于砂袋直径)，按井孔定位沉入到要求的深度。

③袋子灌砂压重沉放到管内。扎好砂袋(袋长约比井深长 2 m)口后，在其下端放入 20 cm 左右高的砂子作为压重，将袋子放入套管中沉入到要求的深度。如不能沉到要求深度，会有一部分拖留在地面上，此时需做排泥处理，直至砂袋沉到预定深度。

④就地填砂入袋成井。将袋口固定在装砂用的砂口上，通过振动将砂填满袋中，然后卸下砂袋，拧紧套管上盖，接着把压缩空气边送进套管，边提升套管至地面。

⑤用预制砂袋沉放。预先在袋内装满砂料，扎好上口，成为预制砂袋。将砂袋运往现场，弯成圆形，成圆堆放。成孔后将砂袋立即放入孔内。

(3)塑料排水板施工

用插排机将塑料排水板打入土中做出垂直排水通道，可代替常用的砂井法。此法滤水性好，适应地基变形能力强，可确保排水效果，且插放时地基扰动小，施工方便。

塑料排水板打设顺序包括：定位；将塑料排水板通过导管从管靴穿出；将塑料排水板与桩尖连接贴紧管靴，并对准桩位；插入塑料排水板；拔管；剪断塑料排水板等。

(二)真空预压法施工

1. 施工要点

真空预压的效果和薄膜内真空度有极大关系，一般要求薄膜内真空度维持在 650 mmHg 左右。薄膜一般采用聚氯乙烯薄膜或线性聚乙烯等专用薄膜；薄膜一般采用热合连接，连接长度不小于 2.0 cm；铺设时确保薄膜本身密封条件，关键在于做好薄膜四周的密封，压边材料以黏土或亚黏土为宜；铺膜时通常采用挖沟直铺和长距离平铺两种；要求真空设备具有效率高、能持续运转、质量轻、结构简单、便于维修等特点。

2. 施工顺序

(1)设置排水通道

在软基表面铺设砂垫层和在土体中埋设袋装砂井或塑料排水板。

(2)铺设膜下管道

将真空滤管埋入软基表面的砂垫层中。

(3)铺设封闭薄膜

在预压区四周开挖深达 0.8～0.9 m 的沟槽，铺上薄膜，薄膜四周放入沟槽，将挖出的黏性土填回沟槽，封闭薄膜。

(4)连接膜上管道及抽真空装置

膜上管道的一端与出膜装置相连，另一端连接真空装置。主管与薄膜连接处必须处理好，保证密封，以保持气密性。

3.施工时的现场测试

(1)真空度

真空度的大小取决于砂井阻力的大小。为了减小砂井阻力，取得较高的真空度，应尽量选用渗透系数大的中、粗砂袋装砂井。有效深度应以传递到砂井底部的真空度对土体的加固效果能满足工程要求为宜。

(2)地面沉降量

地面沉降量的大小同真空度成正比关系。由不同加固面积的实测沉降资料知，地面沉降量随着加固面积的增大而增大，故在条件许可时，应尽量采取大面积加固。经真空预压后的地基，当停止抽真空后，其地面回弹量约为 3.5 cm。

(3)深层沉降

为了分清各土层的沉降情况，应在薄膜内设置深层沉降观测孔。实测结果表明，沉降大部分发生在上部砂井范围内，在透水性的黏土中，真空预压必须和砂井相结合，才能取得良好的加固效果。

(4)水平位移

实测结果表明：抽真空时，随着孔隙水压力的降低，在水平方向增加一个向着负压源的压力，使四周土体都向预压区移动，由此促使土体进一步压密。水平位移与地面沉降量一样，是随着真空度的加大而增加。

(5)孔隙水压力

实测结果表明，抽真空后砂井中的孔隙水压力迅速下降至稳定值，而土体中的孔隙水压力下降缓慢。

(6)地下水位

实测结果表明，抽真空后预压区的地下水在压差作用下向薄膜内流动，形成漏斗状，随着时间的增加，水位不断下降，约 60 d 趋向稳定，影响距离可达 25 m。

4.质量检验

(1)真空滤管的距离要适当，以使真空度分布均匀。真空滤管的排列有两种，即条形和鱼刺形排列，可因地制宜地采用。滤管滤膜的渗透系数不小于 1×10^{-2} cm/s。

(2)要求泵及薄膜内真空度达到 650 mmHg 以上。

第六节　搅拌法与灌浆胶结法

搅拌法(深层搅拌桩)与灌浆胶结法是指在软土地基土中注入水泥、石灰等，用喷射、搅拌等方法使之与土体充分混合固化，或把一些能固化的化学浆液(水泥浆、水玻璃、氯化钙溶液等)注入地基土孔隙，以改善地基土的物理力学性质，达到加固目的，因此又统称为化学加固法。所用化学加固材料可分为粉体类(水泥、石灰粉末)和浆液类(水泥浆液及其他化学浆液)。

一、搅拌法

搅拌法分为粉体喷射搅拌法和水泥浆搅拌法。粉体喷射搅拌法是将石灰或水泥粉末通过特制的粉体喷搅施工机械喷入需要加固的软土地基中,经过由下而上逐步喷搅,使软土中形成坚硬的桩柱而得到加固。水泥浆搅拌法是利用特制的深层搅拌机械由下而上逐步搅拌,将软土与喷射的水泥浆强制拌和,使软土结硬成桩柱而得到加固。这两种方法同属低压机械搅拌法,是国内外目前用得较多的软黏土加固技术。两者的适用范围、设计方法和质量检验方法基本一致,但加固工艺有所不同。

(一)设　计

设计前应进行拟处理土的室内配比试验。针对现场拟处理的最弱层软土的性质,选择合适的固化剂、外掺剂及其掺量,为设计提供各种龄期、各种配比的强度参数。

对竖向承载的水泥土强度宜取 90 d 龄期试块的立方体抗压强度平均值;对承受水平荷载的水泥土强度宜取 28 d 龄期试块的立方体抗压强度平均值。

固化剂宜选用强度等级为 32.5 级及以上的普通硅酸盐水泥。水泥掺量除块状加固时可用被加固湿土质量的 7%～12%外,其余宜为 12%～20%。湿法的水泥浆水灰比可选用 0.45～0.55。外掺剂可根据工程需要和土质条件选用具有早强、缓凝、减水以及节省水泥等作用的材料,但应避免污染环境。

搅拌法的设计主要是确定搅拌桩的置换率和长度。置换率应根据桩身强度、软弱地基强度及被加固后复合地基强度确定。竖向承载搅拌桩的长度应根据上部结构对承载力和变形的要求确定,并宜穿透软弱土层到达承载力相对较高的土层;为提高抗滑稳定性而设置的搅拌桩,其桩长应超过危险滑弧以下 2 m。湿法的加固深度不宜大于 20 m;干法不宜大于 15 m。搅拌桩的桩径不应小于 500 mm。

竖向承载搅拌桩复合地基应在基础和桩之间设置褥垫层。褥垫层厚度可取 200～300 mm。其材料可选用中砂、粗砂、级配砂石等,最大粒径不宜大于 20 mm。

竖向承载搅拌桩复合地基中的桩长超过 10 m 时,可采用变掺量设计。在全桩水泥总掺量不变的前提下,桩身上部三分之一桩长范围内可适当增加水泥掺量及搅拌次数;桩身下部三分之一桩长范围内可适当减少水泥掺量。

竖向承载搅拌桩的平面布置可根据上部结构特点及对地基承载力和变形的要求,采用柱状、壁状、格栅状或块状等加固形式。桩可只在基础平面范围内布置,独立基础下的桩数不宜少于 3 根。柱状加固可采用正方形、等边三角形等布桩形式。

(二)施　工

1.施工要求

搅拌法施工现场事先应予以平整,必须清除地上和地下的障碍物。遇有明浜、池塘及洼地时应抽水和清淤,回填黏性土料并予以压实,不得回填杂填土或生活垃圾。搅拌法施工前应根据设计进行工艺性试桩,数量不得少于 2 根。当桩周为成层土时,应对相对软弱土层增加搅拌次数或增加水泥掺量。搅拌头翼片的枚数、宽度、与搅拌轴的垂直夹角、搅拌头转速、提升速度应相互匹配,以确保加固深度范围内土体的任何一点均能经过 20 次以上的搅拌。竖向承载搅拌桩施工时，停浆(灰)面应高于桩顶设计标高 300～500 mm。在开挖基坑时，应将搅拌桩顶端施工质量较差的桩段用人工挖除。施工中应保持搅拌机械底盘的水平和导向架的竖直，搅拌桩的垂直偏差不得超过 1%，桩位的偏差不得大于 50 mm，成桩直径和桩长不得小于设计值。

2. 施工步骤

搅拌法施工步骤由于湿法和干法的施工设备不同而略有差异。其主要步骤(如图 9-8 所示)应为：

(1)搅拌机械就位、调平；

(2)钻孔预搅下沉至设计加固深度；

(3)边喷浆(粉)、边搅拌提升直至预定的停浆(灰)面；

(4)重复搅拌下沉至设计加固深度；

(5)根据设计要求，喷浆(粉)或仅搅拌提升直至预定的停浆(灰)面；

(6)关闭搅拌机械。

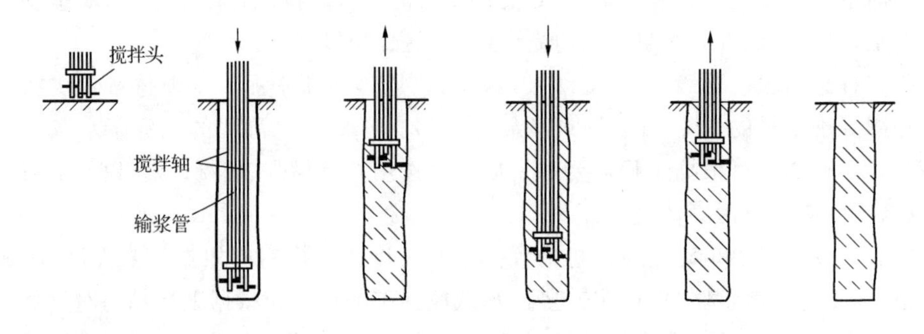

图 9-8　搅拌法施工工艺图

在预(复)搅下沉时，也可采用喷浆(粉)的施工工艺，但必须确保全桩长上下至少再重复搅拌一次。

(三)质量检验

搅拌法的质量控制应贯穿在施工的全过程，并应坚持全程的施工监理。施工过程中必须随时检查施工记录和计量记录，并对照规定的施工工艺对每根桩进行质量评定。检查重点是：水泥用量、桩长、搅拌头转速和提升速度、复搅次数和复搅深度、停浆处理方法等。

搅拌法的施工质量检验可采用以下方法：

(1)成桩 7 d 后，采用浅部开挖桩头(深度宜超过停浆面或灰面以下 0.5 m)，目测检查搅拌的均匀性，量测成桩直径。检查量为总桩数的 5%。

(2)成桩后 3 d 内，可用轻型动力触探(N_{10})检查每米桩身的均匀性。检验数量为施工总桩数的 1%，且不少于 3 根。

(3)竖向承载搅拌桩复合地基竣工验收时，承载力检验应采用复合地基荷载试验和单桩荷载试验。

二、灌浆胶结法

灌浆胶结法利用压力或电化学原理通过注浆管将加固浆液注入地层中，以浆液挤压土粒间或岩石裂隙中的水分和气体，经一定时间后，浆液将松散的土体或缝隙胶结成整体，形成强度大、防水防渗性能好的人工地基。

灌浆方法可分为压力灌浆和电动化学灌浆两类。压力灌浆是常用的方法，是在各种大小压力下使水泥浆液或化学浆液挤压充填土的孔隙或岩层缝隙。电动化学灌浆是在施工中以注浆管为阳极，滤水管为阴极，通过直流电电渗作用使孔隙水从阳极流向阴极，在土中形成渗浆通道，化学浆液随之渗入孔隙使土体结硬。

灌浆胶结法所用浆液材料有水泥浆液和化学浆液两大类。

水泥浆液采用的水泥一般为 32.5 级以上的普通硅酸盐水泥，由于水泥颗粒属粒状浆液，故在压力下也难以压进孔隙小的土层，只适用于粗砂、砾砂、大裂隙岩石等孔隙直径大于 0.2 mm 的地基加固。不过超细水泥则可用于细砂地基等。水泥浆液有取材容易、价格便宜、操作方便、不污染环境等优点，是国内外常用的压力灌浆材料。

常用的化学浆液是以水玻璃($Na_2O \cdot nSiO_2$)为主剂的浆液，由于它有无毒、价廉、流动性好等优点，在化学浆液中应用最多，约占 90%。其他还有以丙烯酸胺为主剂和以纸浆废液木质素为主剂的化学浆液，它们性能较好，黏滞度低，能注入细砂等土中。但有的价格较高，有的虽价廉源广，但有含毒的缺点，用于加固地基当前受到一定限制，尚待试验研究改进。

第七节　加筋法

在土中铺设加筋材料，以增强土的整体性和改善土的力学性质，称为土的加筋补强。最早采用的加筋材料是天然纤维材料，如芦苇、木材和竹材等，后来用金属带或金属网。20 世纪 50 年代末开始采用土工聚合物，随后逐渐在许多国家和地区推广，应用范围非常广泛。

土工聚合物是土工用合成纤维材料的总称。它包括各种土工纤维(土工织物)、土工膜、土工格栅和土工垫等，是以煤、石油、天然气等作为原料，经过化学加工而形成高分子合成物(聚合物)，再经过机械加工制成纤维或条带、网格、薄膜等产品。它具有质地柔软、质量轻、整体连续性好(在长度上可制成数百米到上千米)、施工方便、抗拉强度较高、耐腐蚀和抗微生物侵蚀等良好性能。缺点是抗紫外线能力低，如暴露在外受到紫外线(日光)直接照射则容易老化。土工聚合物由于它一系列优良的特性，在铁路、水利、城建、公路、林业、国防等领域得到了迅速的发展和广泛的应用。

一、土工聚合物的类型

根据土工聚合物不同的制造方法，可将其划分为以下几种：

(一)编织型土工纤维

由单股线或多股线编织而成。

(二)有纺型土工纤维

由相互正交的纤维织成，类似民用纺织品。其特点是孔径均匀，沿经纬线方向的强度大，斜交方向强度低，拉断时延伸率较低。

(三)无纺型土工纤维

这种土工纤维也称不织型土工纤维或无纺布，它是由合成纤维材料通过加工的连续长丝的不规则的排列连接而成。制造时先将聚合物原料经熔融挤压、喷丝、直接平铺成网，然后使网线连接制成土工纤维。连接方法有热压、针刺和化学黏结等处理方法。

(四)组合型土工纤维

由前述的编织型、有纺型和无纺型三类组合而成的土工纤维。

(五)其他

为适应岩土工程的不同需要,还开发有土工网、土工垫、土工格栅、土工膜和上述两类以上组合而成的复合土工纤维。

二、土工聚合物在工程中的作用

(一)反滤作用

在有渗流的情况下,利用一定规格的土工聚合物铺设在被保护的土上,可起到与一般砂砾反滤层同样的作用,即允许水流畅通而同时又阻止土粒移动,从而防止发生管涌或堵塞。

(二)排水作用

某些具有一定厚度的土工聚合物具有良好的三维透水性能。因此,除了可作透水反滤层外,还可使水沿土工聚合物内的排水通道迅速排走。例如塑料排水板可代替砂井起到深层排水作用。

(三)隔离作用

土工聚合物可铺设在两种不同土或材料、或者土与其他材料之间,把它们相互隔离,避免混杂产生不良效果,并依靠其优质特性以适应受力、变形和各种环境变化的影响而不破损。例如在铁路或公路工程中,利用土工聚合物作为碎石路基与地基土之间的隔离层,可防止软弱土层侵入路基的碎石中,避免引起翻浆冒泥。

(四)加固作用

利用土工聚合物的高强度和韧性等力学性质及其分散荷载增大土体的刚性模量等功能,可用来改善土体力学性质或作为筋材构成加筋土以及各种复合土结构。

(五)其他作用

土工聚合物除了以上的反滤、排水、隔离和加固作用外,还有一些其他作用。如:不透水土工聚合物可以隔水,防止水进入土体或土工结构物;某些土工聚合物可以保温防冻,减缓土内温度的变化。此外,还有用土工聚合物做成袋子用于堆填和防护,以及应用土工聚合物防止裂隙扩大,减小应力集中等。

三、土工聚合物的连接

最常见的连接方法有:搭接、缝合、黏结、U形钉连接和焊接等方法。

(一)搭接法连接

用搭接法连接土工聚合物的长度视地基承载力、地形及土工聚合物受力情况而定。一般为0.3~1.0 m。在平整坚硬的地基上一般为0.3 m;在松软不平的地基上或水下施工时则需1.0 m。在防护工程中,因石块重量大,搭接长度也要增大一些。

采用搭接法时,还应注意将高处土工聚合物搭在低处上。搭接处,应尽量避免集中受力,以防止土工聚合物移动、错位。如果在土工聚合物上铺有砂层,不宜采用搭接法连接。因为砂子容易挤入两层土工聚合物搭接处,使土工聚合物抬起,影响其效能。

搭接法施工简单,但增加了土工聚合物的用料,整体性较差,也易遭受土工聚合物上覆工程集中力的影响而产生脱位现象。

(二)缝合法连接

缝合法连接是用移动式缝合机,采用尼龙或涤纶线将两幅土工聚合物缝合。接缝方法有三种:对面缝合、折叠缝合、搭接缝合。

现场施工时,对面缝合、折叠缝合均采用携带方便的移动式缝合机缝合,在缝合时可缝合成单道线,也可缝成双道线。搭接缝合是为增强搭接法的整体性而采用的手工缝合,其缝合表面平整度较好,适宜在土工聚合物上直接铺板材的表面工程。

以上三种缝合方法,最常用的是对面缝合,缝接处的强度可达纤维强度的 80%,其方法也简单,节省土工聚合物。用缝合法施工,应避免漏缝及断线。因此,保证缝合质量是缝合法连接的一个重要方面。应用缝合法可增强土工聚合物接缝处的抗拉强度,并可节约用料,但较费工。

(三)黏结法连接

黏结法是利用化学黏合剂在热黏机械作用下将土工聚合物黏结在一起的方法。这种方法工艺较复杂,需要大量的化学黏合剂,也需要特定的机械,但质量容易得到控制。

(四)U 形钉连接

为防止土工聚合物沿地基面滑动,可采用 U 形钉、木桩将土工聚合物紧密地钉在地基土上。

U 形钉通常采用直径 6.5 mm 钢筋,全长 1 200 mm,两钉脚各长 500 mm,横杆长 200 mm,梅花形排列。沿坡面方向间距 0.7 m,水平方向间距 0.5 m,通过 U 形钉将土工聚合物固定于基土之上。有实践表明:采用 U 形钉连接法时,其强度低于缝合法或黏结法。

四、土工聚合物加筋地基的施工

土工聚合物加筋地基的施工除了应遵守常规的施工程序和规定外,还应考虑铺设土工聚合物施工的特别要求。土工聚合物的铺设施工随着工程的不同,可以使用各种各样的施工方法和机具,但必须做到精心施工,以确保软土地基加筋处理后的强度和稳定性。土工聚合物加筋地基的施工过程如下:

(一)抽样检测

铺设土工聚合物前,应检测试验报告,并对土工聚合物进行抽样检测,抽样率应多于交货卷数的 5%,最少不应小于 1 卷。检测结果不符合设计要求的产品不能用于铺设。

(二)准备场地

应去除地表杂物、平整场地。当需要开挖基坑时,可在基坑底部铺设 100 mm 厚的砂垫层,并应尽量减少对垫层下卧层的淤泥或淤泥质土的扰动。

(三)筋材铺设

在铺设过程中,应保证土工聚合物的整体性。如果有间断,必须注意土工聚合物的连接。当一块土工聚合物需要与另一块连接时,可用前文介绍的搭接、缝合、黏结、U 形钉连接或焊接等方法。

筋材铺设时,要求将强度最大的方向垂直于路堤或条形基础的轴线,应避免沿这个主要受力方向的接缝,而各卷筋材间的搭接宽度应不小于 10 cm。

铺设土工聚合物时,应采用人工拉紧,注意均匀、平整,避免褶皱,并保证施工连续性。由于端部锚固对应力、变形和稳定都有影响,所以还应注意端头的位置和锚固,必须精心处理。在斜坡上施工时,应保持一定松紧度(可用 U 形钉控制),避免因挤压而使其变形超出土工聚合物的弹性极限。

(四)填筑填料

筋材铺设后,应尽快填筑填料,避免长时间的暴晒或暴露,以免其基本性能劣化,一般情况下,筋材暴露时间不宜超过 24 h,在这段时间内,还须检查筋材上有无孔洞、撕裂、破损等缺陷,并对已有小面积缺陷及时进行修补。土工聚合物筋材上的第一层填土宜用前置式装载机和轻型推土机,卸土后立即摊铺,避免局部下陷。一切车辆、施工机械只允许沿土堤或条形基础轴线方向行驶。

在软弱地基上填土时,应首先沿铺填范围的两侧推进,使其下筋材张紧,然后铺填中间部分,并始终保持填土的前缘呈凹形;对非软土地基可从中线位置推进,然后对称地向两侧填土。

在填筑土工格室或土工格栅框格时,应先填筑约一半高度,然后逐步满填,并始终保持满填框格前缘有半填的框格。

(五)垫层的施工

垫层的施工方法、分层铺填厚度、每层压实遍数宜通过试验确定,素土和纤维土宜采用平碾或羊足碾,砂石等宜采用振动碾和振动压实机。垫层的分层铺填厚度可取 200～300 mm,素土和纤维土的施工含水量宜控制在$(1\pm2\%)w_y$ 的范围内。

垫层的压实度,即施工控制干密度与最大干密度之比必须达到设计要求,一般为 0.93～0.97,可用环刀法或灌砂法等方法检测。当用环刀法取样时,取样点应位于每层三分之二的深度处,对大的加筋层每 50～100 m^2 不少于 1 个检测点,对基槽每 10～20 m 不少于 1 个检测点。

(六)较高土堤的施工

对较高的土堤,填筑前应布置必要的观测仪器,如孔隙水压力仪、位移边桩及测斜仪,随时监测土基动态,一旦发现异常现象,及时调整填土速率或暂时停工并采取对策。

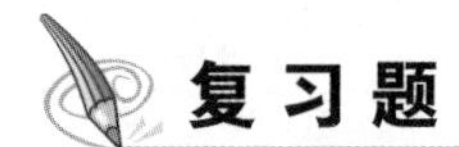

复习题

9-1　工程中常采用的地基处理方法可分为几类?概述各类地基处理方法的特点、适用条件和优缺点。

9-2　换填垫层法的换填厚度与宽度如何确定?

9-3　试说明砂桩加固地基与砂井加固地基的相同点与不同点。

9-4　强夯法和重锤夯实法的加固机理有何不同?使用强夯法加固地基应注意什么问题?

9-5　排水固结法根据加载方式分为几种?加载方式有何不同?

9-6　真空预压法与加载预压法相比有哪些优点?

9-7　各种搅拌法各自的适用条件是什么?有哪些优缺点?

9-8　土工聚合物有哪几种连接方法?各自有何特点?

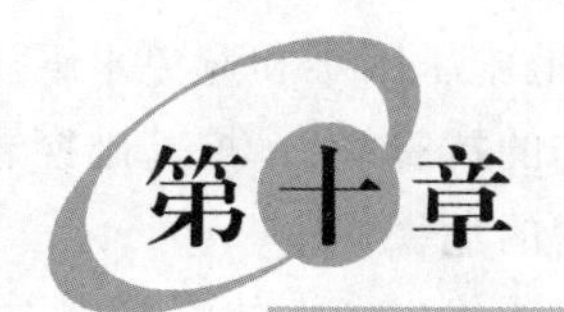

第十章 桩基础

第一节 概 述

当地基浅层土质不良或上部结构传来的荷载过大，采用浅基础无法满足结构物对地基强度、变形和稳定性等方面的要求时，往往需要采用深基础。

桩基础是一种历史悠久而应用广泛的深基础形式。近代随着工业技术和工程建设的发展，桩的类型和成桩工艺、桩的设计理论和设计方法、桩的承载力和桩体结构的检测技术等诸方面均有迅速的发展，以使桩与桩基础的应用更为广泛，更具有生命力。它不仅可以作为建筑物的基础形式，而且还可应用于软弱地基的加固和地下支挡结构物。

一、桩基础的组成与特点

桩基础由若干根桩和承台两个部分组成。桩在平面排列上可做成一排或几排，所有桩的顶部由承台连成一个整体并传递荷载。其中，桩基础中的单桩称为基桩。在承台上再修筑桥墩、桥台及上部结构。桩身可全部或部分埋入地基土中，当桩身外露在地面上较高时，在桩之间应加设横系梁，以加强各桩的横向联系。

桩基础的作用是将承台以上结构物传来的外力通过承台，由桩传到较深的地基持力层中去，承台将各桩连成一个整体共同承受荷载。桩是基础中的柱形构件，其作用在于穿过软弱的压缩性土层或水，将桩端支承在密实或压缩性较小的地基持力层上。各桩所承受的荷载由桩通过桩侧土的摩阻力及桩端土的抵抗力传递到桩周土中去。

桩基础具有承载力高、稳定性好、沉降量小而均匀，在深基础中具有耗用材料少、施工简便等特点。在深水河道中，可避免(或减少)水下工程，简化施工设备和技术要求，加快施工速度并改善劳动条件。当今，随着工业化水平不断提高，桩与桩基础不仅便于工厂化生产和机械化施工，而且能适应不同的水文地质条件和承受不同荷载性质的上部结构。因此，在现代各种类型的建筑物的基础工程中得到广泛应用。

二、桩基础的适用条件

桩基础适宜在下列条件：

第一，荷载较大，地基土上部土层软弱，适宜的地基持力层位置较深，采用浅基础或人工地基在技术上、经济上不合理时；

第二，河床冲刷较大，河道不稳定或冲刷深度不易计算正确，如采用浅基础施工困难或不能保证基础安全时；

第三，当地基计算沉降过大或结构物对不均匀沉降敏感时，采用桩基础穿过松软（高压缩性）土层，将荷载传到较坚实（低压缩性）土层，减少结构物沉降并使沉降较均匀；

第四，当施工水位或地下水位较高时，采用桩基础可降低施工困难和避免水下施工；

第五，地震区，在可液化地基中，采用桩基础可增加结构的抗震能力，桩基础穿越可液化土层并伸入下部密实稳定土层，可消除或减轻地震对结构物的危害。

以上情况也可以采用其他形式的深基础，但桩基础往往是优先考虑的深基础方案。

第二节　桩和桩基础的类型及构造

为满足结构物的要求，适应地基的特点，随着科学技术的发展，在工程实践中已形成了各种类型的桩基础，它们在本身构造上和桩土相互作用性能上都具有各自的特点。

一、桩和桩基础的类型

（一）按承载性状分类

结构物荷载通过桩基础传递给地基。垂直荷载一般由桩底土层和桩侧土的摩阻力来承担。由于地基土的分层和其物理力学性质不同，桩的尺寸和在土中设置方法不同，都会影响桩的受力状态。水平荷载一般由桩和桩侧土的水平抗力来支承，而桩承受水平荷载能力是与桩轴线方向的倾斜度有关。因此，按桩的承载性状基桩可分为：

1. 端承桩

桩穿过较软弱的土层，桩底支承在岩层或硬土层（如密实的大块卵石层）等实际非压缩性土层时，基本上依靠桩底土层抵抗力支承垂直荷载，这种桩称为端承桩。端承桩的桩顶荷载主要由桩端阻力承受，并根据基岩和桩长情况适当考虑桩侧阻力。

2. 摩擦桩

桩穿过并支承在各种压缩性土层中，主要依靠桩侧土的摩阻力支承垂直荷载，这种桩称为摩擦桩。一般情况下，摩擦桩的桩顶荷载主要由桩侧阻力承受，并适当考虑桩端阻力。

（二）按成桩方法分类

桩的施工方法、采用的机具、施工工艺不同，将影响桩与桩周土接触边界处的状态，也影响桩土间的共同作用性能。桩的施工方法种类较多。按成桩方法，桩可以分为：

1. 非挤土桩

非挤土桩可分为干作业法钻（挖）孔灌注桩、泥浆护壁法钻孔灌注桩、套管护壁法钻孔灌注桩。

2. 部分挤土桩

部分挤土桩可分为冲孔灌注桩、挤扩孔灌注桩、预钻孔沉桩、敞口预应力混凝土管桩等。

3. 挤土桩

挤土桩可分为沉桩（锤击、静压、振动沉入的预制桩）及闭口预应力混凝土管桩等。

以上三种分类结果的基本形式为沉桩（预制桩）和灌注桩。

（1）沉桩（预制桩、预应力混凝土管桩）

沉桩的施工方法均为将各种预制好的桩（主要是钢筋混凝土或预应力混凝土实心桩或

管桩，也有钢桩或木桩）以不同的沉桩方式（设备）沉入地基内达到所需要的深度。预制桩是按设计要求在地面良好条件下制作（长桩可在桩端设置钢板、法兰盘等接桩构造分节制作），桩体质量高，可大量工厂化生产，加快施工进度。它适用于黏性土、砂土及碎石土等。沉桩有明显的排挤土体作用，应考虑对邻近结构（包括邻近基桩）的影响。在运输、吊装和沉桩过程中应注意避免损坏桩身。

（2）钻（挖）孔灌注桩

用钻（冲）孔机械在土体中先钻成桩孔，然后在孔内放入钢筋骨架，灌注桩身混凝土而成灌注桩，然后在同一个基础的桩顶间浇筑承台（或系梁），最后再浇筑立柱或盖梁，称为钻孔灌注桩基础。它的特点是施工设备简单、操作方便，适用于各种砂土、黏性土，也适用于碎石土层和岩层。但对于淤泥及可能发生流砂或有承压水的地基，施工较为困难，常易发生塌孔或埋钻等情况。一般钻孔灌注桩入土深度由几米至几百米。

依靠人工（用部分机械配合）在地基中挖出桩孔，然后与钻孔灌注桩一样灌注混凝土成桩称为挖孔灌注桩。它的特点是不受设备和地形限制，施工简单。但只适用于无水或渗水量小的地层，对可能发生流砂或含厚的软黏土层地基施工较困难，需要加强孔壁支撑确保安全。因主要靠人工挖土，所需桩径较大，一般大于 1.4 m。

二、桩和桩基础的构造

由不同材料修筑的不同类型的桩基础具有不同的构造特点，为了保证桩的质量和桩基础的正常工作能力，在设计桩基础时应满足其构造的基本要求。现将目前国内桥梁中最常用到的桩的构造特点与要求简述如下。

（一）就地灌注钢筋混凝土桩的构造

钻（挖）孔灌注桩、沉管灌注桩是采用就地灌注钢筋混凝土桩，桩身常为实心断面。桩身混凝土强度等级不应低于 C25；管桩填芯混凝土不应低于 C15。

钻孔灌注桩设计直径不宜小于 0.8 m；挖孔灌注桩直径或最小边宽度不宜小于 1.2 m。

钻（挖）孔灌注桩应按桩身内力大小分段配筋。当内力计算表明不需配筋时，应在桩顶 3.0～5.0 m 设构造钢筋。桩内主筋直径不应小于 16 mm，每桩的主筋数量不应少于 8 根，其净距不应小于 80 mm 且不大于 350 mm。钢筋保护层净距不应小于 60 mm；闭合式箍筋或螺旋筋直径不应小于主筋直径的 1/4，且不应小于 8 mm，其中距不应大于主筋直径的 15 倍且不应大于 300 mm。钢筋笼骨架上每隔 2.0～2.5 m 设置直径 16～32 mm 的加劲箍一道。钢筋笼四周应设置突出的定位钢筋、定位混凝土块或采用其他定位措施。钢筋笼底部的主筋宜稍向内弯曲，作为导向。

如配筋较多，可采用束筋。组成束筋的单根钢筋直径不应大于 36 mm。组成束筋的单根钢筋根数，当其直径不大于 28 mm 时不应多于 3 根，当其直径大于 28 mm 时应为 2 根。

（二）钢筋混凝土预制桩

钢筋混凝土预制桩有实心的圆桩和方桩，有空心的管桩，另外还有管柱（用于管柱基础）。

1.普通钢筋混凝土桩

桩的截面常采用正方形，因其生产、制作、运输和堆放均较为方便。普通实心方桩的截面边长一般为 0.3～0.5 m，就地预制桩的长度取决于沉桩设备，一般在 25～30 m 以内，工厂预制桩的分节长度一般不超过 12 m，沉桩时在现场连接到所需长度。

桩身混凝土强度等级不低于 C25，桩身配筋应考虑制造、运输、施工和使用各阶段的受力要求配筋。主筋直径一般为 12～25 mm,根数一般为 8 根,主筋净距不小于 5 cm;箍筋直径为 6～8 mm,其间距一般为 10～20 cm,不大于 40 cm,在两端处间距宜减小,一般为 5 cm。桩顶处,为了承受直接的锤击应设钢筋网加固。为了便于吊运,应在桩身预设吊耳,位置按吊点位置确定,一般由直径为 20～25 mm 的圆钢制成。如图 10-1 所示。

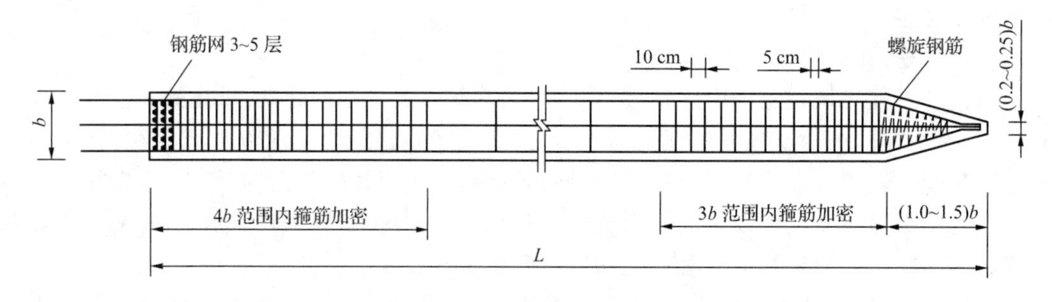

图 10-1 预制混凝土方桩构造

长桩分节制作在现场接桩时,桩的接头的可靠性非常重要,必须保证接头有足够的强度。钢筋混凝土桩的接头一般采用焊接钢板接头。

2. 钢筋混凝土管桩和管柱

管桩由预制工厂以离心式旋转机生产,有普通钢筋混凝土或预应力混凝土两种。直径可采用 0.4～1.0 m,管壁最小厚度不宜小于 80 mm。混凝土强度等级不小于 C25～C40。每节长度为 4～15 m,两端装有连接法兰盘以供现场用螺栓连接。最下一节管桩底部一般设置桩尖,桩尖内部可预留圆孔,以便安装射水管辅助沉桩。

管柱实质上是一种大直径薄壁钢筋混凝土或预应力混凝土圆管节,在工厂分节制成,沉桩时逐节由螺栓接长。最下端的管柱具有钢刃脚,用薄钢板制成。我国常用的管柱直径为 1.5～5.8 m,一般采用预应力混凝土管柱。

预制管柱的分节长度应根据施工条件决定,并应尽量减少接头数量。接头强度不应低于桩身强度,并有一定的刚度以减少锤振能力的损失。接头的平面尺寸不得突出桩身、管壁之外。

3. 钢桩

钢桩的形式很多,主要的有钢管桩和 H 形钢桩,常用的是钢管桩。钢桩强度高,能承受高强度的冲击力和获得较高的承载力;其设计的灵活性大,壁厚、桩径的选择范围大,便于割接,桩长容易调节;轻便易于搬运,沉桩时贯入能力强,速度较快可缩短工期,且排挤土量小,对邻近建筑物影响小,也便于小面积内密集的打桩施工。其主要缺点是用钢量大,成本昂贵,在大气和水中不耐腐蚀。目前,我国只在一些重要工程中使用。

钢管桩的分段长度按施工条件确定,不宜超过 12～15 m,常用直径为 400～1 000 mm。钢管桩的设计厚度由有效厚度和腐蚀厚度两部分组成。有效厚度为管壁在外力作用下所需要的厚度,可按使用阶段的应力计算确定。腐蚀厚度为建筑物在使用年限内管壁腐蚀所需要的厚度,可通过钢桩的腐蚀情况实测和调查确定。

钢桩防腐处理可采用外表涂防腐层增加腐蚀余量及阴极保护。

钢管桩按桩端构造可分为开口桩和闭口桩两类。

第三节　桩基础的设计及计算

设计桩基础应根据上部结构的形式与使用要求、荷载的性质与大小、地质和水文资料，以及材料供应和施工条件等，确定适宜的桩基础类型和各组成部分的尺寸，保证承台、基桩和地基在强度、变形和稳定性方面，满足安全和使用上的要求，并应同时考虑技术和经济上的可能性和合理性。桩基础的设计方法和步骤一般先根据收集的必要设计资料，拟订出设计方案(包括选择桩基础类型、桩长、桩径、桩数、桩的布置、承台位置与尺寸等)，然后进行基桩和承台以及桩基础整体的强度、稳定、变形检验，经过计算、比较、修改直至符合各项要求，最后确定较佳的设计方案。

现将设计内容有关的问题叙述如下：

一、桩基础类型的选择

选择桩基础类型时应根据设计要求和现场的条件，同时要考虑到各种类型桩和桩基础所具有的不同特点，注意扬长避短，综合考虑选定。

(一)承台位置的选定

承台底面的标高应根据桩的受力情况，桩的刚度和地形、地质、水流、施工等条件确定。承台低稳定性较好，但在水中施工难度较大，因此可用于季节性河流、冲刷小的河流或岸台上墩台及旱地上其他结构物基础。当承台埋于冻胀土层中时，为了避免由于土的冻胀引起桩的损坏，承台底面应位于冻结线以下不小于 0.25 m。承台如在水中，对有流水的河道，承台底面应在最低冰层面以下 0.25 m；对有其他漂流物或通航的河道，承台底面也应适当放低，以保证基桩不会直接受到撞击，否则应设置防撞击装置；对于常年有流水，冲刷较深，或水位较高，施工排水困难的情况，在受力条件允许时，应尽可能采用高桩承台。

当作用于桩基础的水平力和弯矩较大，或桩侧土质较差时，为减小桩身所受的弯矩、剪力，可适当降低承台底面。为节省墩台身圬工数量，则可适当提高承台底面。

对于采用高桩承台还是低桩承台应该从受力情况、变位情况、稳定情况、施工条件等方面比较选定。

(二)端承桩和摩擦桩的选定

端承桩与摩擦桩的选择主要是根据地质和受力情况确定。端承桩承载力大，沉降量小，较为安全可靠，因此当基岩埋深较浅时应考虑采用端承桩。若适宜的岩层埋置较深或受到施工条件的限制不宜采用端承桩时，则可以采用摩擦桩。但在同一桩基础中不宜同时采用端承桩和摩擦桩，同时也不宜采用不同材料、不同直径和长度相差过大的桩，以避免桩基础产生不均匀沉降或丧失稳定性，同时也可避免在施工中由此而产生的不便和困难。

当采用端承桩时，除桩底支承在基岩上外，如覆盖层较薄或水平荷载较大时，还需将桩底端嵌入基岩中一定深度成为嵌岩桩，以增加桩的稳定性和承载能力。为保证嵌固牢靠，嵌入新鲜岩层最小深度不应小于 0.5 m，若新鲜岩层埋藏较深，微风化层、弱风化层厚度较大，宜计算其嵌入深度。

(三)单排桩基础和多排桩基础的选定

单排桩桩基础和多排桩桩基础的确定主要是根据受力情况，并与桩长、桩数的确定密切相关。多排桩稳定性好，抗弯刚度较大，能承受较大的水平荷载，水平位移较小，但多排桩的设置将会增大承台的尺寸，增加施工困难，有时还影响航道；单排桩与此相反，能较好地与柱式墩台结构形式配合使用，可节省圬工，减小作用在桩基础的竖向荷载。

因此，当桥梁路径不大、桥高较矮时，或单桩承载力较大，需要桩数不多时常采用单排桩桩基础。对较高的桥台、拱桥桥台、制动墩和单向水平推力墩基础则常需用多排桩桩基础。

(四)施工方式的选择

设计时应根据地质情况、上部结构要求和施工技术设备条件等确定选择打入桩、振动下沉桩、钻(挖)孔灌注桩。

(五)承台尺寸的拟订

根据受力情况，按照有关设计规范和施工规范，拟订承台平面尺寸和立面尺寸。承台厚度一般为 1.0～2.5 m。承台底面尺寸拟订时，要求扩展角不超过刚性角。

二、桩径、桩长的拟订和单桩承载力容许值的确定

(一)桩径的拟订

当桩基础类型选定以后，桩的横截面尺寸可根据各类桩的特点及常用尺寸，并考虑工程地质情况和施工条件选择确定。预制桩的截面规格在第二节中已述，若用钻孔灌注桩，则以钻头直径作为设计直径，钻头直径常规格为 0.8 m、1.0 m、1.25 m、1.5 m 等。

(二)桩长的拟订

可先根据地质条件选择适宜的桩底持力层初步确定桩长，因为桩底持力层对于桩的承载力和沉降有着重要影响；另外，还需考虑施工的可能性(如钻进的最大深度、孔径等)。

设计时一般把桩底置于岩层或坚实的土层上以得到较大的承载能力和较小的沉降量，如在施工条件容许的深度内没有坚实土层存在，应尽可能选择压缩性较低、强度较高的土层作为持力层，要避免把桩底坐落在软土层上或距离软弱下卧层太近，以免桩基础发生过大的沉降。

对于摩擦桩，有时桩底持力层可能有多种选择，此时确定桩长与桩数两者相互制约，遇此情况，可通过试算比较，选用较合理的桩长。但摩擦桩的桩长不应拟订太短，因为桩长过短不能提供足够的摩阻力，因而需增加许多桩，扩大了承台尺寸，这往往是不经济合理的。摩擦桩的入土深度一般应大于承台宽度的 2～3 倍以上，且不宜小于 4 m。此外，为保证发挥摩擦桩桩底土层承载力，桩底端部应插入桩底持力层一定深度(插入深度与持力层土质、厚度及桩径等因素有关)，一般不宜小于 1 m。

(三)单桩承载力容许值的确定

桩横断面尺寸和桩长确定后，应根据地质资料确定单桩承载力容许值，进而估算桩数和进行桩基础验算。

单桩承载力容许值是指单桩在外荷载作用下，桩土共同作用，地基土和桩本身的强度和稳定性能均能得到保证，且变形在容许范围之内时桩所能容许承受的最大荷载。一般情况下，桩受到轴向力、横轴向力及弯矩作用，因此需分别研究和确定单桩的轴向承载力容许值、横轴向承载力容许值和弯矩容许值，但通常桩主要受轴向力，所以本节主要研究桩的轴向承载力容许值的确定。

单桩轴向承载力容许值的确定，对于一般桥梁和结构物，在各种工程的初步设计阶段按经验(规范)公式估算。而对于大型、重要桥梁或复杂地基条件还应通过试桩或其他方法，并

作详细分析比较，较为准确合理地确定。

1.单桩轴向荷载传递机理和特点

桩的承载力是桩与土共同作用的结果，正确确定单桩承载力，要了解单桩在轴向荷载作用下桩土间的传力途径、单桩承载力构成特点。

桩在轴向荷载作用下，桩顶将发生轴向位移（沉降），轴向位移为桩身强度压缩和桩底以下土层压缩之和。置于土中的桩与其侧面土是紧密接触的，当桩相当于土向下位移时就产生土对桩向上作用的桩侧摩阻力。桩顶荷载沿桩侧向下传递的过程中，必须不断克服桩侧摩阻力，桩身轴向力就随深度逐渐减小，传至桩底的轴向力即桩底支承反力，等于桩顶荷载减去全部桩侧摩阻力。桩顶荷载通过桩侧摩阻力和桩底支承力传递给土体。

因此，可以认为土对桩的支承力是由桩侧摩阻力和桩底支承力两部分组成。桩的极限承载力就等于桩侧极限摩阻力和桩底极限支承力之和。

对于端承桩而言，由于桩底位移很小，桩侧摩阻力不易得到充分发挥。对于一般端承桩，桩底支承力占桩承载力的绝大部分，桩侧摩阻力很小，常忽略不计。但对较大的端承桩且覆盖层较厚时，由于桩身的强度压缩较大，也足以使桩侧摩阻力得以发挥，对于这类端承桩国内也有规范建议可以计算桩侧摩阻力。置于一般土层上的摩擦桩，桩底土层支承反力发挥极限值，则需要比桩侧极限摩阻力大得多的位移值，这时总是桩侧摩阻力先充分发挥出来，然后桩底阻力才逐渐发挥，直至极限值。对于桩长很大的摩擦桩，也因桩身压缩变形大，桩底反力尚未达到极限值，桩顶位移已超过使用要求所容许的范围，且传递到桩底的荷载也很微小，此时确定桩的承载力时桩底极限阻力不宜取值过大。

2.桩侧摩阻力的影响因素及其分布

桩侧摩阻力除与桩土间的相对位移有关，还与土的性质、桩的刚度、时间因素和土中应力状态以及桩的施工方法等因素有关。

桩侧摩阻力实质上是桩侧土的剪切问题。桩侧土极限摩阻力值与桩侧土的剪切强度有关，随着土的抗剪强度的增大而增加。而土的抗剪强度又取决于其类别、性质、状态和剪切面上的法向应力。不同类别、性质、状态和深度处的桩侧土将具有不同的桩侧摩阻力。

桩的刚度对桩侧摩阻力也有影响。桩的刚度较小时，桩顶截面的位移较大而桩底较小，桩顶处桩侧摩阻力常较大；当桩刚度较大时，桩身各截面位移较接近，由于桩下部侧面土的初始法向应力较大，土的抗剪强度也较大，以致桩下部桩侧摩阻力大于桩上部。

由于桩底地基土的压缩是逐渐完成的，因此桩侧摩阻力所承担荷载随时间由桩身上部向桩下部转移。在桩基础施工完成过程中及完成后，桩侧土的性质、状态在一定范围内会有变化，影响桩侧摩阻力，所以桩侧阻力有时间效应。

桩基础的施工方法也对桩侧摩阻力有影响。打入桩在施工过程中会对桩侧土产生扰动，土的抗剪强度减小，桩侧摩阻力变小。待打桩完成一段时间后，土的抗剪强度恢复，桩侧摩阻力得到提高。

桩侧摩阻力随桩入土深度的变化较为复杂。为简化计算，通常近似假设打入桩桩侧摩阻力在地面处为零，沿桩入土深度呈线性分布，而对钻孔灌注桩则近似假设桩侧摩阻力沿桩身均匀分布。

3.桩底阻力的影响因素及其深度效应

桩底阻力与土的性质、持力层上覆荷载、桩径、桩底作用力、时间与桩底端进入持力层深度等因素有关，其主要影响因素仍为桩底地基土的性质。桩底地基土的受压刚度和抗剪强度大，则桩底阻力也大，桩底极限阻力取决于持力层土的抗剪强度、上覆荷载及桩径大小。由于桩底地基土层受压固结作用是逐渐完成的，桩底阻力将随土固结度提高而增长。

模型和现场试验研究表明，桩的承载力（主要是桩底阻力）随着桩的入土深度，特别是进入持力层的深度而变化，这种特性称为深度效应。

摩擦桩单桩轴向受压承载力容许值$[R_a]$，可按下列公式计算：

（1）钻（挖）孔灌注桩的承载力容许值

$$[R_a]=\frac{1}{2}u\sum_{i=1}^{n}q_{ik}l_i+A_pq_r \tag{10-1}$$

$$q_r=m_0\lambda\{[f_{a0}]+k_2\gamma_2(h-3)\} \tag{10-2}$$

式中　$[R_a]$——单桩轴向容许承载力，kN。桩身自重与置换土层（当自重计入浮力时，置换土重也计入浮力）的差值作为荷载考虑。

u——桩身周长，m。

A_p——桩的横截面面积，m^2。对于扩底桩，取扩底截面面积。

n——土的层数。

l_i——承台底面或局部冲刷线以下各土层的厚度，m，扩孔部分不计。

q_{ik}——与l_i对应的各土层与桩的摩阻力标准值，kPa，宜采用单桩摩阻力试验确定。当无试验条件时，按表10-1选用。

q_r——桩端处土的承载力容许值，kPa。当持力层为砂土、碎石土时，若计算值超过下列值，宜按下列值采用：粉砂1 000 kPa；细砂1 150 kPa；中砂、粗砂、砾砂1 450 kPa；碎石土2 750 kPa。

$[f_{a0}]$——桩端处土的承载力基本容许值，kPa。

h——桩端的埋置深度，m。有冲刷时，由一般冲刷线算起；无冲刷时，由天然地面或实际开挖后的地面线算起。h的计算值不大于40 m，大于40 m时，按40 m计算。

k_2——容许承载力深度的修正系数，根据桩端处持力层土类按表5-10选用。

γ_2——桩端以上各土层的加权平均重度，kN/m^3。换算时若持力层在水面以下且不透水时，不论基底以上土的透水性如何，水位面下土层一律取饱和重度；当透水时，水中部分土层则应取浮重度。

λ——修正系数，按表10-2选用。

m_0——清底系数，按表10-3选用。

表10-1　钻孔灌注桩桩侧土的摩阻力标准值q_{ik}

土　类		q_{ik}/kPa
中密炉渣、粉煤灰		40～60
黏性土	流塑 $I_L>1$	20～30
	软塑 $0.75<I_L\leqslant1$	30～50
	可塑、硬塑 $0<I_L\leqslant0.75$	50～80
	坚硬 $I_L\leqslant0$	80～120

（续表）

土类		q_{ik}/kPa
粉土	中密	30～55
	密实	55～80
粉砂、细砂	中密	35～55
	密实	55～70
中砂	中密	45～60
	密实	60～80
粗砂、砾砂	中密	60～90
	密实	90～140
圆砾、角砾	中密	120～150
	密实	150～180
碎石、卵石	中密	160～220
	密实	220～400
漂石、块石	—	400～600

注：挖孔灌注桩的摩阻力标准值可参照本表采用。

表 10-2　　修正系数 λ 值

桩端土情况 \ l/d	4～20	20～25	>25
透水性土	0.70	0.70～0.85	0.85
不透水性土	0.65	0.65～0.72	0.72

表 10-3　　清底系数 m_0 值

t/d	0.3～0.1
m_0	0.7～1.0

注：1. t、d 为桩端沉渣厚度和桩的直径。

2. $d \leqslant 1.5$ m 时，$t \leqslant 300$ mm；$d > 1.5$ m 时，$t \leqslant 500$ mm，且 $0.1 < t/d < 0.3$。

（2）沉桩的承载力容许值

$$[R_a]=\frac{1}{2}\left(u\sum_{i=1}^{n}\alpha_i l_i q_{ik}+\alpha_r A_p q_{rk}\right) \tag{10-3}$$

式中　$[R_a]$——单桩轴向容许承载力，kN，桩身自重与置换土层（当自重计入浮力时，置换土重也计入浮力）的差值作为荷载考虑；

u——桩身周长，m；

n——土的层数；

l_i——承台底面或局部冲刷线以下各土层的厚度，m；

q_{ik}——与 l_i 对应的各土层与桩的摩阻力标准值，kPa，宜采用单桩摩阻力试验或通过静力触探试验测定，当无试验条件时，按表 10-4 选用；

q_{rk}——桩端处土的承载力标准值，kPa，宜采用单桩摩阻力试验或通过静力触探试验测定，当无试验条件时，按表 10-5 选用；

α_i、α_r——分别为振动沉桩各对土层桩侧摩阻力和桩端承载力的影响系数，按表 10-6 采用，对于锤击、静压沉桩其值均取为 1.0。

表 10-4　沉桩桩侧土的摩阻力标准值 q_{ik}

土　类	状　态	摩阻力标准值 q_{ik}/kPa
黏性土	$1 \leqslant I_L \leqslant 1.5$	15～30
	$0.75 \leqslant I_L < 1$	30～45
	$0.5 \leqslant I_L < 0.75$	45～60
	$0.25 \leqslant I_L < 0.5$	60～75
	$0 \leqslant I_L < 0.25$	75～85
	$I_L < 0$	85～95
粉土	稍密	20～35
	中密	35～65
	密实	65～80
粉、细砂	稍密	20～35
	中密	35～65
	密实	65～80
中砂	中密	55～75
	密实	75～90
粗砂	中密	70～90
	密实	90～105

注：表中土的液性指数 I_L 为按 76 g 平衡锥测定的数据。

表 10-5　沉桩桩端处土的承载力标准值 q_{rk}

土类	状态	桩端处土的承载力标准值 q_{rk}/kPa		
黏性土	$I_L \geqslant 1$	1 000		
	$0.65 \leqslant I_L \leqslant 1$	1 600		
	$0.35 \leqslant I_L \leqslant 0.65$	2 200		
	$I_L < 0.35$	3 000		
		桩尖进入持力层的相对深度		
		$\frac{h_c}{d} < 1$	$1 \leqslant \frac{h_c}{d} < 4$	$\frac{h_c}{d} \geqslant 4$
粉土	中密	1 700	2 000	2 300
	密实	2 500	3 000	3 500
粉砂	中密	2 500	3 000	3 500
	密实	5 000	6 000	7 000

（续表）

土类	状态	桩尖进入持力层的相对深度		
		$\frac{h_c}{d}<1$	$1\leqslant\frac{h_c}{d}<4$	$\frac{h_c}{d}\geqslant4$
细砂	中密	3 000	3 500	4 000
	密实	5 500	6 500	7 500
中、粗砂	中密	3 500	4 000	4 500
	密实	6 000	7 000	8 000
圆砾石	中密	4 000	4 500	5 000
	密实	7 000	8 000	9 000

注：表中 h_c 为桩端进入持力层的深度（不包括桩靴）；d 为桩的直径或边长。

表 10-6　　系数 α_i、α_r 值

桩径或边长 d/m ＼ 系数 α_i、α_r ＼ 土类	黏 土	粉质黏土	粉 土	砂 土
$d\leqslant0.8$	0.6	0.7	0.9	1.1
$0.8<d\leqslant2.0$	0.6	0.7	0.9	1.0
$d>2.0$	0.5	0.6	0.7	0.9

当采用静力触探试验测定时，沉桩承载力容许值计算中的 q_{ik} 和 q_{rk} 取为

$$q_{ik}=\beta_i\overline{q_i} \tag{10-4}$$

$$q_{rk}=\beta_r\overline{q_r} \tag{10-5}$$

式中　$\overline{q_i}$——桩侧第 i 层土的静力触探得的局部摩阻力的平均值，kPa。当$\overline{q_i}<5$ kPa 时，采用 5 kPa。

$\overline{q_r}$——桩端（不包括桩靴）标高以上和以下各 $4d$（d 为桩的直径或边长）范围内静力触探得的摩阻力的平均值，kPa。若桩端标高以上 $4d$ 范围内摩阻力的平均值大于桩端标高以下 $4d$ 的摩阻力平均值时，则$\overline{q_r}$取桩端以下 $4d$ 范围内的摩阻力平均值。

β_i、β_r——桩侧和桩端摩阻力的综合修正系数，其值按下面判别标准选用相应的计算公式。当土层的$\overline{q_r}>2\ 000$ kPa，且$\overline{q_i}/\overline{q_r}\leqslant0.014$ 时

$$\beta_i=5.067(\overline{q_i})^{-0.45},\beta_r=3.975(\overline{q_r})^{-0.25}$$

如不满足上述$\overline{q_r}$和$\overline{q_i}/\overline{q_r}$条件时

$$\beta_i=10.045(\overline{q_i})^{-0.55},\beta_r=12.064(\overline{q_r})^{-0.35}$$

上列综合修正系数计算公式不适合城市杂填土条件下的短桩；综合修正系数用于黄土地基时，应做试桩校核。

(3)支承在基岩上或嵌入基岩内的钻（挖）孔灌注桩、沉桩的单桩轴向受压承载力容许值$[R_a]$，可按下式计算

$$[R_a]=c_1A_pf_{rk}+u\sum_{i=1}^{m}c_{2i}h_if_{rki}+\frac{1}{2}\zeta_su\sum_{i=1}^{n}l_iq_{ik} \tag{10-6}$$

式中　$[R_a]$——单桩轴向容许承载力，kN。桩身自重与置换土层（当自重计入浮力时，置

换土重也计入浮力)的差值作为荷载考虑。

c_1——根据清孔情况、岩石破碎程度等因素而定的端阻发挥系数,按表10-7采用。

A_p——桩端截面面积,m^2,对于扩底桩,取扩底截面面积。

f_{rk}——桩端岩石饱和单轴抗压强度标准值,kPa。黏土质岩取天然湿度单轴抗压强度标准值;当 $f_{rk}<2$ MPa时按摩擦桩计算。f_{rki} 为第 i 层的 f_{rk} 值。

c_{2i}——根据清孔情况、岩石破碎程度等因素而定的第 i 层岩层的侧阻发挥系数,按表10-7采用。

u——各土层或各岩层部分的桩身周长,m。

h_i——桩嵌入各岩层部分的厚度,m,不包括强风化层和全风化层。

m——岩层的层数,不包括强风化层和全风化层。

ζ_s——覆盖层土的侧阻力发挥系数,根据桩端 f_{rk} 确定:当 2 MPa$\leqslant f_{rk}<$15 MPa时,$\zeta_s=0.8$;当15 MPa$\leqslant f_{rk}<$30 MPa时,$\zeta_s=0.5$;当 $f_{rk}>$30 MPa时,$\zeta_s=0.2$。

l_i——各土层的厚度,m。

q_{ik}——桩侧第 i 层土的侧摩阻力标准值,kPa,宜采用单桩摩阻力试验值。当无试验条件时,对于钻(挖)孔灌注桩按表10-1选用,对于沉桩按表10-4选用。

n——土层的层数,强风化和全风化岩层按土层考虑。

表10-7　系数 c_1、c_{2i} 值

岩石层情况	c_1	c_{2i}
完整、较完整	0.6	0.05
较破碎	0.5	0.04
破碎、极破碎	0.4	0.03

注:1. 当入岩深度小于或等于0.5 m时,c_1 乘以0.75的折减系数,$c_{2i}=0$。

2. 对于钻孔灌注桩,系数 c_1、c_{2i} 值应降低20%采用。桩端沉渣厚度 t 应满足以下要求:$d\leqslant1.5$ m时,$t\leqslant50$ mm;$d>1.5$ m时,$t\leqslant100$ mm。

3. 对于中风化层作为持力层的情况,c_1、c_{2i} 应分别乘以0.75的折减系数。

三、确定桩的根数及其在平面的布置

(一)桩的根数估算

1. 桩的根数

一个桩基础所需桩的根数可根据承台底面上的竖向荷载和单桩的承载力容许值按下式估算

$$n=\mu\frac{N}{[R_a]} \tag{10-7}$$

式中　n——桩的根数;

N——作用在承台底面的竖向荷载,kN;

$[R_a]$——单桩承载力容许值,kN;

μ——考虑偏心荷载时各桩受力不均匀而适当增加桩数的经验系数,一般可取 $\mu=1.1\sim1.2$;估算的桩数是否合适,尚待验算各桩的受力状况后验证确定。

2. 群桩效应

由基桩群与承台组成的桩基础称为群桩基础。

由摩擦桩组成的群桩基础，在竖向荷载作用下，桩顶上的作用荷载主要通过桩侧土的摩阻力传递到桩周土体。由于桩侧摩阻力的扩散作用，桩底处的压力分布范围要比桩身截面积大得多，使群桩中各桩传递到桩底处的应力可能叠加，群桩桩底处地基土受到的压力比单桩大；且由于群桩基础的基础尺寸大，荷载传递的影响范围也比单桩深，因此桩底下地基土层产生的压缩变形和群桩基础的沉降量比单桩大。在桩的承载力方面，群桩基础的承载力也不是等于各单桩承载力总和的关系。

工程实践表明，群桩基础的承载力常小于各单桩承载力之和，但有时也可能会大于或等于各单桩承载力之和。这种群桩不同于单桩的工作性状所产生的效应，可称为群桩效应。

在计算桩的根数时应考虑到群桩效应的影响。

(二)确定桩的平面布置

一般墩(台)基础，多以纵向荷载控制设计，控制方向上桩的布置应尽可能使各桩受力相近，且考虑施工方便。当荷载偏心较大时，承台底面的应力图呈梯形。若 $\sigma_{max}/\sigma_{min}$ 比值较大，宜用不等距排列，两侧密、中间疏；若 $\sigma_{max}/\sigma_{min}$ 比值不大，宜用等距排列；而非控制方向上一般均采用等距排列。相邻桩之间的距离不宜过大，因为间距大，承台平面尺寸和重量将相应增大；但也不宜过小，因为间距太小，摩擦桩桩尖处的地基应力叠加现象严重，对桩群承载力不利，对打入桩也会增加沉桩时的困难。所以摩擦桩桩轴间距 a 对于打入桩应大于 3 倍桩的直径(或边长)d；对钻孔灌注桩不小于成孔直径的 2.5 倍。对于端承桩规定：打入桩中距 $a \leqslant 2.5d$，钻孔灌注桩中距 a 不小于桩成孔直径的两倍。另外规定：边桩外侧至承台边缘的距离，对 $d<1$ m 的桩不小于 $0.5d$ 或 25 cm，对 $d>1$ m 的桩不得小于 $0.3d$ 或 50 cm。但桩外侧与盖梁边缘的距离可不受以上限制。

第四节　桩基础的施工

目前常用的施工方法有钻孔灌注法、挖孔灌注法和预制沉桩法等。

桩基础施工前可根据已定出的墩台纵横中心轴线直接定出桩基础轴线和各基桩桩位，也可采用全站仪直接定位基桩桩位，并设置好固定桩标志或控制桩，以便施工时随时校核。

一、钻孔灌注桩的施工

钻孔灌注桩施工应根据土质、桩径大小、入土深度和机具设备等条件选用适当的钻具和钻孔方法，以保证顺利达到设计孔深，然后清孔、吊放钢筋笼骨架、灌注水下混凝土。

目前我国常用的钻具有旋转钻、冲击钻和冲抓钻三种类型。为稳固孔壁采用孔口埋设护筒和在孔内灌入泥浆，并使孔内液面高出孔外水位，以在孔内形成向外的静压力，起到护壁、固壁作用。其主要工序如下：

(一)准备工作

1.准备场地

施工前应平整场地，以便安装钻架。当墩台位于无水岸滩时，钻架位置处应整平夯实，清除杂物，挖换软土；场地有浅水时，宜采用土或草袋围堰筑岛；当场地为深水或陡坡时，可用木桩或钢筋混凝土桩搭设支架，安装施工平台支承钻机(架)。深水中在水流较平稳时，也可将施工平台架设在浮船上，就位锚固稳定后在水下钻孔。水中支架的结构强度、刚度和船只的浮力、稳定部位都应验算。

2.埋置护筒

护筒的作用是：

(1)固定桩位，作钻孔导向；

(2)保护孔口，防止孔口土层坍塌；

(3)隔离孔内外表层水，并保持钻孔内水位高出施工水位，以稳固孔壁。

因此，埋置护筒要求稳固、准确。

护筒制作要求坚固、耐用、不易变形、不漏水、装卸方便和能重复使用。一般用木材、薄钢板或钢筋混凝土制成。护筒内径应比钻头直径稍大，旋转钻需增大 0.1～0.2 m，冲击或冲抓钻增大 0.2～0.3 m。

护筒埋设可采用下埋式(适用于旱地埋置)、上埋式(适用于旱地或浅水筑岛埋置)和下沉埋设(适用于深水埋置)。埋置护筒时应注意下列几点：

(1)护筒平面位置应埋设正确，偏差不宜大于 50 mm。

(2)护筒顶标高应高出地下水位和施工最高水位 1.5～2.0 m。在无水地层钻孔，因护壁顶部设有溢浆口，因此筒顶也应高出地面 0.2～0.3 m。

(3)护筒底应低于施工最低水位(一般低于 0.1～0.3 m 即可)。深水下沉埋设的护筒应沿导向架借自重、射水、振动或锤击等方法将护筒下沉至稳定深度。

入土深度：黏性土应达到 0.5～1 m，砂土 3～4 m。

(4)下埋式及上埋式护筒挖坑不宜太大(一般比护筒直径大 0.6～1 m)，护筒四周应夯填密实的黏土，护筒底应埋置在稳定的黏土层中，否则也应换填黏土并夯密实，其厚度一般为 0.5 m。

3.制备泥浆

泥浆在钻孔中的作用：

(1)在孔内产生较大的悬浮液压力，可防止坍孔。

(2)泥浆向孔外土层渗漏，在钻进过程中，由于钻头的活动，孔壁表面形成一层胶泥，具有护壁作用，同时将孔内外水流切断，能稳定孔内水位。

图 10-2 钻架

(3)泥浆比重大，具有浮渣作用，利于钻渣的排出。

因此在钻孔过程中，孔内应保持一定稠度的泥浆，一般相对密度以 1.1～1.3 为宜，在冲击钻进大卵石层时可用 1.4 以上，黏度为 10～25 s，含砂率小于 6%。在较好黏土层中钻孔，也可灌入清水，使钻孔时内自造泥浆，达到固壁效果。调制泥浆的黏土塑性指数不宜小于 15。

4.安装钻机或钻架

钻架是钻孔、吊放钢筋笼骨架、灌注混凝土的支架，如图 10-2 所示。我国生产的定型旋转钻机和冲击钻机都附有定型钻架，还有木制和钢制的四脚架、三脚架或人字扒杆等。

在钻孔过程中，成孔中心必须对准桩位中心，钻机(架)必须保持平稳，不发生位移、倾斜和沉陷。钻机(架)

安装就位时，应详细测量，底座应用枕木垫实塞紧，顶端应用缆风绳固定平稳，并在钻孔过程中经常检查。

(二)钻孔

1.钻孔方法和钻具

(1)旋转钻进成孔

利用钻具的旋转切削土体，同时采用循环泥浆护壁排渣，钻进成孔。我国现用旋转钻机按泥浆循环的程序不同分为正循环与反循环两种。所谓正循环即在钻进的同时，泥浆泵将泥浆压进泥浆笼头，通过钻杆中心从钻头喷入钻孔内，泥浆挟带钻渣沿钻孔上升，从护筒顶部排浆孔排出至沉淀池，钻渣在沉淀池沉淀而泥浆进入泥浆池循环使用。

反循环与上述正循环程序相反，将泥浆用泥浆泵送至钻孔内，携带钻渣的泥浆从钻头的钻杆下口吸进，通过钻杆中心排出到沉淀池，泥浆沉淀后再循环使用。反循环钻机的钻进及排渣效率较高，但在接长钻杆时装卸较麻烦，如钻渣粒径超过钻杆内径(一般为 120 mm)易堵塞管路，则不宜采用。我国定型生产的旋转钻机在转盘、钻架、动力设备等均配套定型，钻头的构造根据土质采用多种形式，正循环旋转机有鱼尾锥、圆柱形钻头、刺猬钻头等。采用的反循环钻头为三翼空心钻。旋转钻还有较轻便、高效的潜水电钻。其特点是钻头与动力(电动机)连成一体，电动机直接驱动钻头旋转切土，能量损耗小而效率高，但设备管路较复杂，旋转电动机及变速装置均须密封安装在钻头与钻杆之间。其钻进方法与正循环相同，在钻头端部喷出高速水流冲刷土体，以水力排渣。

由于旋转钻进成孔的施工方法受到限制，一般适用于较细、软的土层，如各种塑状的黏性土、砂土、夹少量粒径小于 100～200 mm 的砂卵土层。对于坚硬土层或岩层，目前也有采用牙轮旋转钻头(由于动力驱动大齿轮而带动若干个高强度小齿轮钻刃旋转切削岩体)，已取得良好效果。

(2)冲击钻进成孔

利用钻锥(重 10～35 kN)不断地提锥、落锥反复冲击孔底土层，把土层中的泥砂、石块挤向四壁或打成碎渣，钻渣悬浮于泥中，利用掏渣筒取出。重复上述过程称为冲击钻进成孔。

主要采用的机具有定型的冲击式钻机(包括钻架、动力、起重装置等)、冲击钻头、转向装置和掏渣筒等，也可用 30～50 kN 带离合器的卷扬机配合钢、木钻架及动力组成简易冲击机。

钻头一般是整体铸钢做成的实体钻锥，钻刃为十定形采用高强度耐磨钢材做成，底刃最好不完全平直以加大单位长度上的压重，如图 10-3 所示。冲击时钻头应有足够的重量、适当的冲程和冲击频率，以使它有足够的能量将岩块打碎。

冲锥每冲击一次旋转一个角度，才能得到圆形的钻孔。因此在锥头和提升钢丝绳连接处应有转向装置，常用的有合金套或转向环，以保证冲锥的转动，也避免钢丝绳打结扭断。

掏渣筒是掏取孔内钻渣的工具，用 30 mm 左右厚的钢板制作，下面碗形阀门应与渣筒密合以防止漏水漏浆。

冲击钻孔适用含有漂卵石、大块石的土层及岩层，也能用于其他土层。成孔深度一般不宜超过 50 m。

图 10-3　冲击钻钻头

(3)冲抓钻进成孔

用兼有冲击和抓土作用的冲抓锥,通过钻架,由带离合器的卷扬机操纵。靠冲锥自重(重 10～20 kN)冲下,锥瓣张开插入土层,然后由卷扬机提升锥头收拢锥瓣取土,弃土后继续冲抓钻进成孔。

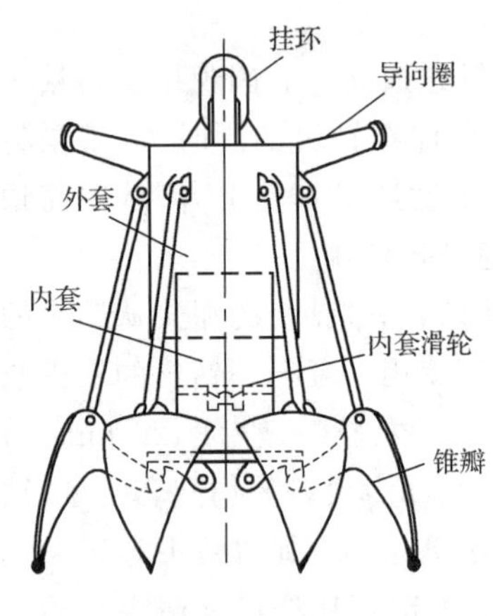

图 10-4 冲抓钻构造图

冲抓钻常采用四瓣或六瓣冲抓锥,其构造如图 10-4 所示,当收紧外套钢丝绳松内套钢丝绳,内套在自重作用下相对外套下坠,便使锥瓣张开插入土中。冲抓成孔适用于黏性土、砂土及夹有碎卵石的砂土层。成孔深度宜小于 30 m。

2. 钻孔注意事项

在钻孔过程中应防止坍孔、孔形扭歪、孔偏斜、埋钻、掉钻等事故。因此,钻孔时应注意下列各点:

(1)在钻孔过程中,始终保持钻孔内水位要高出孔外水位 1～1.5 m,保持泥浆护壁质量,防止坍孔。若发现漏水(漏浆)现象,应找出原因及时处理。

(2)在钻孔过程中,应根据土质等情况控制钻进速度、调整泥浆稠度,防止坍孔及钻孔偏斜、卡钻和旋转钻机负荷超载等情况发生。

(3)钻孔宜一气呵成,不宜中途停钻以避免坍孔,若坍孔严重应回填重钻。

(4)钻孔过程中应加强对桩位、成孔情况的检查工作。终孔时应对桩位、孔径、形状、深度、倾斜度及孔底土质等情况进行检验,合格后立即清孔、吊放钢筋笼、灌注水下混凝土。

(三)清孔及吊装钢筋笼骨架

清孔的目的是除去孔底沉淀的钻渣和泥浆中的钻渣,以保证灌注的钢筋混凝土质量,保证桩的承载力。

清孔的方法有:

1. 抽浆清孔

用空气吸泥机吸出含钻渣的泥浆而达到清孔。由风管将压缩空气输进排泥管,使泥浆形成密度较小的泥浆空气混合物,在水柱压力下沿排泥管向外排出泥浆和孔底沉渣,同时用水泵向孔内注水,保持水位不变直至喷出清水或沉渣厚度达到设计要求为止,适用于孔壁不易坍塌、各种钻孔方法的柱桩和摩擦桩。

2. 掏渣清孔

用掏渣筒掏清孔内粗粒钻渣,适用于冲抓、冲击成孔的摩擦桩。

3. 换浆清孔

正反循环旋转机可在钻孔完成后不停钻,不进尺,继续循环换浆清渣,直至达到清理泥浆的要求。它适用于各类土层的摩擦桩。

清孔应达到的要求是浇注混凝土前孔底 500 mm 以内的泥浆相对密度应小于 1.25、含砂率不大于 8%、黏度不大于 28 s。

钻孔灌注桩的钢筋应按设计要求预先焊成钢筋笼骨架,整体或分段就位,吊入钻孔。

钢筋笼骨架吊放前应检查孔底深度是否符合要求,孔壁有无妨碍骨架吊放正确就位的情况。钢筋骨架吊装可采用钻架或另立扒杆进行。吊放时应避免骨架碰撞孔壁,并保证骨

图 10-5　吊放钢筋骨架

架外混凝土保护层厚度，应随时校正骨架位置，如图 10-5 所示。钢筋笼骨架达到设计标高后，牢固定位于孔口。钢筋笼骨架安置完毕后，需再次进行孔底检查，有时需进行二次清孔，达到要求后即可灌注水下混凝土。

（四）灌注水下混凝土

目前我国多采用导管法灌注水下混凝土。

1. 灌注方法及有关设备

导管法的施工过程如图 10-6 所示。将导管居中插入到离孔底 0.30～0.40 m（不能插入孔底沉积的泥浆中），导管上口接漏斗，在接口处设隔水栓，以隔绝混凝土与导管内水的接触。在漏斗中存备足够数量的混凝土后，放开隔水栓使漏斗中存备的混凝土连同隔水栓向孔底猛落，将导管内水挤出，混凝土从导管下落至孔底堆积，并使导管口埋入混凝土内，此后向导管连续灌注混凝土。导管下口埋入孔内混凝土 1～1.5 m 深以防止钻孔内的水重新流入导管。随着混凝土不断由漏斗、导管灌入钻孔，钻孔内初期灌注的混凝土及其上面的水或泥浆不断被顶托升高，相应地不断提升导管和拆除导管，直至钻孔灌注混凝土完毕。

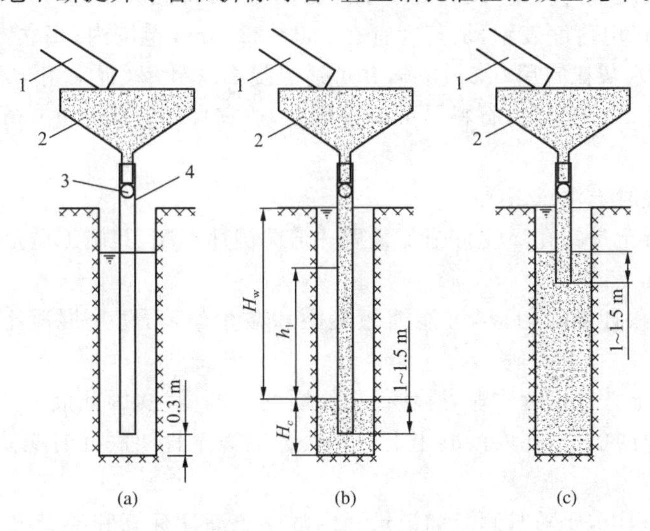

图 10-6　导管法灌注水下混凝土

1—通混凝土储料槽；2—漏斗；3—隔水栓；4—导管

导管是内径 0.20～0.40 m 的钢管，壁厚 3～4 mm，每节长度 1～2 m，最下面一节导管应较长，一般为3～4 m，如图 10-7 所示。导管两端用法兰盘及螺栓连接，并垫橡胶圈防止接头漏水，导管内壁应光滑，内径大小一致，连接牢固使其在压力下不漏水。

图 10-7　导管

隔水栓常用直径较导管内径小 20～30 mm 的木球、混凝土球、砂袋等，以粗铁丝悬挂在导管上口或近导管内水面处，要求隔水栓能在导管内滑动自如。目前也有采用在漏斗与导管接头处设置活门来代替隔水栓，它是利用混凝土下落排出导管内的水，施工较简单但需有丰富操作经验。

首批灌注的混凝土数量要保证将导管内水全部压出，并能将导管埋入 1～1.5 m，确保钻孔内的水不会回压到导管内。按此要求计算第一次灌注混凝土的最小用量，从而确定漏斗、储料槽的尺寸。漏斗、储料槽的最小容量(m^3)为

$$V=h_1\frac{\pi d^2}{4}+H_c\frac{\pi D^2}{4} \tag{10-8}$$

式中 H_c——导管初次埋深加开始时导管离孔底的间距，m。

h_1——孔内混凝土高度 H_c 时，导管内混凝土柱与导管外水压平衡所需高度，m，即

$$h_1=\frac{H_w\gamma_w}{\gamma_c}$$

其中 H_w——孔内水面到混凝土面的水柱高，m；

γ_w、γ_c——孔内水(或泥浆)及混凝土的重度，kN/m^3；

d、D——导管及桩孔直径，m。

漏斗顶端至少应高出桩顶(桩顶在水面以下时应比水面)3 m，以保证在灌注最后部分混凝土时，管内混凝土能满足顶托管外混凝土及其上面的水或泥浆重力的需要。

2. 对混凝土材料的要求

为保证水下混凝土的质量，设计混凝土配合比时，要将混凝土标号提高 20%；混凝土应有必要的流动性，以坍落度表示，坍落度宜在 180～220 mm 范围内；每立方米混凝土水泥用量不少于 360 kg，水灰比宜用 0.5～0.6，并可适当提高含砂率(宜采用 40%～50%)使混凝土有较好的和易性；为防卡管，石料尽可能用卵石，适宜直径为 5～30 mm，最大粒径不应超过 40 mm。

3. 灌注水下混凝土注意事项

灌注水下混凝土是钻孔灌注桩施工最后一道关键性工序，其施工质量决定成桩质量，施工中应注意以下几点：

(1)混凝土拌和必须均匀，尽可能缩短运距和减少颠簸，防止混凝土离析而发生卡管事故。

(2)灌注混凝土必须连续作业，避免任何原因的中断灌注，因此混凝土的搅拌和运输设备应满足连续作业的要求，孔内混凝土上升到接近钢筋笼骨架底处时应防止钢筋笼骨架被混凝土顶起。

(3)在灌注过程中，要随时测量和记录孔内混凝土灌注标高和导管入孔长度，提管时控制和保证导管埋入混凝土面有 3～5 m 深度。防止导管提升过猛，管底提离混凝土面或埋入过浅，导管内进水造成断桩、夹泥。另外也要防止导管埋入过深，造成导管内混凝土压不出或导管为混凝土埋住凝结，不能提升，导致中止灌注而成断桩。

(4)灌注的桩顶标高应比设计值预加一定的高度，此高度的浮浆和混凝土应凿除，以确保桩顶混凝土的质量，预加高度一般为 0.5 m，深桩应酌量增加。

待桩身混凝土达到设计强度，按规定检验后方可灌注系梁、盖梁或承台(图 10-8)。

图 10-8　浇筑承台混凝土

二、挖孔灌注桩的施工

挖孔灌注桩适用于无水或少水的较密实的土层，桩的直径(或边长)不宜小于 1.4 m，孔深一般不宜超过 20 m。挖孔灌注桩施工，必须在保证安全的前提下不间断地快速进行。施工中桩孔开挖、提升出土、排水、支撑、立模板、吊装钢筋骨架、灌注混凝土等工序必须紧密衔接。

(一)开挖桩孔

采用人工开挖时，开挖前应清理现场，排除一切不安全的因素，做好孔口四周临时围护和排水设施，并安排好取土提升设备(卷扬机或木绞车等)，布置好弃土通道，必要时孔口应搭雨棚。

挖孔灌注过程中要随时检查桩孔尺寸和平面位置，防止误差。注意施工安全，下孔人员必须佩戴安全帽及系安全绳，提取土渣的机具必须经常检查。孔深超过 10 m 时，应经常注意检查孔内二氧化碳浓度，如超过 0.3%应增加通风措施。孔内用爆破施工时，应采用浅眼爆破法，并在炮眼附近加强支护，以防止震坍孔壁。桩孔较深时，应采用电引爆，爆破后应通风排烟，经检查孔内无毒后施工人员方可下孔继续开挖。

(二)护壁和支撑

挖孔灌注桩开挖过程中，开挖和护壁两个工序必须连续作业，以确保孔壁不坍。应根据地质、水文条件、材料来源等情况因地制宜选择支撑及护壁方法。桩孔较深、土质较差、出水量较大或遇流砂等情况时，宜采用就地灌注混凝土护壁。每下挖 1～2 m 灌注一次，随挖随支。护壁厚度一般采用 0.15～0.20 m，混凝土为 C15～C20，必要时可配置少量的钢筋，也可采用下沉预制钢筋混凝土圆管护壁。如土质较松散而渗水量不大时，可考虑用木料作框架式支撑或在木框架后面铺架木板作支撑。木框架或木框架与木板间应用扒针钉牢，木板后面也应与土面塞紧。如土质情况尚好，若渗水不大时也可用荆条、竹笆作护壁，随挖随护壁，以保证挖土安全进行。

(三)排水

孔内如渗水量不大，可采用人工排水；渗水量较大，可采用高扬程抽水机或将抽水机吊入孔内抽水。若同一墩台有几个桩孔同时施工，可以安排一孔超前开挖，使地下水集中在一孔排除。

(四)吊装钢筋骨架及灌注桩身混凝土

孔挖到设计深度后，应检查和处理孔底、孔壁。清除孔壁及孔底浮土，孔底必须平整，符合设计条件及尺寸，以保证桩身混凝土与孔壁及孔底密贴，受力均匀。吊装钢筋骨架及灌注水下混凝土的有关方法及注意事项与钻孔灌注桩基本相同。

挖孔灌注桩在挖孔过深(超过 15～20 m)，或孔壁土质易于坍塌，或渗水量较大的情况下，应慎重考虑，避免不安全事故发生。

三、预制沉桩的施工

(一)桩的预制

钢筋混凝土预制桩分为普通实心桩和空心管桩两种。钢筋混凝土空心管桩制作工艺较复杂，一般采用离心成型法在预制厂制造。实心桩可在预制厂制造，但当工地附近没有预制石时，宜在工地选择合适的场地进行预制。

预制桩的混凝土必须连续一次浇筑完成，宜用机械搅拌和振捣，以确保桩的质量。桩上应标明编号、制作日期，并填写制桩记录。桩的混凝土强度大于设计强度等级的70%时，方可吊运；达到设计强度等级时方可使用。

（二）桩的吊运

预制的钢筋混凝土桩由预制场地吊运到桩架内，在起吊、运输、堆放时，都应该按照设计计算的吊点位置起吊（一般吊点在桩内预埋直径为20～25 mm的吊环，或以油漆在桩身标明），否则桩身受力情况与计算不符，将导致桩身混凝土开裂。

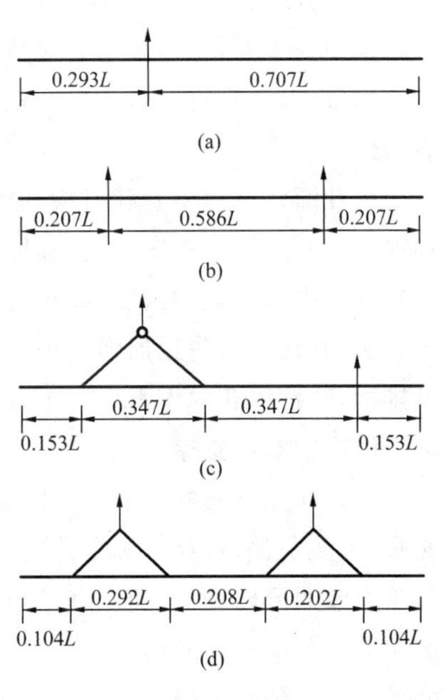

图 10-9　吊点的设置

预制的钢筋混凝土桩主筋一般沿桩长按设计内力均匀配置的。桩吊运（或堆放）时的吊点（或支点）位置是根据吊运或堆放时桩身产生的正负弯矩相等的原则确定的，这样较为经济，如图10-9所示。一般长度的桩，水平起吊常采用两个吊点，按上述原则确定吊点的位置应位于0.207L处。插桩吊立时，常为单点起吊，根据同样原则，单吊点位置应位于桩端0.293L处。对于较长的桩，为了减小内力，节省钢材，有时采用多点起吊。此时应根据施工的实际情况，考虑桩受力的全过程，合理布置吊点位置，并确定吊点上的作用力的大小与方向，然后验算桩身内力与配筋及吊运时的强度。

（三）预制桩的沉桩方法及设备

1. 打入法

图 10-10　单动气锤

打入法是靠桩锤的冲击能量将桩打入土中，因此桩径不能太大（一般土质中桩径不大于0.6 m），桩的入土深度也不宜太深（一般地质中不超过40 m），否则打桩设备要求较高，而打桩效率很差。打入法所用的基桩主要为预制的钢筋混凝土桩或预应力混凝土桩。打入法常用的设备是桩锤和桩架。此外，还有射水装置、桩帽和送桩等辅助设备。

(1)桩锤

常用的桩锤有坠锤、单动气锤（图10-10）、双动气锤、柴油锤及坠锤等几种。

打入法施工时，应适当选择桩锤重量，桩锤过轻，桩难以打下，效率太低，还可能将桩头打坏。但桩锤过重，则各种机具、动力设备都需加大，不经济。锤重与桩重的比值一般不宜小于表10-8中的参考数值。

表 10-8 锤重与桩重比值

桩类别 \ 锤类 / 土状态	单动汽锤		双动汽锤		柴油锤		坠锤	
	硬土	软土	硬土	软土	硬土	软土	硬土	软土
钢筋混凝土桩	1.4	0.4	1.8	0.6	1.5	1.0	1.5	0.35
木桩	3.0	2.0	2.5	1.5	3.5	2.5	4.0	2.0
钢桩	2.0	0.7	2.5	1.5	2.5	2.0	2.0	1.0

(2)桩架

桩架的作用是装吊桩锤、插桩、打桩、控制桩锤的上下方向。桩架在结构上必须有足够的强度、刚度和稳定性,保证在打桩过程桩架不会发生移动和变位。桩架的高度应保证桩吊立就位的需要和锤击的必要冲程。

(3)桩的吊运

预制的钢筋混凝土桩由预制场地吊运至桩架内,在起吊、运输、堆放时,都应该按照设计计算的吊点位置,否则桩身受力情况与计算不符,可能引起桩身混凝土开裂。

预制的钢筋混凝土桩主筋一般是沿桩长按设计内力均匀配置的。桩吊运或堆放时的吊点或支点位置是根据吊运或堆放时桩身产生的正负弯矩相等的原则确定的,这样较为经济。

一般长度的桩,水平起吊常采用两个吊点;插桩吊立时,常为单点起吊。

2.振动法

振动法是用振动打桩机将桩打入土中的施工方法。其原理是由振动打桩机使桩产生上下方向的振动,在清除桩与周围土层间摩擦力的同时使桩尖地基松动,从而使桩贯入或拔出。

桥梁基础采用管柱基础时,直径大、重量也大,特别适宜用振动法沉桩。振动法沉桩的主要设备是振动打桩机,如图 10-11 所示。

图 10-11 振动打桩机

振动法施工不仅可有效地用于打桩,也可以用以拔桩;虽然振动下沉,但噪音较小;在砂土中,施工速度快,不会损坏桩头,不用导向架也能打进,移位操作方便;但需要的电源功率大。

振动桩锤的重量与桩打进能力的关系是:桩的断面大和桩长者,桩锤重量应大;随地基的硬度加大,桩锤的重量也应增大;振动力大则桩的贯入速度快。

3.射水法

射水法是利用小孔喷嘴以 300～500 kPa 的压力喷射水,使桩尖和桩周围土松动的同时,桩受自重作用而下沉的方法。它极少单独使用,常与打入法和振动法联合使用。当射水沉桩到距设计标高尚差1～1.5 m 时,停止射水,用锤击或振动恢复其承载力。这种施工方法对黏性土、砂土都可适用,在细砂土层中特别有效。射水沉桩的特点是:对较小尺寸的桩不会损坏;施工时噪音和振动极小。

4.压入法

在软土地基中，用液压千斤顶或桩头加重物以施加顶进力将桩压入土层中的施工方法称为压入法。其特点为：施工时产生的噪音和振动较小；桩头不易损坏；桩在贯入时相当于给桩做静载试验，故可准确知道桩的承载力；压入法不仅可用于竖直桩，也可用于斜桩和水平桩；但机械的拼装移动等均需要较多的时间。

第五节　桩基础施工质量检验

桩基础工程为地下隐蔽工程，当桩基础建成后某些方面就难以检测。为控制和检验桩基础的质量，从桩基础施工一开始就应按工序严格监测，推行全面的质量管理，每道工序均应检验，及时发现和解决问题，并认真做好施工和检测记录，以备最后综合对桩基础质量作出评价。

桩的类型和施工方法不同，所需检验的内容和侧重点也有所不同，通常涉及下述三个方面内容：

一、桩的几何受力条件检验

桩的几何受力条件主要是指有关桩位的平面布置、桩身倾斜度、桩顶和桩底标高等，检测这些内容是否满足设计要求，是否在容许误差的范围之内。

例如，桩的中心位置误差不宜超过 50 mm，桩身的倾斜度应不大于 1/100 等，以使桩在符合设计要求的受力条件下工作。

二、桩身质量检验

桩身质量的检验是指对桩的尺寸、构造及其完整性进行检测，验证桩的制作或成桩的质量。

沉桩（预制桩）制作时应对桩的钢筋骨架、尺寸量度、混凝土强度等级和浇筑方面进行检测，验证是否符合桩标准图或设计图的要求。检测项目有主筋间距、箍筋间距、吊环位置与露出桩表面的高度、桩顶钢筋网片位置、桩尖中心线、桩的横截面尺寸和桩长、桩顶平整度及其与桩轴线的垂直度、钢筋保护层厚度等。

钻孔灌注桩的尺寸取决于钻孔的大小，桩身质量与施工工艺有关，因此桩身质量检验应对成孔、清孔、钢筋笼制作与吊装、水下混凝土配制与灌注等主要过程进行质量监测与检查。检验孔径应不小于设计直径；孔深应比设计深度稍深：摩擦桩不小于 0.6 m，端承桩不小于 0.05 m；孔内沉淀层厚度：对于小桥摩擦桩不得大于 40%～60%桩径，大、中桥按设计文件规定；成孔是否扩孔、缩颈现象；钢筋笼顶面与底面标高与设计规定值误差应在±50 mm 范围内等。

成桩后的钻孔灌注桩桩身完整性检验一般采用小应变动测法（反射波法）、超声波法（透射声波法）。

三、桩身强度与单桩承载力检验

桩的承载力取决于桩身强度和地基强度。桩身强度检验除了保证桩的完整性外，还检测桩身混凝土的抗压强度，预留试块的抗压强度应不低于设计采用混凝土强度等级，对水下混凝土应高出 20%。对大桥的钻孔灌注桩必要时尚应抽查，钻取混凝土芯样检验抗压强度

（同时可以检查桩底沉淀层实际厚度和桩底土层情况），钻孔灌注桩在凿平桩头后也应抽查桩头混凝土抗压强度。

单桩承载力的检测，在施工过程中，对于打入桩可用最终贯入度和桩底标高进行控制，而钻孔灌注桩还缺少在施工过程中监测承载力的直接手段。成桩可做单桩承载力的检验，常采用单桩静载试验或高应变动力试验确定单桩承载力。大桥及重要工程，地质条件复杂或成桩质量可靠性较低的桩基础工程，均需做单桩承载力的检验。

复习题

10-1　什么是桩基础？说明桩基础的使用范围。

10-2　端承桩与摩擦桩的传力方式有何不同？

10-3　桩基础设计的主要内容有哪些？

10-4　如何确定单桩的承载力的容许值？

10-5　钻孔灌注桩的准备工作有哪些？

10-6　泥浆护壁钻孔灌注桩施工中泥浆的作用有哪些？

10-7　钻孔灌注桩施工中正循环与反循环有什么不同？

10-8　冲抓钻成孔时注意事项有哪些？

10-9　灌注水下混凝土的施工工序是什么？

10-10　首批灌注混凝土的最小用量如何确定？

10-11　简述灌注水下混凝土应注意的事项。

10-12　挖孔灌注桩的施工工序是什么？

10-13　预制桩吊运时吊点位置如何确定？

10-14　预制桩的沉桩方式有哪些？

10-15　钻孔灌注桩桩身质量检验包括哪些内容？

试验指导

试验一　密度试验

一、定　义

土的密度是指土的单位体积质量。

二、试验目的

测定土的密度,供计算孔隙比、干密度等其他指标用。

本试验采用环刀法,适用于细粒土。

三、仪器设备

1.环刀:内径61.8 mm或79.8 mm,高20 mm。

2.天平:称量500 g,感量0.1 g;称量200 g,感量0.01 g。

3.其他:削土刀、钢丝锯、玻璃板、凡士林等。

四、试验步骤

1.取原状土或按工程需要配制的重塑土,整平两端,将环刀内壁涂一薄层凡士林,刃口向下放在土样上,将土样切削成略大于环刀直径的土柱,边压环刀边削土柱至伸出环刀为止。

2.用钢丝锯将环刀与土柱分离,削去端部余土,擦净环刀外壁,称环刀与土的总质量,准确至0.1 g。

3.称环刀的质量,准确至0.1 g。

五、计　算

试样的湿密度按下式计算

$$\rho=\frac{m}{v}$$

式中　ρ——试样湿密度,g/m^3

m——试样质量,g。

v——试样体积,cm^3。

六、结果评定

本试验应进行两次平行测定，两次测定的差值不得大于0.03 g/cm³，取两次的平均值。

七、试验记录

密度试验记录

试样编号	环刀号码	环刀加土质量	环刀质量	湿土质量	环刀容积	土的密度	平均密度
	—	g	g	g	cm^3	g/cm^3	g/cm^3
1							
2							

试验二　含水量试验

一、定　义

土的含水量是指土在105～110 ℃温度下烘至质量不变时所失去的水分质量与干土质量的比值，以百分数表示。

二、试验目的

测定土的含水量，用以计算土的其他指标。

本试验采用烘干法。

三、仪器设备

1.电热烘箱：应能控制温度105～110 ℃。

2.天平：称量200 g，感量0.01 g。

3.称量盒等。

四、试验步骤

1.取具有代表性的土样15～30 g，放入称量盒内，盖上盒盖，称盒加湿土质量，准确至0.01 g。

2.打开称量盒盒盖，将称量盒置于烘箱内，在105～110 ℃的恒温下烘至恒量。烘干时间：对黏土、粉土不得少于8 h，对砂土不得少于6 h。对含有机质超过干土质量5%的土，应将温度控制在65～70 ℃的恒温下烘至恒量。

3.将称量盒从烘箱中取出，盖上盒盖，放入干燥容器内冷却至室温，称量，准确至0.01 g。

五、计　算

试样的含水量按下式计算

$$w_0=\left(\frac{m}{m_d}-1\right)\times 100\%$$

式中　m——湿土质量，g；

m_d——干土质量，g；

六、结果评定

本试验必须对两个试样进行平行测定，测定差值：当含水量小于40%时为1%；当含水量大于或等于40%时为2%。取两个测值的平均值，以百分数表示。

七、试验记录

含水量试验记录

试样编号	盒号	盒质量/g	盒加湿土质量/g	盒加干土质量/g	湿土质量/g	干土质量/g	含水量/%	平均含水量/%
1								
2								

试验三　颗粒分析试验

一、定　义

颗粒分析试验是指测定干土中各粒组所占该土总重的百分数的试验。

二、试验目的

本试验的目的在于测定土样中各粒径占该土总质量的百分数，以了解土的颗粒级配。

三、仪器设备

1. 分析筛：

(1)粗筛孔径为 60 mm、40 mm、20 mm、10 mm、5 mm、2 mm。

(2)细筛孔径为 2.0 mm、1.0 mm、0.5 mm、0.25 mm、0.075 mm。

2. 天平：称量 5 000 g，感量 1 g；称量 1 000 g，感量 0.1 g；称量 200 g，感量 0.01 g。

3. 振筛机：筛析过程中应能上下振动。

4. 其他：烘箱、研钵、瓷盘、毛刷等。

四、试样制备

筛析法取样数量应符合下表的规定。

取样数量表

颗粒尺寸/mm	取样数量/g
<2	100～300
<10	300～900
<20	1 000～2 000
<40	2 000～4 000
<60	4 000 以上

五、试验步骤

1. 按规定的标准称取试样质量，应准确至 0.1 g，试样质量超过 500 g 时，应准确至 1 g。

2. 将试样过 2 mm 筛，称筛上和筛下的试样质量。当筛下的试样质量小于试样总质量的 10%时，不作细筛分析；当筛上的试样质量小于试样总质量的 10%时，不作粗筛分析。

3. 取筛上的试样倒入依次叠好的粗筛中，筛下的试样倒入依次叠好的细筛中，进行筛析。细筛宜置于振筛机上振筛，振筛时间宜为 10～15 min。再按由上而下的顺序将各筛取下，称各级筛上及底盘内试样的质量，应准确至 0.1 g。

4. 筛后各级筛上和筛底上试样质量的总和与筛前试样总质量的差值，不得大于试样总质量的1%。

5. 当粒径小于0.075 mm的试样质量大于试样总质量的10%时，应用密度计法或移液管法测定小于0.075 mm的颗粒组成。

六、计算及绘图

1. 计算

按下式计算小于某粒径的试样质量占试样总质量的百分数

$$X=\frac{m_A}{m_B}d_s$$

式中 m_A——小于某粒径的试样质量，g；

m_B——粗筛分析时为试样总质量，细筛分析时为所取的试样质量，g；

d_s——粒径小于2 mm试样质量占试样总质量的百分数，%。

2. 绘图

以小于某粒径试样质量占试样总质量的百分数为纵坐标，颗粒粒径为横坐标，在单对数坐标纸上绘制颗粒尺寸分布曲线。

七、结果评定

筛后各级筛上和筛底上试样质量的总和与筛前试样总质量的差值，不得大于试样总质量的1%。

八、试验记录

颗粒分析试验记录

风干土质量＝　　　　小于0.1 mm土总质量百分数＝
2 mm筛上土质量＝　　小于2 mm土总质量百分数＝
2 mm筛下土质量＝　　细筛分析时所取试样质量＝

试样编号	孔径/mm	累计筛留土质量/mm	小于该孔径的土质量/mm	小于该孔径的土质量的百分数/%	小于该孔径的土占总土质量百分数/%
1	20				
2	10				
3	5				
4	2				
5	1.0				
6	0.5				
7	0.25				
8	0.075				
底盘总计					

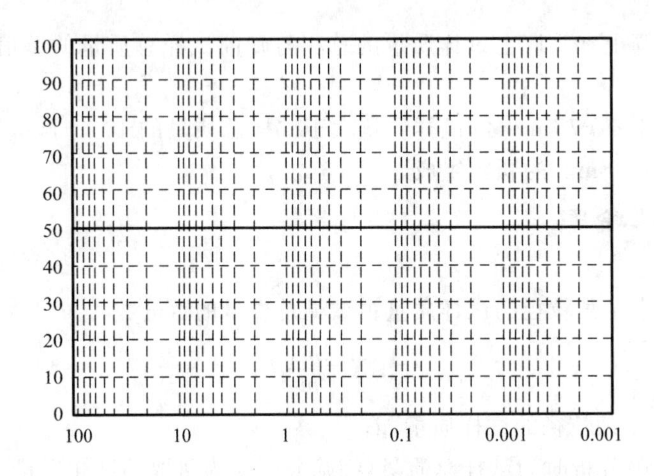

试验四　测定黏性土的界限含水量

一、试验目的

本试验测定黏性土的液限和塑限含水量，用以计算土的塑性指标和液性指数，以划分土的工程类别，确定土的状态。

二、试验方法

1. 含水量：将土在105～110 ℃的温度下烘至恒量，所失去的水质量与干土质量的比值，即土的含水量，用百分数表示。

2. 液限、塑限：用圆锥式液限、塑限联合测定仪测定土在三种不同含水量时的圆锥入土深度，在双对数坐标纸上绘制圆锥入土深度与含水量的关系直线。在直线上查得圆锥入土深度为17 mm处相应含水量为液限，入土深度为2 mm处的相应含水量为塑限。

三、仪器设备

1. 圆锥式液限、塑限联合测定仪：由圆锥仪、光学放大投影部分、电磁部分三部分组成。

2. 试样杯：内径不小于40 mm，杯高不小于30 mm。

3. 装备不透明光学微分尺的普通圆锥仪一个。

4. 其他：烘箱、天平、称量盒、调土刀、刮土刀、蒸馏水滴瓶、凡士林等。

四、试样制备

1. 本次试验原则上应采用天然含水量的土样进行。若土样相当干燥，允许用风干土样放在橡皮板上用木碾或利用碎土机碾散，过0.5 mm筛后，喷洒配制一定含水量的土样，然后装入密闭玻璃广口瓶内，润湿一昼夜备用。

2. 将制备好的土样取出，加蒸馏水调制成三种不同含水量的土膏。三种不同含水量的加水要求是：一种含水量接近塑限，一种含水量接近液限，再一种含水量介于两者之间，力求测点较均匀地分布在圆锥入土深度2～17 mm的范围内。

五、操作步骤

1. 调节圆锥式液限、塑限联合测定仪后座的两只脚螺丝，使仪器处于水平状态。

2. 接通电源，按下“开”按钮，电源(红)灯亮。

3. 在锥体上抹一薄层凡士林，使电磁铁吸稳圆锥仪。

4. 将第一种含水量的土样，在碗中充分调拌均匀后，密实地装入试样杯中(土中不能有孔洞)，高出试样杯口的余土，用刮土刀刮平，随即将试样杯放在升降底座上。

5. 缓缓地沿顺时针方向调节升降旋钮，当试样杯中的土样刚接触锥尖时，接触指示灯立刻发亮，此时应停止旋动，然后按“测量”键。当测量时间一到，显示屏上显示出 5 s 的入土深度值。第二次测量时，需将锥体再次向上托至限位处，沿逆时针方向调节升降旋钮至能改变锥尖与土的接触位置(锥尖两次入锥位置距离不小于 1 cm)，将锥尖擦干净，再次测量，重复上述步骤进行。

6. 把升降座降下，小心取出试样杯，先将锥尖处含有凡士林的土剔除，然后将试样杯中的土用刮土刀取出，装入两只称量盒内(各约 1/3 盒)，称量得质量 m_1(精确至 0.01 g)并记下盒号。

7. 将称量过的称量盒打开盒盖，放入烘箱，在 105～110 ℃的温度下烘至恒量(砂土试样烘干时间不得少于 6 h，黏性土不得少于 8 h)，取出土样盒放入玻璃干燥皿内冷却，称干土的质量 m_2(精确至 0.01 g)。

8. 重复以上步骤，测试另两种土样的圆锥入土深度和含水量。

9. 将三种含水量与相应的圆锥入土深度数据绘于双对数坐标纸上，连线；如果三点不在一条直线上，则将通过高含水量的点与其余两点连成两条直线，在圆锥入土深度为 2 mm 处查得相应的两个含水量。如果两个含水量的差值小于 2%，用该两含水量的平均值的点与高含水量的测点作一直线；若两个含水量差值大于或等于 2%，则应补点或重做试验。

六、计算及绘图

1. 计算

按下式计算含水量

$$w=\frac{m_1-m_2}{m_2-m_0}\times 100\%$$

式中 w ——圆锥入土任意深度下试样的含水量，%，精确至 0.1%；

m_1——湿土样及称量盒质量，g；

m_2——烘干后土样及称量盒质量，g；

m_0——称量盒质量，g。

2. 绘图

以含水量为横坐标，圆锥入土深度为纵坐标，在双对数坐标纸上绘制两者间关系曲线。

七、试验记录

测定黏性土的界限含水量试验记录

试样编号		1		2		3	
圆锥入土深度	mm						
称量盒编号	—						
称量盒质量	g						

(续表)

试样编号		1		2		3	
(称量盒+湿土)质量	g						
(称量盒+干土)质量	g						
干土质量	g						
水质量	g						
含水量	%						
平均含水量	%						
液限(w_L)	%						
塑限(w_P)	%						
塑性指数(I_P)	—						
土的类别							

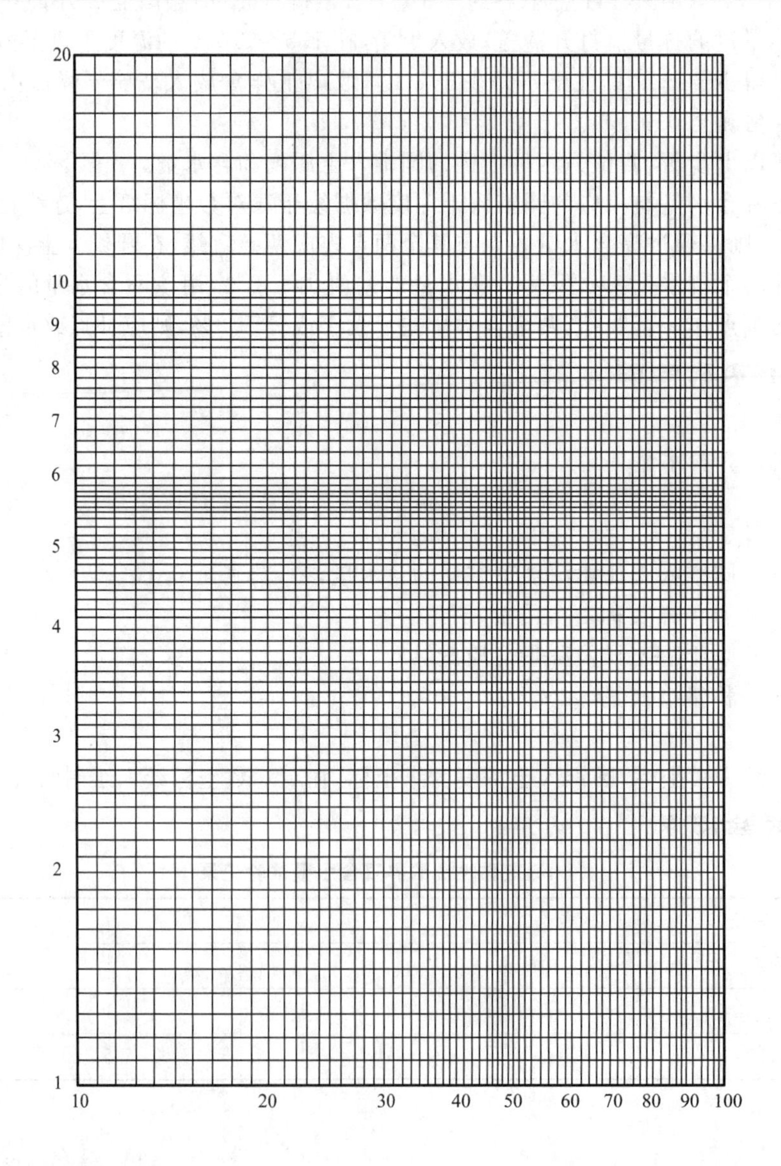

试验五　击实试验

一、试验目的

测定试样在一定击实次数下含水量与干密度之间的关系，从而确定该土的最佳含水量和最大干密度。

本试验分轻型击实和重型击实。轻型击实试验适用于粒径小于 5 mm 的黏性土，重型击实试验适用于粒径不大于 20 mm 的土。

二、仪器设备

1.击实筒和击锤的规格尺寸见下表。

击实筒和击锤的规格尺寸

试验方法	击锤底直径/mm	击锤质量/kg	落高/mm	击实筒			护筒高度/mm
				内径/mm	筒高/mm	容积/cm^3	
轻型	51	2.5	305	102	116	947.4	50
重型	51	4.5	457	152	116	2 103.9	50

2.天平：称量 200 g，感量 0.01 g。

3.台秤：称量 10 kg，感量 5 g。

4.标准筛：孔径为 40 mm、20 mm 和 5 mm 。

5.试样推出器、修土刀等。

三、试样制备

试样制备分为干法和湿法两种。

1.干法制备试样应按下列步骤进行：用四分法取代表性土样轻型 20 kg（重型 50 kg），风干碾碎，过 5 mm（重型过 20 mm 或 40 mm）筛，将筛下土样拌匀，并测定土样的含水量。根据土的塑限预估最佳含水量，根据要求制备 5 个不同含水量（预估最佳含水量 1 个，左、右各 2 个）的一组试样，相邻 2 个含水量差值为 2%。

2.湿法制备试样应按下列步骤进行：取天然含水量的代表性土样轻型 20 kg（重型 50 kg），过 5 mm（重型过 20 mm 或 40 mm）筛，将筛下土样拌匀，并测定土的天然含水量。根据土的塑限预估最佳含水量，分别将天然含水量的土样风干或加水，同上制备 5 个不同含水量的土样，应使制备好的土样水分均匀分布。

四、试验步骤

1.将击实仪平稳地置于刚性基础上，击实筒与底座连接好，安装好护筒，在击实筒内壁均匀地涂一薄层润滑油。称取一定量试样，倒入击实筒内，分层击实。轻型击实试样为 2～5 kg，分 3 层，每层 27 击；重型击实试样为 4～10 kg，分 5 层，每层 27 击，若分 3 层，每层 98 击。每层试样高度宜相等，两层交接处的土面应刨毛，击实完成时，超出击实筒顶的试样高度应小于 6 mm。

2. 卸下护筒，用直刮刀修平击实筒顶部的试样，拆除底板，试样底部若超出筒外，也应修平，擦净筒外壁，称筒与试样的总质量，准确至1 g，并计算试样的湿密度。

3. 用推土器将试样从击实筒中推出，取两个代表性土样测定含水量，两个含水量的差值应不大于1%。

4. 对不同含水量的试样依次击实，并计算试样的湿密度、测定含水量。

五、计算及绘图

1. 计算

按下式计算击实后各点的干密度

$$\rho_d = \frac{\rho}{1+w}$$

式中　ρ_d——击实后试样的干密度，g/cm^3；

ρ——击实后试样的湿密度，g/cm^3；

w——含水量，%。

2. 绘图

以干密度为纵坐标，含水量为横坐标，绘制干密度与含水量的关系曲线。曲线上峰值点的纵、横坐标分别表示该击实试样的最大干密度 ρ_{dmax} 和最佳含水量 w_y。若曲线不能绘出正确的峰值点，应进行补充。

气体体积等于零（即饱和度100%）的等值线应按下式计算，并应将计算值绘于图上

$$w_{sat} = \left(\frac{\rho_w}{\rho_d} - \frac{1}{G_s}\right) \times 100\%$$

式中　w_{sat}——试样的饱和含水量，%；

ρ_w——温度为4 ℃时水的密度，g/cm^3；

G_s——土颗粒相对密度。

轻型击实试验中，当试样中粒径大于5 mm的土质量小于或等于试样总质量的30%时，应对最大干密度和最佳含水量进行校正。

最大干密度应按下式校正

$$\rho'_{dmax} = \frac{1}{\dfrac{1-P_5}{\rho_{dmax}} + \dfrac{P_5}{\rho_w G_{s2}}}$$

式中　ρ'_{dmax}——校正后试样的最大干密度，g/cm^3；

P_5——粒径大于5 mm土的质量百分数，%；

G_{s2}——粒径大于5 mm土粒的饱和面干相对密度（土粒呈饱和面干状态时的土粒总质量与相当于土粒总体积的纯水在4 ℃时质量的比值）。

最佳含水量应按下式进行校正，精确至0.1%

$$w'_y = w_y(1-P_5) + P_5 w_{ab}$$

式中　w'_y——校正后试样的最佳含水量，%；

w_{ab}——粒径大于5 mm土粒的吸着含水量，%。

六、试验记录

击实试验记录

试样编号	试样质量/g	筒体积/cm^3	湿密度/$(g \cdot cm^{-3})$	含水量/%	干密度/$(g \cdot cm^{-3})$	最佳含水量/%	最大干密度/$(g \cdot m^{-3})$

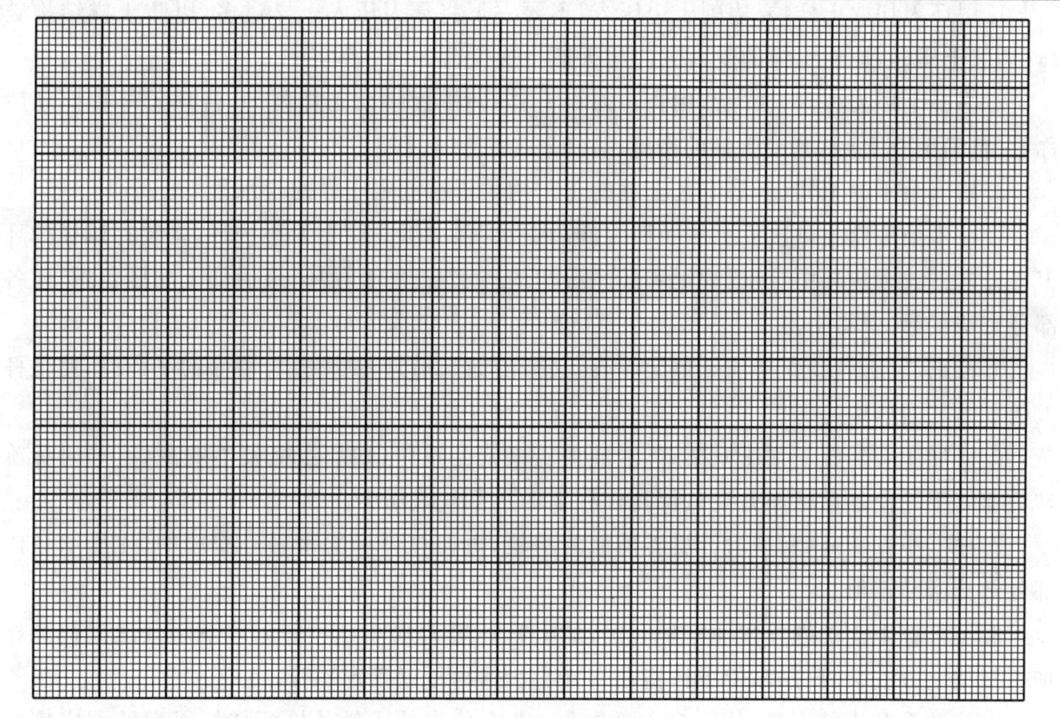

试验六　压缩(固结)试验

一、试验目的

1. 掌握以固结试验测定土的压缩系数的方法，并根据试验数据绘制孔隙比与压力的关系曲线(即压缩曲线)。

2. 根据求得的压缩系数评定土的压缩性。

二、试验原理

土的压缩是土体在荷载作用下产生变形的过程，其变形量的大小与土样上所加的荷载大小和土样的性质有关。在相同的荷载作用下，软土的变形量大于坚硬土的变形量；对同一种土样，变形量随着荷载的加大而增加。试验时根据土的软硬程度及工程情况一般可按p=50 kPa、100 kPa、200 kPa、300 kPa、400 kPa五个等级施加荷载。最后一级荷载应比土层所受压力大100～200 kPa，这样便可测得不同的压缩变形量，从而可以算出相应荷载时土样的孔隙比。

三、仪器设备

采用三联固结仪，其主要结构为：

1.压缩容器：水槽、环刀、护环、透水石和加压盖板。

2.加压设备：加压框架、杠杆和砝码等。

3.变形量测设备：百分表或位移传感器。

四、试验步骤

1.用环刀切取土样，要边削土边压入，不要一下将环刀压入土样过多，以防土样结构破坏（切取土样时，应使土样的受荷方向与天然土层受荷方向一致）。

2.当整个环刀压入土样后，用直边刀将上、下两端面多余土样削平，将环刀外壁擦净后称量（精确至0.1 g），测定土样的密度。

3.切取余下的土样（不沾有凡士林的土），用烘干法测定土样的含水量。

4.在水槽底座上顺次放上洁净而湿润的透水石、滤纸并套上大小护环，将装有试样的环刀刃口向下放入护环中，上覆滤纸和洁净湿润的透水石，加上导环，最后加上加压盖板，使各部分密切接触，保持平稳。

5.校正加压系统：保持加压框架垂直，去掉前面的吊盘，调整杠杆后面的平衡砣，使杠杆上的水平气泡居中。

6.将加压容器置于加压框架下，对准加压框架的正中（如加压框架不够高，可顺时针旋转前面的手轮使加压框架升高），保持杠杆上的水平气泡居中。

7.挂上小预压砝码，逆时针旋转前面的手轮，再使杠杆上的水平气泡居中，使压缩仪内部各部分密贴接触。

8.用杠杆下面的螺栓顶住杠杆底面，加上第一级荷载0.05 MPa，取下小预压砝码。在加压框架上方安装百分表，使小针指在“5”的左右，再拧紧固定螺栓。

9.旋转百分表的表盘，使表盘上的“0”对准百分表的大针。松开杠杆下面的固定螺栓（百分表的大针开始逆时针旋转），逆时针旋转前面的手轮，使杠杆上的水平气泡保持居中，直至压缩稳定（稳定的标准是24 h，且百分表的变化每小时不超过0.005 mm，教学试验10 min）。记录下百分表大针逆时针走过的格数。

10.荷载分五级。加荷顺序为0.05 MPa、0.1 MPa、0.2 MPa、0.3 MPa、0.4 MPa（上列数值为累加值）。在每级荷载下，均需在压缩稳定后，记下百分表逆时针走过的格数，方可加下一级荷载。

五、计算及绘图

1. 计算

按下式计算试样的初始孔隙比 e_0

$$e_0=\frac{\rho_w G_s(1+w_0)}{\rho}-1$$

式中 G_s——试样土颗粒相对密度；

w_0——试样的初始含水量，%；

ρ——试样的天然密度，g/cm^3。

2. 按下式计算试样的土颗粒高度 H_s(mm)

$$H_s=\frac{H_0}{1+e_0}$$

3. 按下式计算某压力下压缩稳定后的孔隙比 e_i

$$e_i=\frac{H_i}{H_s}-1 \text{ 或 } e_i=e_0-\frac{\Delta H_i}{H_s}$$

式中 ΔH_i——某压力下试样的压缩量，mm。

4. 按下式计算压缩系数 $a_{1\text{-}2}$，和压缩模量 $E_{s1\text{-}2}$

$$a_{1\text{-}2}=\frac{e_1-e_2}{P_2-P_1},E_{s1\text{-}2}=\frac{1+e_1}{a_{1\text{-}2}}$$

式中 P_1、P_2——0.1 MPa、0.2 MPa 的压力；

e_1、e_2——对应于 P_1、P_2 的孔隙比。

2. 绘图

绘制压缩曲线：以压力 P 为横坐标（每 2 cm 代表 0.1 MPa），以孔隙比 e 为纵坐标（每 5 cm 代表孔隙比的 0.1）绘制压缩曲线（P-e 曲线）。

六、试验记录

压缩试验记录

压力 P/MPa	0.05	0.1	0.2	0.3	0.4
百分表初读数/(0.01 mm)					
压缩稳定后百分表读数/(0.01 mm)					
试样压缩量 ΔH_i/mm					
压缩后试样高度 H_i/mm					
孔隙比 e_i					
压缩系数/MPa^{-1}					
压缩模量/MPa					

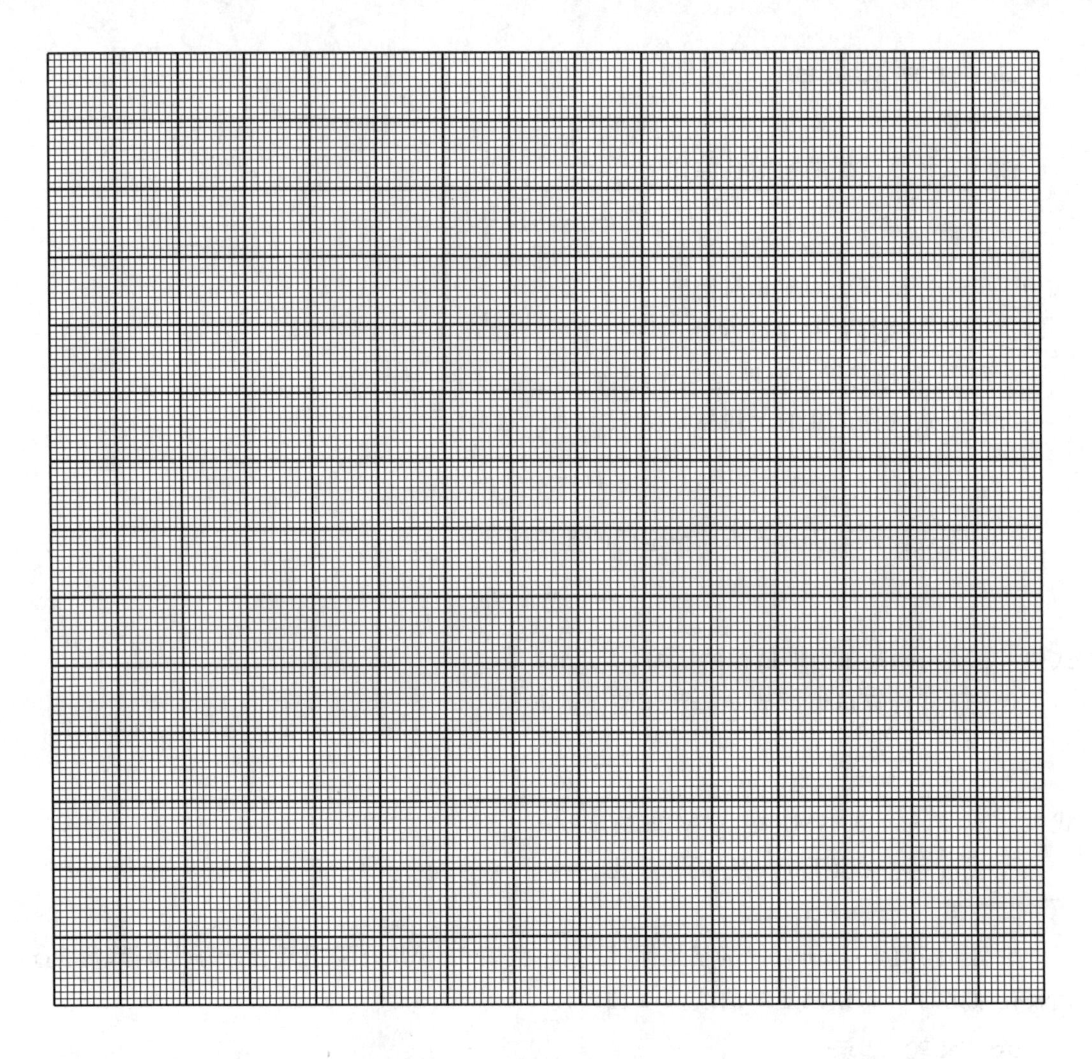

试验七　直接剪切试验

一、定　义

土的抗剪强度是指土体在外力作用下，其中一部分土体相对于另一部分土体滑动时所具有的抵抗剪切的极限强度。

二、试验的目

测定土的抗剪强度参数：内摩擦角 φ 和黏聚力 c，这些指标是供计算地基强度和边坡稳定的基本参数。内摩擦角 φ 和黏聚力 c 与抗剪强度之间的关系可用库仑公式表示，即

$$\tau_f=\sigma\tan\varphi+c$$

式中　τ_f——抗剪强度，kPa；

σ——法向应力，kPa；

φ——内摩擦角，(°)；

c——黏聚力，kPa。

三、仪器设备

等应变直接剪切仪、量力环、百分表、环刀等。

四、试验步骤

1.用与直接剪切仪配套的环刀切取土样。

2.将剪切盒的上、下盒对齐,插入固定销,在剪切盒内放一块洁净的透水石,再放一张不透水膜。

3.将装有土样的环刀,刃口向上对准剪切盒,在土样上放一张不透水膜和一块透水石,然后将试样连同透水石一起徐徐推入盒底,再放上加压盖板。

4.杠杆调平:取下杠杆前面的砝码,顺时针旋转下手轮,使杠杆能够自由活动,用杠杆后面的水平砣调平杠杆(使杠杆下沿与立柱下面三条刻度线的中线齐平),然后逆时针转动下手轮顶住杠杆下沿,挂上第一级荷载 100 kPa 的砝码。

5.将剪切盒放在直接剪切仪上,顺时针旋转侧手轮,使剪切盒与量力环前后密贴(百分表微动,再逆时针倒回手轮一圈)。

6.将加压框架上的螺丝对准剪切盒上的珠子并拧紧。松开杠杆下面的手轮,拔去剪切盒上的销钉,将装在量力环上的百分表大针调零。

7.顺时针转动手轮或开动电机,以每分钟 4~6 转的匀速将土样剪坏(剪坏的标准是百分表的大针摆动,不再前进或后退;剪切盒上、下盒前后错位最大不超过 6 mm)。记录土样破坏时百分表的大针读数。

8.卸下被剪坏的土样。再装上一块土样,再加上一级荷载,重复以上步骤。本试验共用 4 块土样,分别所加的荷载为 100 kPa、200 kPa、300 kPa、400 kPa。

五、计算及绘图

1.计算

按下式计算试样的抗剪强度 τ_f(即试样被剪坏时的剪应力 c)

$$\tau_f = KR$$

式中 K——量力环系数,kPa/格(0.01 mm);

R——量力环变形数,格(0.01 mm)。

2.绘图

以法向应力 σ 为横坐标,抗剪强度 τ_f 为纵坐标(两坐标轴比例尺必须一致),画出抗剪强度线,抗剪强度线与水平线的夹角即内摩擦角 φ,抗剪强度线在纵轴上的截距即黏聚力 c。

六、试验记录

直接剪切试验记录表

垂直压力 σ/kPa	100	200	300	400
百分表初读数/(0.01 mm)				
百分表终读数/(0.01 mm)				
量力环变形数/格				
抗剪强度 τ_f/kPa				
内摩擦角 φ/(°)				
黏聚力 c/kPa				

参考文献

[1] 李文英,朱艳峰.土力学与地基基础[M].2 版.北京:中国铁道出版社,2020

[2] 张力霆.简明土力学与地基基础[M].北京:高等教育出版社,2017

[3] 黄熙龄,钱力航.建筑地基与基础工程[M].北京:中国建筑工业出版社,2016

[4] 中国建筑科学研究院.建筑地基处理技术规范(JGJ 79—2012)[S].北京:中国建筑工业出版社,2013

[5] 交通部公路科学研究院.公路土工试验规程(JTG 3430—2020)[S].北京:人民交通出版社,2020

[6] 中交公路规划设计研究院有限公司.公路桥涵地基与基础设计规范(JTG 3363—2019)[S].北京:人民交通出版社,2019

[7] 中交第二公路勘察设计研究院.公路路基设计规范(JTG D30—2015)[S].北京:人民交通出版社,2015

[8] 齐丽云,徐秀华,杨晓艳.工程地质手册[M].4 版.北京:人民交通出版社,2017

[9] 中交公路规划设计研究院有限公司.公路桥涵设计通用规范(JTG D60—2015)[S].北京:人民交通出版社,2015

[10] 王晓谋.基础工程[M].北京:人民交通出版社,2010

[11] 匡希龙.桥涵施工[M].成都:西南交通大学出版社,2008